高等职业教育机电类专业系列教材

机电一体化系统设计

主编　杨俊伟
参编　王　莉

机 械 工 业 出 版 社

本书系统地介绍了机电一体化技术及机电一体化系统的设计与实现的基本原理与过程。全书分为5个部分，共8章。第一部分为基础篇，由第1、2章组成，主要介绍了对机电一体化及机电一体化系统的认知；第二部分为技术篇，由第3~5章组成，主要介绍了机电一体化系统中的机械传动与导向支撑技术、伺服驱动技术与计算机控制及接口技术；第三部分为应用篇，由第6章组成，主要介绍了典型机电一体化系统；第四部分为实践篇，由第7章组成，主要介绍了工业机器人的机电一体化系统设计实例；第五部分为拓展篇，由第8章组成，主要介绍了柔性制造系统（FMS）和计算机集成制造系统（CIMS）。

本书内容丰富、翔实，题材新颖、图文并茂，理论与实际相结合，深入浅出，通俗易懂。从实用的角度出发，精选了一些典型的机电一体化系统应用与设计案例，注意引入先进的技术，贯彻执行现行的国家标准。

本书既可作为高等职业院校机电类专业的教材，也可作为机电一体化产品开发设计、制造人员、生产管理人员的参考用书。

本书配有电子课件，凡使用本书作为教材的教师可登录机械工业出版社教育服务网 www.cmpedu.com 注册后下载。咨询电话：010-88379375。

图书在版编目（CIP）数据

机电一体化系统设计/杨俊伟主编. —北京：机械工业出版社，2020.6（2025.1 重印）

高等职业教育机电类专业系列教材

ISBN 978-7-111-65581-7

Ⅰ.①机…　Ⅱ.①杨…　Ⅲ.①机电一体化-系统设计-高等职业教育-教材　Ⅳ.①TH-39

中国版本图书馆 CIP 数据核字（2020）第 077728 号

机械工业出版社（北京市百万庄大街 22 号　邮政编码 100037）
策划编辑：薛　礼　责任编辑：薛　礼　王海峰
责任校对：张　薇　封面设计：鞠　杨
责任印制：郜　敏
中煤（北京）印务有限公司印刷
2025 年 1 月第 1 版第 5 次印刷
184mm×260mm · 14.5 印张 · 354 千字
标准书号：ISBN 978-7-111-65581-7
定价：45.00 元

电话服务	网络服务
客服电话：010-88361066	机　工　官　网：www.cmpbook.com
010-88379833	机　工　官　博：weibo.com/cmp1952
010-68326294	金　　书　　网：www.golden-book.com
封底无防伪标均为盗版	机工教育服务网：www.cmpedu.com

前言 PREFACE

党的二十大报告指出：教育、科技、人才是全面建设社会主义现代化国家的基础性、战略性支撑；统筹职业教育、高等教育、继续教育协同创新，推进职普融通、产教融合、科教融汇，优化职业教育类型定位。科教兴国战略是国家战略的重要组成部分，高质量的创新型人才培养已经成为实施科教兴国战略的重要举措之一。编写本书旨在贯彻落实国家科教兴国战略，推动机电一体化技术的应用和创新，为我国现代化建设提供有力的人才支撑和技术支持。

机电一体化是一门实践性很强的综合性技术学科，涉及的知识领域非常广泛。它以精密机械技术、微电子技术和计算机技术等多种先进技术为基础。但机电一体化并非是这些技术的简单叠加，它突出强调这些技术的相互渗透和有机结合，从而形成某一单项技术所无法达到的优势，并将这种优势通过性能优异的机电一体化产品体现出来，从而转化为强大的生产力。机电一体化系统设计不仅仅限于向读者介绍机电一体化的共性关键技术，还应在此基础上进一步使读者通过专业学习及相应的工程实践真正了解和掌握机电一体化的重要实质及机电一体化系统设计的理论和方法，从而能够灵活地综合运用这些技术进行机电一体化产品的分析、设计与开发，达到知识能力结构的一体化。

本书分为 5 个部分，共 8 章。通过对机电一体化基本要素进行分析与综合，从系统化的角度介绍了各要素之间的相互作用关系，通过典型的机电一体化产品应用与设计实例，进一步阐述了机电一体化技术的系统化设计方法。

本书注重工程应用与基础知识的衔接和内容的系统性，同时针对高职高专学生的需要，一方面力求做到内容全面、系统，另一方面突出重点，从实际应用的角度把握内容。本书每章的内容自成一体，读者可以根据自己的知识结构和需要选择学习。

本书由黑龙江职业学院杨俊伟任主编，黑龙江职业学院王莉参加了部分章节的编写。具体编写分工如下：杨俊伟编写第 1 章、第 2 章、第 6 章、第 7 章和第 8 章以及附录；王莉编写第 3 章、第 4 章和第 5 章。本书在编写过程中，参考和引用了部分文献资料，在此一并对其作者表示由衷的感谢！

由于编者水平有限，书中难免会有错误和不足之处，恳请读者提出宝贵意见和建议，以便修订时予以更正。

编　者

目录 CONTENTS

第一部分

基 础 篇

第1章 机电一体化认知

CHAPTER 1

主要内容

本章明确了机电一体化的基本概念、关键技术、典型机电一体化系统的组成及发展。

重点知识

1）机电一体化的基本概念。
2）机电一体化关键技术。
3）典型机电一体化系统。
4）机电一体化系统的发展。

1.1 机电一体化的基本概念

1.1.1 机电一体化的定义

机电一体化是微电子技术在向传统机械工业渗透过程中逐渐形成的一个新概念，是机械和微电子两种技术相互融合的产物，如图 1-1 所示。机电一体化打破了传统的机械工程、电子工程、信息工程、化学工程、建筑工程等旧模块的划分，形成了融机械技术、微电子技术、信息技术、传感器技术、自动控制技术、电力电子技术、接口技术及软件编程技术等群体技术为一体的一门新兴的交叉学科。

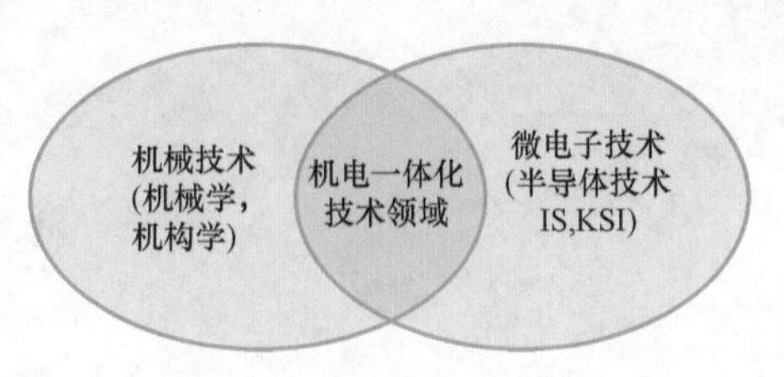

图 1-1 机电一体化技术的形成

“机电一体化”的英文是“Mechatronics”，它是机械（Mechanics）和电子（Electronic）两个词的合成词，本词在 20 世纪 70 年代中期由日本首先开始使用，现已得到很多国家的普遍认同和广泛使用。虽然其精确定义还不明确，但从广义上可以概括为“机械工程与电子工程相结合的技术，以及应用这些技术的机械电子装置”。再简单地说，就是“机械的电子化或者机械电子工程”的意思。

必须明确，“机电一体化”具有“技术”与“产品”两方面的内容。机电一体化技术主要是指其技术原理和机电一体化系统（或产品）得以实现、使用和发展的技术；机电一体化产品主要是指机械系统和微电子系统的有机结合，从而赋予了新功能和性能的新一代产品。

1.1.2 机电一体化技术的支撑学科

按照上述机电一体化一词的定义，机械工程学科和电子工程学科是机电一体化的两大支柱。除此之外，机电一体化还是控制工程和信息工程等的多学科综合技术。图1-2表示出构成和支撑机电一体化的学科和技术。

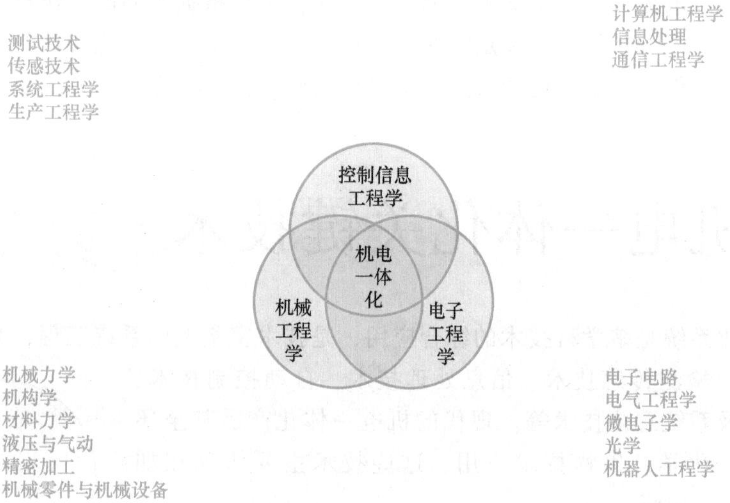

图1-2 构成机电一体化的学科

1.1.3 机电一体化产品的特点

与传统的机械产品比较，机电一体化产品具有以下特点：

1）使用安全性和可靠性提高。机电一体化产品一般都具有自动监视、报警、自动诊断、自动保护等功能。在工作过程中，遇到过载、过电压、过电流、短路等故障时，能自动采取保护措施，从而避免和减少人身及设备事故，显著提高设备的使用安全性。

2）生产能力和工作质量提高。机电一体化产品大都具有信息自动处理和自动控制功能，其控制和检测的灵敏度、精度及范围都有很大程度的提高，通过自动控制系统可精确地保证机械的执行机构按照设计要求完成预定的动作，使之不受机械操作者主观因素的影响，从而实现最佳操作，保证最佳的工作质量和产品的合格率。同时，由于机电一体化产品实现了工作的自动化，使得生产能力大大提高。例如，数控机床对工件的加工稳定性大大提高，生产效率比普通机床提高5~6倍。

3）使用性能改善。机电一体化产品普遍采用程序控制和数字显示，操作按钮和手柄数量显著减少，使得操作大大简化并且方便。机电一体化产品的工作过程根据预设的程序逐步由电子控制系统指挥实现，系统可重复实现全部动作。高级的机电一体化产品可通过被控对象的数学模型及外界参数的变化自寻最佳工作程序，实现自动最优化操作。

4）具有复合功能并且适用面广。机电一体化产品跳出了机电产品的单技术和单功能限制，具有复合技术和复合功能，使产品的功能水平和自动化程度大大提高。机电一体化产品一般具有自动化控制、自动补偿、自动校验、自动调节、自动保护等多种功能，能应用于不同的场合和不同领域，满足用户需求的应变能力较强。例如，电子式空气断路器具有保护特性可调、选择性脱扣、正常通过电流与脱扣时电流的测量、显示和故障自动诊断等功能，使其应用范围大为扩展。

5）机电一体化产品在安装调试时，可通过改变控制程序来实现工作方式的改变，以适应不同用户对象的需要及现场参数变化的需要。这些控制程序可通过多种手段输入到机电一体化产品的控制系统中，而不需要改变产品中的任何部件或零件。对于具有存储功能的机电一体化产品，可以事先存入若干套不同的执行程序，然后根据不同的工作对象，只需给定一个代码信号输入，即可按指定的预定程序进行自动工作。机电一体化产品的自动化检验和自动监视功能可对工作过程中出现的故障自动采取措施，使工作恢复正常。

1.2 机电一体化关键技术

机电一体化系统是多学科技术的综合应用，是技术密集型的系统工程，其技术组成包括精密机械技术、检测传感技术、信息处理技术、自动控制技术、伺服传动技术及系统总体技术等。现代的机电一体化产品甚至还包含了光、声、化学、生物技术应用，这些技术主要体现在如图 1-3 所示的 6 个方面。

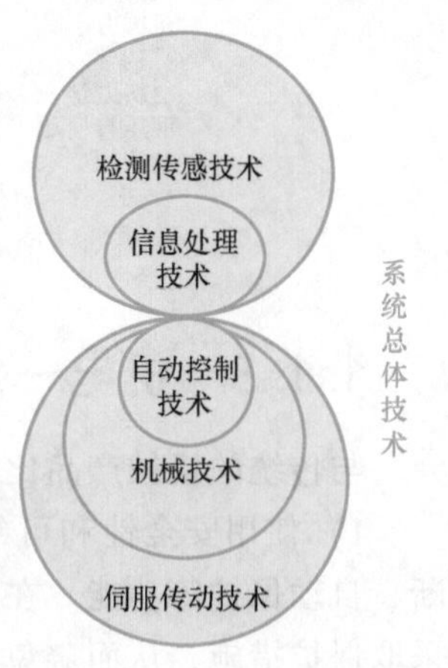

图 1-3 机电一体化的相关技术图

1. 机械技术

机械技术是机电一体化的基础。机电一体化的机械产品与传统机械产品的区别在于，机械结构更简单、机械功能更强大和性能更优越。现代机械要求具有更新颖的结构、更小的体机、更轻的重量，还要求精度更高、刚度更大、动态性能更好。为了满足这些要求，在设计和制造机械系统时，除了考虑静态、动态的刚度及热变形的问题外，还应考虑采用新型复合材料和新型结构以及新型的制造工艺和工艺装置。

从机械产品设计来讲，应开展可靠性设计及普及该项技术的应用，加强对机电产品基础元器件的失效分析研究，并在提高元器件可靠性水平的同时，开展对整机系统可靠性的研究。机电一体化产品的设计既要进行静强度设计，又要进行动强度设计，也可采用损伤容限设计、动力优化设计、摩擦学设计、防蚀设计、低噪声设计等。

2. 检测传感技术

检测传感装置是机电一体化系统的感觉器官，即从待测对象那里获取能反映待测对象特征与状态的信号。检测传感技术的内容，一是研究如何将各种物理量如位置、位移、速度、加速度、力、温度、压力、流量、成分等转换成与之成比例的电信号，二是研究对转换的电信号的加工处理，如放大、补偿、标度变换等。

机电一体化系统要求检测传感装置能快速、精确、可靠地获取信息，并价格低廉。但是，目前检测传感技术的发展还难以满足控制系统的要求，不少机电一体化系统不能达到满意的效果或无法达到设计要求的关键原因在于没有合适的传感器。因此，检测传感技术是机电一体化的关键技术。

3. 信息处理技术

信息处理技术包括信息的变换、存取、运算、判断和决策。信息处理大都是依靠计算机来进行的，因此计算机技术与信息处理技术是密切相关的。计算机技术包括计算机的软件技术、硬件技术和网络与通信技术等。机电一体化系统中主要采用工业控制机（包括可编程序控制器，单、多回路调节器，单片微控制器，总线式工业控制机，分布式计算机测控系统等）进行信息处理。计算机技术的迅速发展已成为促进机电一体化系统技术发展和变革的最活跃因素。提高信息处理的速度、提高可靠性、加强智能化都是信息处理技术今后发展的方向。

4. 自动控制技术

自动控制技术的目的在于实现机电一体化系统的目标最佳化。自动控制所依据的理论和基础是自动控制原理，它可分为经典控制理论和现代控制理论。经典控制理论主要研究单输入-单输出、线性定常系统的分析和设计问题。现代控制理论主要研究具有高性能、高精度的多变量系统的最优控制问题。自动控制技术还包括在控制理论指导下对具体控制系统的设计、控制系统的仿真和现场调试等。由于控制对象种类繁多，所以自动控制技术的内容极其丰富，机电一体化系统中自动控制技术主要包括位置控制、速度控制、最优控制、模糊控制、自适应控制等。

5. 伺服传动技术

“伺服”（Serve）即“伺候服侍”的意思，就是在控制指令的指挥下，控制驱动元件，使机械的运动部件按照指令的要求进行运动，并具有良好的动态性能。伺服传动系统中所采用的驱动技术与所使用的执行元件有关，伺服传动系统按执行元件不同可分为液压伺服系统和电气伺服系统两类。液压伺服系统工作稳定、响应速度快、输出力矩大，特别是在低速运行时的性能更具有突出的优点。但液压伺服系统需要增加液压动力源，设备复杂、体积大、维修费用高，还存在污染环境等缺点。因此，液压伺服系统仅用在一些大型设备和有特殊需要的场合。而在大部分场合都采用电气伺服系统。电气伺服系统采用电动机作为伺服驱动元件，具有控制灵活、费用较低、可靠性高等优点，缺点是低速时输出力矩不够大。近年来，随着电机技术和电力电子技术的进步，电气伺服系统得到了不断的发展。

6. 系统总体技术

系统总体技术是以整体的概念，组织应用各种相关技术的应用技术。即从全局角度和系统目标出发，将系统分解成若干功能子系统，对于每个子系统的技术方案都首先从实现整个系统技术协调的观点来考虑，对于子系统与子系统之间的矛盾或子系统和系统整体之间的矛盾，都要从总体协调的需要来选择解决方案。机电一体化系统是一个技术综合体，利用系统总体技术将各种有关技术协调配合、综合运用而达到整体系统的最佳化。

1.3 典型机电一体化系统

1.3.1 机电一体化系统的构成

一个较完善的机电一体化系统由机械系统（机构）、计算机信息处理与控制系统（计算机）、动力系统（动力源）、传感检测系统（传感器）、执行机构系统（如电动机）五个子系统组成，如图 1-4 所示，各组成动力要素和环节之间通过接口相联系。

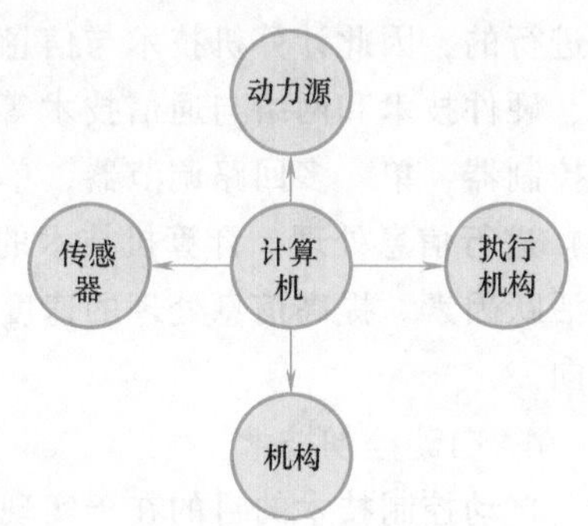

图 1-4 机电一体化系统的五大要素

1. 机械系统

机械系统用于支撑和连接其他要素，并把这些要素合理地结合起来，形成一个有机的整体。机电一体化技术的应用范围很广，其产品及系统的种类繁多，但都离不开机械系统。例如，工业机器人和数控机床的本体就是机身和床身；指针式电子表的本体是表壳。机械系统是机电一体化系统必要的组成部分，没有它，系统的各个部分就会支离破碎，无法构成具有特定功能的机电一体化产品或系统。

2. 计算机信息处理与控制系统

机电一体化系统的基本特征是给“机械”增添了头脑，根据机电一体化产品的功能和性能要求，计算机信息处理与控制系统接收传感与检测系统反馈的信息，并对其进行相应的处理、运算和决策，以对系统的运行施以控制，实现预定的控制功能。机电一体化产品中，计算机信息处理与控制系统主要是由计算机硬件和软件以及相应的接口所组成的。硬件一般包括输入/输出设备、显示器、可编程序控制器和数控装置。软件一般包括系统软件和应用软件。机电一体化产品要求信息处理速度快，A-D 和 D-A 转换及分时处理时的输入/输出可靠，系统的抗干扰能力强。

3. 动力系统

动力系统是按照系统的控制要求，为机电一体化产品或系统提供能量和动力，去驱动执行机构工作，以完成预定的主功能。动力系统包括电、液、气等多种动力源。

4. 传感检测系统

传感检测系统是将机电一体化产品在运行过程中自身和外界环境的各种参数及状态按一定精度要求转化成便于测定的物理量，为机电一体化产品的运行控制提供所需要的各种信息。传感检测系统的功能一般由传感器或仪表来实现，对其要求是体积小、便于安装与连接、检测精度高、抗干扰能力强等。

5. 执行机构系统

执行机构系统在控制信息的作用下完成要求的动作，实现产品的主功能。执行机构一般是运动部件，常采用机械、电液、气动等机构。执行机构因机电一体化产品的类型和作业对象不同而有较大的差异。执行机构是实现产品目的功能的直接执行者，其性能好坏决定着整个产品的性能，因而是机电一体化产品中重要的组成部分。

实际中的机电一体化系统是比较复杂的，有时某些构成要素是复合在一起的，不是分立的。它们在工作时相互协调，共同完成所规定的目的功能。在结构上，各组成部分通过各种接口以及相应的软件有机地结合在一起，构成一个内部匹配合理、外部效能最佳的完整产品。

应当明确，构成机电一体化系统的几个部分并不是并列的，其中机械部分是主体，这不仅是由于机械本体是系统的重要组成部分，而且因为系统的主要功能必须由机械装置来完成，否则就不能称其为机电一体化产品。如电子计算机、数显电子表等，其主要功能由电子器件和电路等来完成，机械已退居次要地位，这类产品应归属于电子产品。因此，机械系统是实现机电一体化产品功能的基础，从而对其提出了更高的要求，需在材料、结构、几何尺寸以及加工工艺等方面满足机电一体化产品高效、可靠、节能、多功能、小型轻量和美观等要求。除一般性的机械强度、刚度、精度、体积和重量等指标外，机械系统技术开发的重点是模块化、标准化和系列化，以便于机械系统的快速组合和更换。

其次，机电一体化的核心是电子技术。电子技术包括微电子技术和电力电子技术，但重点是微电子技术，特别是微型计算机或微处理器。机电一体化需要多种新技术的结合，但首要的是微电子技术，不与微电子技术结合的机电产品不能称其为机电一体化产品。例如，非数控机床，一般都由电动机驱动，但它不是机电一体化产品。除了微电子技术以外，在机电一体化产品中，其他技术则根据需要进行结合，可以是一种，也可以是多种。

1.3.2　机电一体化系统的功能构成

机电一体化系统（或产品）是由若干具有特定功能的机械和微电子要素组成的有机整体，具有满足人们使用要求的功能（目的功能）。根据不同的使用目的，要求系统能对输入的物质、能量和信息（即工业三大要素）进行某种处理，输出所需要的物质、能量和信息。因此，系统必须具有以下三大“目的功能”：变换（加工、处理）功能；传递（移动、输送）功能；存储（保持、积蓄、记录）功能，如图 1-5 所示。

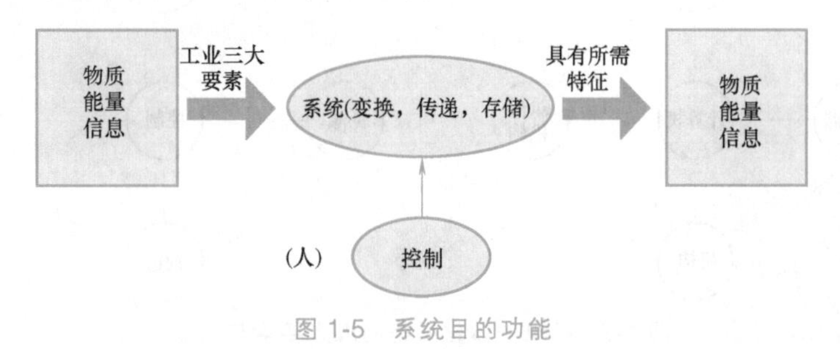

图 1-5　系统目的功能

以物料搬运、加工为主，输入物质（原料、毛坯等）、能量（电能、液能、气能等）和信息（操作及控制指令等），经过加工处理，主要输出改变了位置和形态的物质系统（或产品），称为加工机。例如各种金属切削机床、交通运输机械、食品加工机械、起重机械、纺织机械、轻工机械等。

以能量转换为主，输入能量（或物质）和信息，输出不同形式能量（或物质）的系统（或产品），称为动力机。其中输出机械能的为原动机，例如电动机、水轮机、内燃机等。

以信息处理为主，输入信息和能量，主要输出某种信息（如数据、图像、文字、声音等）的系统（或产品），称为信息机。例如各种仪器、仪表、电子计算机、电报传真机以及各种办公设备等。

不管哪类系统（或产品），系统内部必须具备图 1-6 所示的五种内部功能，即主功能、动力功能、检测功能、控制功能、构造功能。其中“主功能”是实现系统“目的功能”直接必需的功能，主要对物质、能量、信息或其相互结合进行变换、传递和存储。“动力功能”是向系统提供动力、让系统得以运转的功能。“检测功能”和“控制功能”的作用是根据系统内部信息和外部信息对整个系统进行控制，使系统正常运转，实施“目的功能”。而“构造功能”则是使构造系统的子系统及元、部件维持所定的时间和空间上的相互关系所必需的功能。从系统的输入/输出来看，除有主功能的输入/输出之外，还需要动力输入和控制信息的输入输出，此外，还有因外部环境引起的干扰输入以及非目的性输出（如废弃物等）。

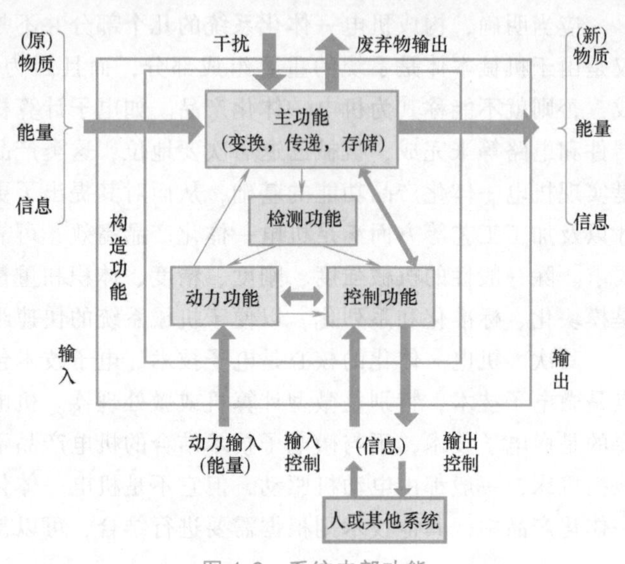

图 1-6 系统内部功能

综上所述，机电一体化系统的五大要素及其相应的五大功能如图 1-7 所示。

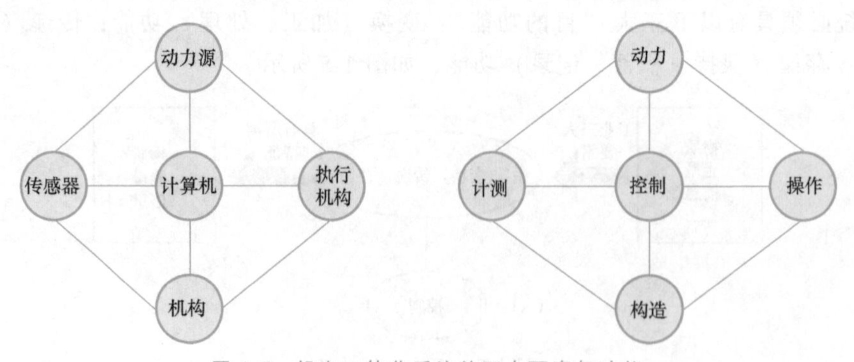

图 1-7 机电一体化系统的五大要素与功能

下面以数控加工机床为例，画出其功能原理构成，此图是研究分析机电一体化系统的有效工具。

在图 1-8 中，由于未指明主功能的加工机构，所以它代表了一大类具有相同主功能及控制功能的机电一体化系统，如金属切削数控机床、电加工数控机床、激光数控加工机床以及冲压加工数控机床等。显然，由于主功能的具体加工机构不同，其他功能的具体装置也会有差别，但其本质都是数控加工机床。

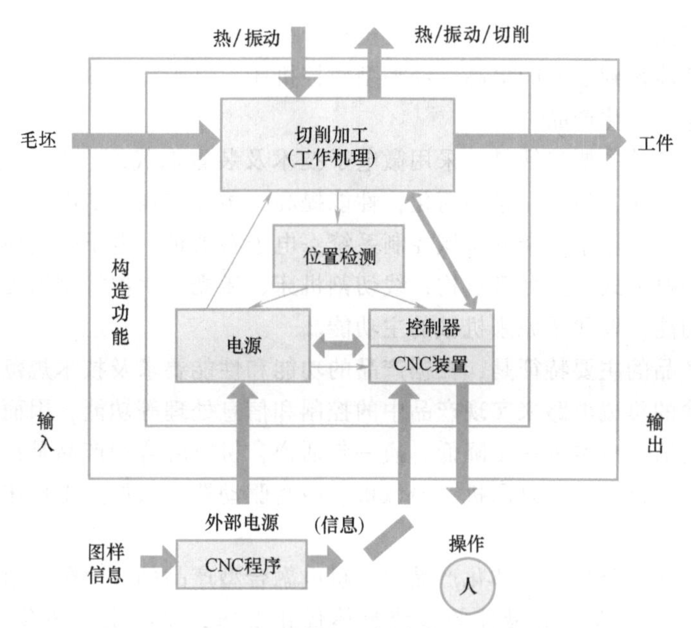

图 1-8 数控加工机床功能框图

1.3.3 机电一体化控制系统分类

机电一体化系统种类繁多，按照控制系统类型的不同，机电一体化系统可分为开环控制和闭环控制。

开环控制的机电一体化系统是没有反馈的控制系统，如图 1-9a 所示。这种系统的输入直接送给控制器，并通过控制器对受控对象产生控制作用。一些家用电器、简易数控机床和精度要求不高的机电一体化产品都采用开环控制方式。开环控制系统的主要优点是简单、经济、容易维修，缺点是精度低，对环境变化和干扰十分敏感。

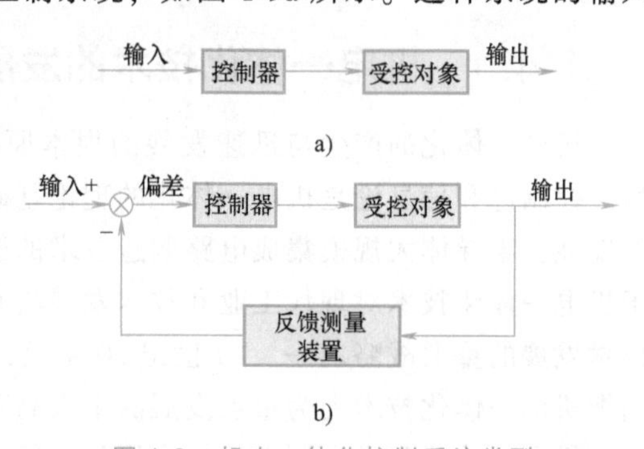

图 1-9 机电一体化控制系统类型

闭环控制的机电一体化系统的输出结果经传感器和反馈环节与系统的输入信号比较产生输出偏差，输出偏差经控制器处理再作用到受控对象，对输出进行补偿，实现更高精度的系统输出，如图 1-9b 所示。许多制造设备和具有智能控制的机电一体化产品都选择闭环控制方式，如数控机床、加工中心、机器人、雷达、汽车等。闭环控制的机电一体化系统的优点是高精度、动态性能好、抗干扰能力强，缺点是结构复杂、成本高、维修难度较大。

1.3.4 机电一体化产品分类

机电一体化产品的种类繁多，而且还在不断增加，对其分类可以按照不同的分类原则。按照机电结合程度和形式的不同，机电一体化产品可划分为功能附加型、功能替代型和机电融合型三类。

功能附加型产品的主要特征是，在原有机械产品的基础上，采用微电子技术，使产品功能增加和增强，性能得到适当的提高。经济型数控机床、电子秤、数显量具、全自动洗衣机等属于这一类机电一体化产品。

功能替代型产品的主要特征是，采用微电子技术及装置取代原产品中的机械控制功能、信息处理功能或主功能，使产品结构简化，性能提高，柔性增强。如电子缝纫机、自动照相机等微电子装置取代了原来复杂的机械控制系统；电子石英钟、电子式电话交换机等用微处理器取代了原来的机械式信息处理机构；线切割机床、激光手术器等则因为微电子技术的应用而产生了新的功能，取代了原来机械的主功能。

机电融合型产品的主要特征是，根据产品的功能和性能要求及技术规范，采用专门设计的或具有特定用途的集成电路来实现产品中的控制和信息处理等功能，因而使产品结构更加紧凑、设计更加灵活、成本进一步降低。换一句话说，机电融合型产品是机与电在更深层次上有机结合的产品。传真机、复印机、摄像机、磁盘驱动器、数控加工机床等都是这一类机电产品。

应当指出，上述三类机电一体化产品中，机电融合型产品的技术附加值最高，而且真正符合内部有机匹配、外部效能最佳的系统整体优化要求，是机电一体化产品的主要发展方向。

1.4 机电一体化系统的发展

1.4.1 机电一体化技术的发展方向

机电一体化的产生与迅速发展的根本原因在于社会的发展和科学技术的进步。系统工程、控制论和信息论是机电一体化的理论基础，也是机电一体化技术的方法论。微电子技术的发展，半导体大规模集成电路制造技术的进步，则为机电一体化技术奠定了物质基础。由于机电一体化技术对现代工业和技术发展具有巨大的推动力，因此世界各国均将其作为工业技术发展的重要战略之一。20 世纪 70 年代，在发达国家兴起了机电一体化热；90 年代，中国把机电一体化技术列为重点发展的十大高新技术产业之一。

机电一体化技术在制造业的应用从一般的数控机床、加工中心和机械手发展到智能机器人、柔性制造系统（FMS）、无人生产车间和将设计、制造、销售、管理集成一体的计算机集成制造系统（CIMS）。机电一体化产品涉及工业生产、科学研究、人民生活、医疗卫生等各个领域，例如集成电路自动生产线、激光切割设备、印刷设备、家用电器、汽车电子、微型机械、飞机、雷达、医学仪器、环境监测等。机电一体化技术是其他高新技术发展的基础，机电一体化的发展依赖于其他相关技术的发展。可以预料，随着信息技术、材料技术、生物技术等新兴学科的高速发展，在数控机床、机器人、微型机械、家用智能设备、医疗设备、现代制造系统等产品及领域，机电一体化技术将得到更加蓬勃的发展。

以微电子技术、软件技术、计算机技术及通信技术为核心引发的数字化、网络化、综合化、个性化信息技术革命，不仅深刻地影响着全球的科技、经济、社会和军事的发展，而且也深刻影响着机电一体化的发展趋势。专家预测，机电一体化技术将向以下几个方向发展。

(1) 光机电一体化方向 一般机电一体化系统是由传感系统、能源（动力）系统、信息处理系统、机械结构等部件组成的。引进光学技术，利用光学技术的特点，就能有效地改进机电一体化系统的传感系统、能源系统和信息处理系统。

(2) 柔性化方向 未来机电一体化产品，控制和执行系统有足够的“冗余度”，有较强的“柔性”，能较好地应付突发事件，被设计成“自律分配系统”。在该系统中，各子系统是相互独立工作的，子系统为总系统服务，同时具有本身的“自律性”，可根据不同环境条件做出不同反应。其特点是子系统可产生本身的信息并附加所给信息，在总的前提下，具体“行动”是可以改变的。这样，既明显地增加了系统的能力（柔性），又不因某一子系统的故障而影响整个系统。

(3) 智能化方向 今后的机电一体化产品“全息”特征越来越明显，智能化水平越来越高，这主要得益于模糊技术与信息技术（尤其是软件及芯片技术）的发展。

(4) 仿生物系统化方向 今后的机电一体化装置对信息的依赖性很大，并且往往在结构上处于“静态”时不稳定，但在“动态”（工作）时却是稳定的。这有点类似于活的生物：当控制系统（大脑）停止工作时，生物便“死亡”，而当控制系统（大脑）工作时，生物就很有活力。就目前情况看，机电一体化产品虽然有向仿生物系统化发展的趋势，但还有一段很漫长的道路要走。

(5) 微型化方向 目前，利用半导体器件制造过程中的蚀刻技术，在实验室中已制造出亚微米级的机械元件。当这成果用于实际产品时，就没有必要再区分机械部分和控制部分了。那时，机械和电子完全可以“融合”机体，执行结构、传感器、CPU 等可集成在一起，体积很小，并组成一种自律元件。这种微型化是机电一体化的重要发展方向。

1.4.2 机电一体化技术的发展趋势

机电一体化产品的发展趋势如下。

(1) 智能化 智能化即要求机电产品具有一定的智能，使它具有类似人的逻辑思考、判断推理、自主决策等能力。例如在数控加工机床上增加人机对话功能，设置智能I/O接口和智能工艺数据库，会给使用、操作和维护带来极大的方便。模糊数学、神经网络、灰色理论、心理学、生理学和混沌动力学等人工智能技术的进步与发展，为机电一体化技术的发展开辟了广阔天地。

(2) 数字化 微控制器和接口技术的发展奠定了机电产品数字化的基础，例如不断发展的数控机床和机器人。而计算机网络的迅速崛起，为数字化设计与制造铺平了道路，例如虚拟设计、计算机集成制造等。数字化要求机电一体化产品的软件具有高可靠性、通用性、易操作性、可维护性、自诊断能力及友好的人机界面。数字化的实现将便于远程控制操作、诊断和修复。

(3) 模块化 模块化是一项重要而艰巨的工程。由于机电一体化产品种类和生产厂家繁多，研制和开发具有标准机械接口、动力接口、环境接口的机电一体化产品单元模块是一项复杂而有前途的工作，如研制具有集减速、变频调速于一体的动力驱动单元，具有视觉、图像处理、识别和测距等功能的电动机一体控制单元等。这样，在产品开发设计时，可以利用这些标准模块化单元迅速开发出新的产品，从而避免利益的冲突，并能使之标准化、系列化。

(4) 网络化　网络技术的兴起和飞速发展给社会各个领域带来了巨大变革。由于网络的普及，基于网络的各种远程控制和监视技术方兴未艾。而远程控制的终端设备本身就是机电一体化产品，现场总线和局域网技术使家用电器网络化成为可能，利用家庭网络把各种家用电器连接成以计算机为中心的计算机集成家用电器系统，使人们在家里可充分享受各种高新技术带来的好处，因此，机电一体化产品无疑应朝网络化方向发展。

(5) 自源化　自源化是指机电一体化产品自身带有能源。如太阳能电池、燃料电池和大容量电池。由于在许多场合无法使用电能，因而对于运动的机电一体化产品，自带动力源具有独特的优势。

(6) 人性化　人性化是各类产品的必然发展方向。机电一体化产品除了完善的性能外，还要求在色彩、造型等方面与环境相协调。使用这些产品，对人来说更自然，更接近生活习惯。

(7) 微型化　微型化是机电一体化向微型机器和微观领域发展的趋势。微机电系统是指可批量制作的，集微型机构、微型传感器、微型执行器及信号处理和控制电路，直至接口、通信和电源等于一体的微型器件和系统。微机电系统产品体积小、能耗少、运动灵活，在生物医疗、信息等方面具有不可比拟的优势。

(8) 绿色化　工业发达给人们的生活带来巨大变化，在物质丰富的同时也带来资源减少、生态环境恶化的后果，所以绿色产品的概念在这种呼声中应运而生。绿色产品是指低能耗、低材耗、低污染、舒适、协调且可再生利用的产品，在其设计、制造、使用和销毁时应符合环保和人类健康的要求。机电一体化产品的绿色化主要是指在其使用时不污染生态环境，产品寿命结束时，产品可分解和再生利用。

习题与思考题

1. 什么是机电一体化？举例说明。
2. 举出一个机电一体化系统的实际例子，并详细说明各部分功能。
3. 简述机电一体化系统的主要组成、作用及其特点。
4. 传统机电产品与机电一体化产品的主要区别是什么？
5. 机电一体化的关键技术有哪些？它们的作用如何？
6. 说明机电一体化技术迅速发展的原因。
7. 试述机电一体化的发展趋势。
8. 机电一体化突出的特点是什么？重要的实质是什么？
9. 试分析数控加工机床和工业机器人的基本结构要素，并与人体五大要素进行对比，指出各自的特点，并思考机电一体化产品各基本结构要素及所涉及技术的发展方向。
10. 试通过实例来分析机电一体化产品及其设计、制造等生产环节中涉及的机电一体化关键技术。

第2章 CHAPTER 2 机电一体化系统设计认知

主要内容

本章明确了机电一体化系统的设计思想、设计方法、总体布局、环境设计及设计步骤。

重点知识

1）机电一体化系统的设计思想。
2）机电一体化系统的设计方法。
3）总体布局与环境设计。
4）总体方案设计的一般步骤。

2.1 机电一体化系统的设计思想

机电一体化是一门涉及光、机、电、液等的综合技术，是一项系统工程。机电一体化系统设计是按照机电一体化的思想、方法进行的机电一体化产品设计，它需要综合应用各项关键技术才能完成。

机电一体化系统的总体设计应用了系统总体技术，从整体目标出发，综合分析产品的性能要求和机电各组成单元的特性，选择最合理的单元组合方案，实现机电一体化产品整体优化设计的过程。

随着大规模集成电路的出现，机电一体化产品得到了迅速普及和发展，从家用电器到生产设备，从办公自动化设备到军事装备，机与电紧密结合的程度都在迅速增强，形成了一个纵深而广阔的市场。市场竞争规律要求产品不仅要具有高性能，而且要有低价格，这就给产品设计人员提出了越来越高的要求。另一方面，种类繁多、性能各异的集成电路、传感器和新材料等，给机电一体化产品设计人员提供了众多的可选方案，使设计工作具有更大的灵活性。如何充分利用这些条件，应用机电一体化技术，开发出满足市场需求的机电一体化产品，是机电一体化总体设计的重要任务。

2.1.1 机电一体化系统总体设计内容

一般来讲，机电一体化总体设计应包括下述内容。

1. 技术资料准备

1）搜集国内外有关技术资料，包括现有同类产品资料、相关的理论研究成果和先进技术资料等。通过对这些技术资料的分析比较，了解现有技术发展的水平和趋势。这是确定产品技术构成的主要依据。

2）了解所设计产品的使用要求，包括功能、性能等方面的要求。此外，还应了解产品的极限工作环境、操作者的技术素质、用户的维修能力等方面的情况。使用要求是确定产品技术指标的主要依据。

3）了解生产单位的设备条件、工艺手段、生产基础等，将此作为研究具体结构方案的重要依据，以保证缩短设计和制造周期、降低生产成本、提高产品质量。

2. 性能指标确定

性能指标是满足使用要求的技术保证，主要应依据使用要求的具体项目来相应地确定，当然也受到制造水平和能力的约束。性能指标主要包括以下几项。

（1）功能性指标　功能性指标包括运动参数、动力参数、尺寸参数、品质指标等实现产品功能所必需的技术指标。

（2）经济性指标　经济性指标包括成本指标、工艺性指标、标准化指标、美学指标等关系到产品能否进入市场并成为商品的技术指标。

（3）安全性指标　安全性指标包括操作指标、自身保护指标和人员安全指标等保证产品在使用过程中不致因误操作或偶然故障而引起产品损坏或人身事故方面的技术指标。对于自动化程度较高的机电一体化产品，安全性指标尤为重要。

3. 总体方案拟订

（1）方案设计　选择设计原则、设计原理，进行总体方案的初步设计。

（2）系统性能指标分析　依据所掌握的技术资料以及以前的设计经验，分析各项性能指标的重要性及其实现的难易程度，找出设计难点，通过建立模型或经验分析判断，选择适当的方法对系统进行定性和定量的分析。

（3）预选系统各环节结构　在性能指标分析的基础上，初步选出多种实现各环节功能并满足性能要求的可行性结构方案。

（4）整体评价　选定一个或多个评价指标，对上述选出的多个可行方案进行校核，对评价指标值进行比较，从中选出最优者作为拟订的总体方案。

机电一体化总体设计的目的是设计出综合性能最优或较优的总体方案，作为进一步详细设计的纲领和依据。应当指出，总体方案的确定并非是一成不变的，在详细设计结束后，应再对整体性能指标进行复查，如发现问题，应及时修改总体方案。

2.1.2 机电一体化系统（或产品）的设计类型

机电一体化产品设计一般可分为三种类型，即开发性设计、适应性设计和变异性设计。

开发性设计是在没有参照产品的情况下进行的设计，仅仅是根据抽象的设计原理和要求，设计出在质量和性能方面满足要求的产品。最初的录像机、摄像机、电视机等的设计就属于开发性设计。开发性设计要求设计者具备敏锐的市场洞察力、丰富的想象力和广泛而扎实的基础理论知识。

适应性设计是在总的方案原理基本保持不变的情况下，对现有产品进行局部更新，或用微电子技术代替原有的机械结构，或为了进行微电子控制对机械结构进行局部适应性设计，以使产品的性能和质量增加某些附加值。例如：电子式照相机采用电子快门代替手动调整，使其小型化、智能化；汽车的电子式燃油喷射装置代替原来的机械控制燃油喷射装置就属于适应性设计。适应性设计要求设计者对原有产品及相关的市场需求变化和技术进步有充分的了解和掌握。

变异性设计是在已有产品的基础上，针对产品原有缺点或新的工作要求，从工作原理、功能结构、执行机构类型和尺寸等方面进行一些变异，设计出新的产品以适应市场需求，增强市场竞争力。这种设计也可在设计方案和功能结构不变的情况下，仅仅改变现有产品的规格尺寸，形成系列产品。例如，由于传递转矩或速比发生变化而重新设计传动系统和结构尺寸的设计就属于变异性设计。变异性设计比较容易，但设计中必须注意采取措施防止因参数变化可能对产品性能产生的影响。

2.1.3 机电一体化系统（或产品）设计时应注意的问题

机电一体化系统（或产品）设计是一项复杂的系统工程，它所包含的设计内容是非常广泛的，需要综合应用各项共性关键技术才能完成。在机电一体化系统（或产品）设计时应注意以下的问题。

1. 各种技术方案的等效性、互补性及可比性

机电一体化设计突出体现在两个方面：一方面，当产品的某一功能单靠某一种技术无法实现时，必须进行机械与电子及其他多种技术有机结合的一体化设计；另一方面，当产品某一功能的实现有多种可行的技术方案时，也必须应用机电一体化技术对各种技术方案进行分析和评价，在充分考虑同其他功能单元的连接与匹配的条件下，选择最优的技术方案。因此，机电一体化设计必须充分考虑各种技术方案的等效性、互补性及可比性。

在某些情况下，产品的功能必须通过机电配合才能实现，这时两种技术是相互关联、相互补充的，即具有互补性。如机械手的运动控制，仅靠电子装置或机构都无法实现，只有两者结合起来，并充分考虑机构的动力学特性与控制装置硬件、软件控制性能之间的相互影响和相互补充，才能获得最佳的实现方案。当多种可行的技术方案同时存在时，说明在实现具体功能上它们具有等效性。如在机床上加工螺纹或齿轮时，工件与刀具之间的内联系可以通过机械方案实现，也可以通过电气方案实现。然而等效并不是等价，孰优孰劣，需要通过评价才能知道。由于不同的技术方案往往具有不同的参量，评价时需要选择具有相同量纲的性能指标（如成本、可靠性、精度等），或引入新的参量（如时间等）将不同的参量联系起来，以保证各种技术方案之间的可比性。

2. 充分利用现代设计方法

进行机电一体化产品设计时，应尽量以计算机为工具，充分利用计算机辅助设计、仿真分析、模拟设计、优化设计、动态分析设计、可靠性设计等现代化设计方法，以提高产品设计的效率和质量。

3. 遵循产品的一般性设计原则

机电一体化设计同样也要遵循产品的一般性设计原则，即在保证产品目的功能、性能和使用寿命的前提下，尽量降低成本。这就意味着，机电一体化设计并不是盲目追求“高、精、尖”，而是在充分分析用户要求的基础上，努力以最新的技术手段、最廉价的材料或器件、最简单的结构、最优的消耗，向用户提供最满意的产品。

产品功能的多少或强弱，往往与其复杂程度和功能成本直接相关。在进行机电一体化设计时，应根据实际情况对各功能的利用率进行统计分析，优先满足利用率最高的功能要求，然后再在成本允许的条件下考虑其他功能要求。

产品的操作性能与其功能的多少也有直接关系。一般来讲，功能越多、越齐全，操作就越复杂，操作性能就越差，也越容易引起操作者的不满。因此在机电一体化产品设计时，应注意通过软件来改善产品的操作性能，使机电一体化产品在向多功能方向发展的同时，也向智能化和“傻瓜化”方向发展。

4. 强调技术融合、学科交叉的作用

机电一体化的优势，在于它吸收了各相关学科之长并加以综合运用而取得整体优化效果，因此在机电一体化系统开发的过程中，要特别强调技术融合、学科交叉的作用。机电一体化系统开发是一项多级别、多单元组成的系统工程。把系统的各单元有机结合成系统后，各单元的功能不仅相互叠加，而且相互辅助、相互促进、相互提高，使整体的功能大于各单元功能的简单之和，即“整体大于部分之和”。当然，如果设计不当，由于各单元的差异性，在组成系统后会导致单元间的矛盾和摩擦，出现内耗，内耗过大，则可能出现整体小于部分之和的情况，从而失去了一体化的优势。因此，在开发的过程中，一方面要求设计机械系统时，应选择与控制系统的电气参数相匹配的机械系统参数，同时也要求设计控制系统时，应根据机械系统的固有结构参数来选择和确定电气参数。综合应用机械技术和微电子技术，使二者密切结合、相互协调、相互补充，充分体现机电一体化的优越性。

2.2 机电一体化系统的设计方法

机电一体化系统设计的方法通常有三种：机电互补法、结合法、组合法。

2.2.1 机电互补法

机电互补法也叫取代法，这种设计方法是用适当的通用电子部件取代某些陈旧、落后产品中的复杂机械部件或功能子系统。这种方法是改造传统机械产品和开发新型产品常用的方法。例如，在某工作机械中，可用可编程序控制器或微型计算机取代机械式变速机构、凸轮、离合器等控制机构，取代液压、气动控制系统，取代插销板、拨码盘、步进开关、程序鼓、时间继电器等接触式控制器，以弥补机械技术的缺陷。这种设计方法不仅可以简化机械结构，而且可以改善产品的性能和质量。这种方法的缺点是跳不出原系统的框架，不利于开拓思路，尤其在开发全新的产品时更具有局限性。

2.2.2 结合法

结合法就是将电子部件和机械部件相结合设计成新产品。采用此方法设计的产品其功能部件（或子系统）通常是专用的，各要素间的匹配已得到充分考虑，接口简单。例如，高速磨床主轴与电动机做成一体就是采用结合法设计磨头的例子。目前，已生产出电动机与控制器做成一体的产品。设计新产品常用这种方法。

2.2.3 组合法

组合法就是将用结合法（或机电互补法）制成的功能模块组合成各种机电一体化系统，它是一种拼接积木的设计方法。例如，将工业机器人的回转、伸缩、俯仰、摆动等功能模块系列组合成结构和用途不同的机器人。在机电一体化系统设计中采用组合法，不仅可以缩短设计和制造周期，节约工装费用，而且给生产管理和使用带来方便。

2.3 总体布局与环境设计

2.3.1 人机系统设计

人机系统设计是总体设计的重要部分之一，它是把人看成系统中的组成要素，以人为主体来详细分析人和机器系统的关系。其目的是提高人机系统的整体效能，使人能够舒适、安全、高效地工作。

1. 人机系统设计的基本要求

人机系统设计应与人体的机能特性和人的生理、心理特性相适应，具体有以下要求：

1）总体操作布置与人体尺寸相适应。

2）显示清晰，易于观察，便于监控。

3）操作方便省力，减轻疲劳。

4）信息的检测与处理与人的感知特性和反应速度相适应。

5）安全性、舒适性好，使操作者心情舒畅，情绪稳定。

2. 人机系统的结合形式

一般人机结合具体形式是有很大差别的，但会有信号传递、信息处理、控制和反馈等基本功能。

从工作特性来看，人机系统可分为开环与闭环两种。人操作普通机床加工零件的系统就是一个开环系统，系统的输出对系统的控制作用没有影响。而数控机床加工零件的系统中一般具有反馈回路，系统的输出对系统的控制作用有直接影响。按人在系统中扮演的角色来看，人机系统可分为人机串联结合与并联结合形式。

3. 人机系统设计要点

人机系统的设计核心是确定最优的人机功能分配，将人和系统有机地结合起来，组成高效的完整系统。

2.3.2 艺术造型设计

机电产品进入市场后，首先给人的重要直观印象就是其外观造型，先入为主是用户普遍的心理反应。随着科学技术的高速发展，以及人类文化、生活水平的提高，人们的需求观和价值观也发生了变化，经过艺术造型设计的机电产品已进入人们的工作、生活领域，艺术造型设计已经成为产品设计的一个重要方面。

1. 艺术造型设计的基本要求

（1）布局清晰　条理清晰的总体布局是良好艺术造型的基础。

（2）结构紧凑　节约空间的紧凑结构方式有利于良好的艺术造型。

（3）简单　应使可见的、不同功能的部件数减少到最少限度，重要的功能操作部件及显示器布置方式一目了然。

（4）统一与变化　整体艺术造型应显示出统一成型的风格和外观形象，并有节奏鲜明的变化，给人以和谐感。

（5）功能合理　艺术造型应适于功能表现，结构形状和尺寸都应有利于功能目标的体现。

（6）体现新材料和新工艺　目的是体现新材料的优异性能和新工艺的精湛水平。

2. 艺术造型的三要素

艺术造型是运用科学原理和艺术手段，通过一定的技术与工艺实现的。技术与艺术的融合是艺术造型的特点。功能、物质技术条件和艺术内容构成了机电产品艺术造型的三要素。这些要素之间存在着辩证统一的关系，在艺术造型的过程中要科学地反映它们之间的内在联系，通过艺术造型充分体现产品的功能美、技术美。

3. 艺术造型设计的基本过程

对一个机电产品艺术造型的具体构思来说，考虑问题要经过由功能到造型、由造型到功能的反复过程；同时又要经过由总体到局部、由局部返回到总体的反复过程。因此，造型设计贯穿了产品设计的全过程，其设计特点是以形象思维为主。

4. 艺术造型设计要点

（1）稳定性　对于静止的或运动缓慢且较重的产品，应该在布置上力求使其重心得到稳固的支撑，并从外观形态到色彩搭配运用都给人以稳定的感觉。

（2）运动特性　总体结构利用非对称原理可以使产品具有可运动的特性。例如许多运输设备，无论从上看，从前面看，或从后面看都是对称的，给人以稳定感，但从侧面看不对称的前后部分可使形状产生动态感。例如在长方形中利用斜线、圆角或流线来反映运动特性。

（3）轮廓　产品的外形轮廓给人的印象十分重要，通常采用“优先数系”来分割产品的轮廓，塑造产品协调、成比例的外观，给人以和谐的美感。

（4）简化　产品外形上不同形状和大小的构件越多，就越显得繁杂，难于与简单、统一协调的要求相吻合。因此，可把一些构件综合起来，尽量减少外露件的数目。

（5）色调　色调的效果对人的情绪影响很大。选用合理的色调，运用颜色的搭配组成良好的色彩环境，能使产品的艺术造型特征得以充分的发挥，满足人们心理的审美要求。

2.3.3 总体布局设计

布局设计是总体设计的重要环节。布局设计的任务是，确定系统各主要部件之间相对应的位置关系以及它们之间所需要的相对运动关系。布局设计是一个带有全局性的问题，它对产品的制造和使用都有很大影响。

1. 总体布局设计的基本原则

（1）功能合理　既易于实现各分功能，又便于实现总功能，不论在系统的内部还是外观上都不应采用不利于功能目标的布局方案。

（2）结构紧凑　内部的结构紧凑要保证便于装配维护，外部的结构紧凑是艺术造型的良好基础。

（3）层次分明　总体结构和所有部件的布置应力求层次分明，一目了然。

（4）比例协调　这一原则按艺术造型方法实现。

2. 系统总体布局的基本类型

由形状、大小、数量、位置、顺序五个基本方面进行综合，可得出一般布局的类型：

1）按主要工作机构的空间几何位置，可分为平面式、空间式等。

2）按主要工作机构的相对位置，可分为前置式、中置式、后置式等。

3）按主要工作机构的运动轨迹，可分为回转式、直线式、振动式等。

4）按主要工作机构的布置方向，可分为水平式、直立式、倾斜式等。

5）按机架或机壳的形式，可分为整体式、组合式等。

2.4 总体方案设计的一般步骤

机电一体化系统总体方案的设计步骤是通用化的，这是因为机电一体化系统所对应的产品可能是加工机械、装配机械、检验仪器、测试仪器、包装机械等各行业的产品或设备。机电一体化产品基本开发路线如图 2-1 所示。

2.4.1 详尽搜集用户对所设计产品的需求

设计任何系统，首先要收集所有相关的信息，包括设计需求、背景技术资料等。设计人员在这一基础上应做出用户真正需要设计什么样的产品的判断。这一步是进行总体方案设计的最基本的依据，不可忽视。一般情况，需要对下列设计需求做详细的调查。

1）设计对象自身的工作效率，包括年工作效率及小时工作效率。对于动力系统，还要了解机械效率方面的需求。

2）设计对象所具有的主要功能，包括总功能及实现总功能时分功能的动作顺序，特别是操作人员在总功能实现中所介入的程度。

3）设计对象与其工作环境的界面。这主要有输入、输出界面、装载工件形式、操作员控制器的界面、辅助装置的界面、温度、湿度、灰尘等情况，以及这些界面中哪些是由设计人员保证的，哪些是由用户提供的。

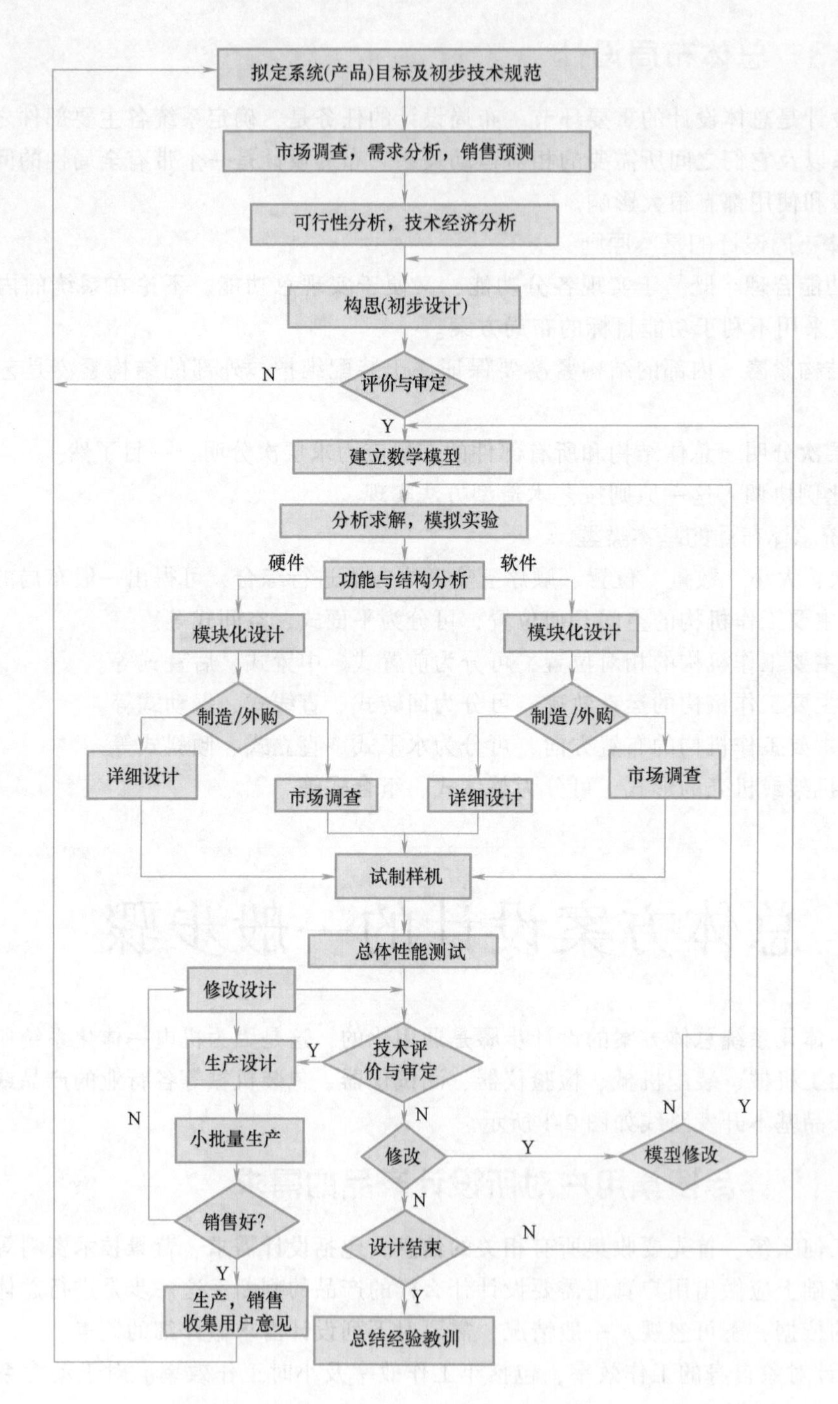

图 2-1 机电一体化产品基本开发路线

4）设计对象对操作者技术水平的需求。要求操作人员达到什么技术等级，并具备哪些专长。

5）设计对象是否被制造过。假如与设计对象类似的产品已在生产，则应参观生产过程，并寻找有关的设计与生产文件。

6）了解用户自身的一些规定、标准。例如厂标、一般技术要求、对产品表面的要求（防蚀、色彩等）。

2.4.2 设计对象工作原理的设计

明确了设计对象的需求后，就可以开始工作原理设计了，这是总体设计的关键。设计质量的优劣取决于设计人员能否有效地对系统的总功能进行合理的抽象和分解，并能合理地运用技术效应进行创新设计，勇于开拓新的领域，探索新的工作原理，使总体设计方案最佳化，从而形成总体方案的初步轮廓。

2.4.3 主要结构方案的选择

机械结构类型很多，选择主要结构方案时，必须保证系统所要求的精度、工作稳定性和制造工艺性，应符合运动学设计原则或误差均化的原理。按运动学原则进行结构设计时，不允许有过多的约束。但当约束点有相对运动且载荷较大时，约束处变形大，易磨损，这时可以采用误差均化原理进行结构设计，这时可以允许有过多的约束。例如滚动导轨中的多个滚动体，是利用滚动体的弹性变形使滚动体直径的微小误差相互得到平均，从而保证导轨的导向精度。

2.4.4 摩擦形式的选择

设计机电一体化机械系统时要认真选择运动机构的摩擦形式，如果处理得不好，由于动、静摩擦力差别太大，造成爬行，会影响控制系统工作的稳定性。因此总体方案设计时，必须选取具有适应于工作要求摩擦形式的导轨。导轨副相对运动时的摩擦形式有滑动、滚动、液体静压滑动、气体静压滑动等几种形式，各有不同的优缺点，设计时可以根据需求，综合考虑各方面因素进行选择。

2.4.5 系统简图的绘制

选择或设计了系统中的各主要功能部件之后，用各种符号代表各子系统中的功能部件，包括控制系统、传动系统、电器系统、传感检测系统、机械执行系统等，根据总体方案的工作原理，画出它们的总体安排，形成机、电有机结合的机电一体化系统简图。

根据这些简图，进行方案论证，并做多次修改，确定最佳方案。在总体安排图中，机械执行系统应以机构运动简图或机构运动示意图表示，其他子系统可用框图表示。

2.4.6 总体精度分配

总体精度分配是将机、电、控、检测各系统的精度进行分配。精度分配时，应根据各子系统所用技术系统的特点进行分配，不应采取平均分配的方法。对于具有数字特征的电、控、检测子系统，可按其数字精度直接分配；对于具有模拟量特征的机、电、检测子系统，则可按技术难易程度进行精度分配。在精度初步分配后，要进行误差计算，把各子系统的误差按系统误差、随机误差归类，分别计算，与分配的精度进行比较，进行反复修改，使各部分的精度尽可能合理，总体精度分配的目标是以满足总体精度为约束，使各子系统的精度尽可能低，达到取得最佳性能价格比的目标。

2.4.7 总体设计报告

总结上述设计过程的各个方面，写出总体设计报告，为总体装配图和部件装配图的绘制做好准备。总体设计报告要突出设计重点，将所设计系统的特点阐述清楚，同时应列出所采取的措施及注意事项。

在当今机电一体化技术迅速发展的时代，机电一体化系统的产品更新换代很快，作为一个优秀的设计人员，要密切注意机电一体化技术发展的新动向，掌握最新的信息，以最新的设计思想和最新的技术手段武装自己，在总体设计中努力创新，应用新原理和新技术，使自己设计的机电一体化系统（或产品）能走在时代的前列。

习题与思考题

1. 什么是机电一体化总体设计？其主要内容有哪些？
2. 简述机电一体化系统的设计流程。
3. 机电一体化设计与传统设计的主要区别是什么？
4. 试举例说明常见的分别属于开发性设计、适应性设计和变异性设计的情况。
5. 什么是艺术造型三要素？
6. 机电一体化产品构思和拟定新方案，常采用哪几种方法？
7. 机电一体化产品的主要性能指标有哪些？如何根据使用要求来确定产品的性能指标？
8. 在设计阶段降低产品成本和使用费用的方法有哪些？
9. 为何在机电一体化总体方案设计时要进行功能分配和性能指标分配？如何进行功能分配和性能指标分配？

第二部分

技　术　篇

第3章 CHAPTER 3 机械传动与导向支撑技术

主要内容

本章明确了机械传动机构、导向与支撑机构、机座等机电一体化系统中的机械结构。

重点知识

1）同步带、谐波齿轮、滚珠花键等的传动机构的认知。
2）导轨、轴系支撑机构的认知。
3）机身的结构认知。

在机电一体化系统中，机械结构主要包括执行机构、传动机构和支承部件，用以完成规定的动作，传递功率、运动和信息，起支撑连接作用等。通常，它们是微机控制伺服系统的有机组成部分。因此，在机械系统设计时，除考虑一般机械设计要求外，还必须考虑机械结构因素与整个伺服系统的性能参数、电气参数的匹配，以获得良好的伺服性能。

3.1 常用传动机构的认知

3.1.1 机电一体化系统对机械传动的要求

传统的机械传动是一种把动力机产生的运动和动力传递给执行机构的中间装置，是一种转矩和转速的变换器，其目的是使驱动电动机与负载之间在转矩和转速上得到合理的匹配。在机电一体化系统中，普遍采用计算机控制和具有动力、变速与执行等多重功能的伺服电动机。伺服电动机的伺服变速功能在很大程度上代替了机械传动中的变速机构，大大简化了传动链。因此，机电一体化系统中的机械传动装置也不再仅仅是转矩和转速的变换器，已成为伺服系统的组成部分，必须根据伺服控制的要求进行选择和设计。例如，在数控机床的设计中，把机械传动部分放在电动机调速系统中统一考虑，以提高整个系统的动态特性。

机电一体化机械系统应具有良好的伺服性能，要求机械传动部件转动惯量小、摩擦小、阻尼合理、刚度大、抗震性好、间隙小，并满足小型、轻量、高速、低噪声和高可靠性等要求。

机电一体化系统常用的机械传动有齿轮传动、带传动、螺旋传动、链传动、键传动等。下面主要介绍同步带传动、谐波齿轮传动、滚珠花键传动等。

3.1.2 同步带传动

1. 同步带传动的特点

同步带传动是综合了带传动、齿轮传动和链传动特点的一种新型传动。如图3-1所示，带的工作表面制有带齿，它与制有相应齿形的带轮相啮合，用来传递运动和动力。与一般带传动相比较，同步带传动具有如下特点：

1）传动比准确，传动效率高。

2）工作平稳，能吸收振动。

3）不需润滑，耐油、水，耐高温，耐腐蚀，维护保养方便。

4）中心距要求严格，安装精度要求高。

5）制造工艺复杂，成本高。

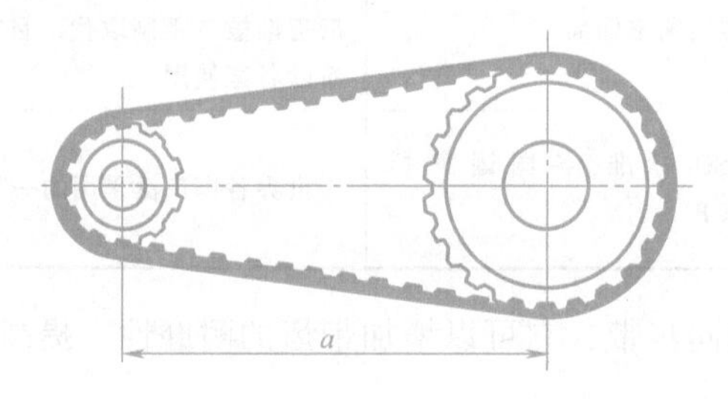

a) 示意图

b) 实物图

图3-1 同步带传动

2. 同步带的分类及应用

同步带的分类及应用见表3-1。本节主要介绍梯形齿同步带传动。

3. 同步带的结构、主要参数和尺寸规格

（1）结构和材料　梯形齿同步带一般由带背、承载绳、带齿组成。在以氯丁橡胶为基体的同步带上，其齿面还覆盖了一层尼龙包布，如图3-2所示。

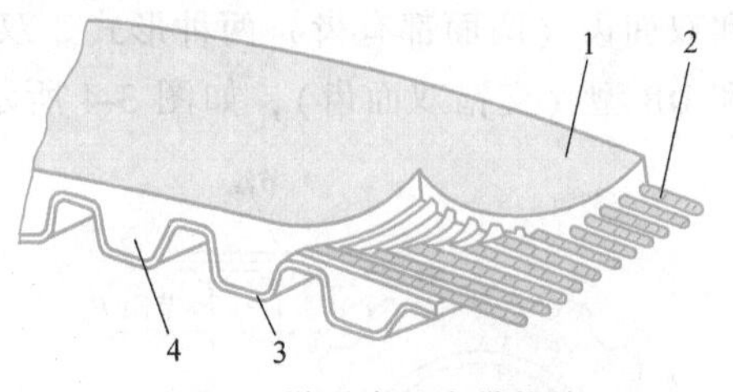

图3-2 梯形齿同步带构造

1—带背　2—承载绳　3—包布层　4—带齿

承载绳传递动力，同时保证带的节距不变。因此承载绳应有较高的强度和较小的伸长率。目前常用的材料有钢丝、玻璃纤维、芳香族聚酰胺纤维（简称芳纶）。

带齿是直接与钢制带轮啮合并传递扭矩的，因此不仅要求有高的抗剪强度和耐磨性，而且要求有高的耐油性和耐热性。用于连接、包覆承载绳的带背，在运转过程中要承受弯曲应力，因此要求带背有良好的韧性和耐弯曲疲劳的能力，以及与承载绳良好的黏结性能。带背和带齿一般采用相同材料制成，常用的有聚氨酯橡胶和氯丁橡胶两种材料。

表 3-1 同步带的分类及应用

分类方法	种类		标准	应用
按照用途分类	一般工业用同步带传动(梯形齿同步带传动)		ISO 标准、各国国家标准、GB	主要用于中、小功率的同步带传动,如各种仪器、计算机、轻工机械等
	大转矩同步带传动(圆弧齿同步带传动)		尚无 ISO 标准和各国国家标准,仅限于各国企业标准	主要用于重型机器的传动中,如运输机械(飞机、汽车)、石油机械、机床和发电机等
	特种规格的同步带传动		汽车同步带有 ISO 标准和各国标准。日本有缝纫机同步带标准	根据各种机器特殊需要而采用的特殊规格同步带传动。如工业缝纫机用、汽车发动机用等
	特殊用途的同步带	耐油性同步带	尚无标准	用于经常粘油或浸在油中传动的同步带
		耐热性同步带		用于环境温度在 90~120℃ 及以上高温下使用
		高电阻同步带		用于要求胶带电阻大于 6MΩ 以上
		低噪声同步带		用于大功率、高速但要求低噪声的地方
按照规则制度分类	模数制:同步带主要参数是模数 m,根据模数来确定同步带的型号及结构参数		各国国家标准	20 世纪 60 年代用于日、意、苏联等国,后逐渐被节距制取代。目前仅俄罗斯及东欧各国使用
	节距制:同步带主要参数是带齿节距 p_b,按节距大小,相应带、轮有不同尺寸		ISO 标准、各国国家标准、GB	世界各国广泛采用的一种规格制度

包布层仅用于以氯丁橡胶为基体的同步带，它可以增加带齿的耐磨性，提高带的抗拉强度，一般用尼龙或绵纶丝织成。

(2) 主要参数和规格　同步带的主要参数是带齿的节距 p_b，如图 3-3 所示。

由于承载绳在工作时长度不变，因此承载绳的中心线被规定为同步带的节线，并以节线长度 L_p 作为其公称长度。同步带上相邻两齿对应点沿节线度量的距离称为带的节距 p_b。

GB/T 11616—2013，对同步带型号、尺寸做了规定。同步带有单面齿（仅一面有齿）和双面齿（两面都有齿）两种形式。双面齿又按齿排列的不同，分为 DA 型（对称双面齿）和 DB 型（交错双面齿），如图 3-4 所示。两种形式的同步带均按节距不同分为七种规格，

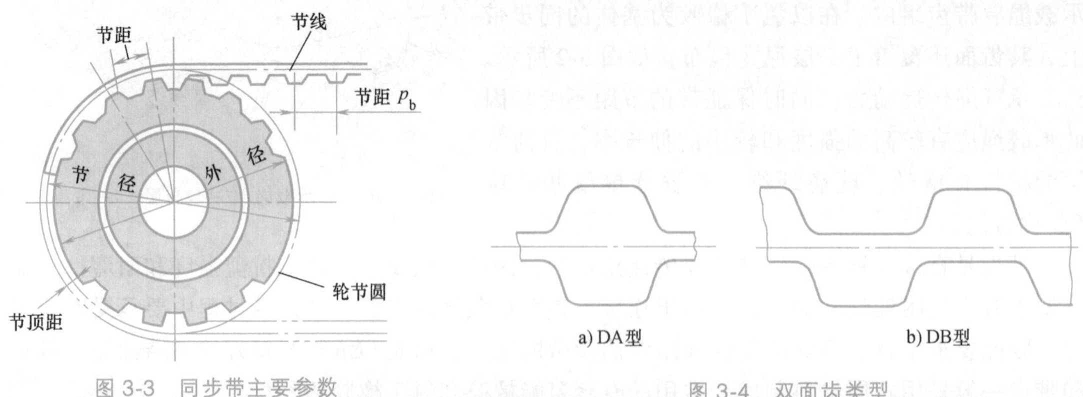

图 3-3　同步带主要参数　　图 3-4　双面齿类型

见表 3-2。

表 3-2 同步带的型号和节距

型号	节距 p_b/mm	节线差 t_b/mm	型号	节距 p_b/mm	节线差 t_b/mm
MXL	2.032	0.254	H	12.700	0.686
XXL	3.175	0.254	XH	22.225	1.397
XL	5.080	0.254	XXH	31.750	1.524
L	9.525	0.381			

(3) 同步带的标记 同步带的标记包括长度代号、型号、宽度代号。双面齿同步带还应再加上符号 DA 或 DB。

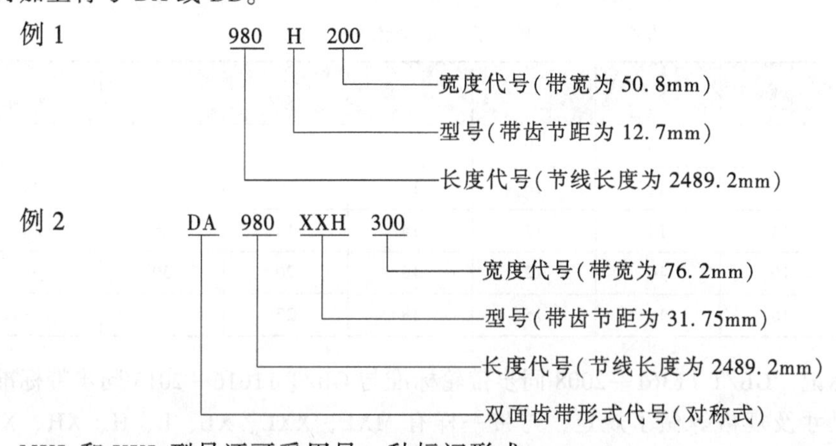

MXL 和 XXL 型号还可采用另一种标记形式:

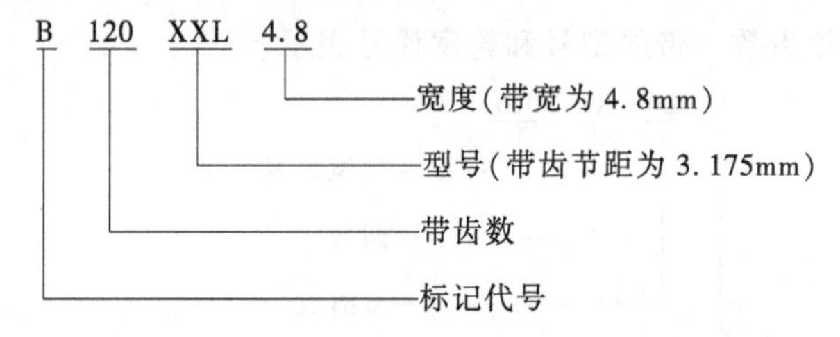

4. 同步带轮

同步带轮结构如图 3-5 所示。为防止工作带脱落，一般在小带轮两侧装有挡圈。带轮材料一般采用铸铁或钢。高速、小功率时可采用塑料或轻合金。

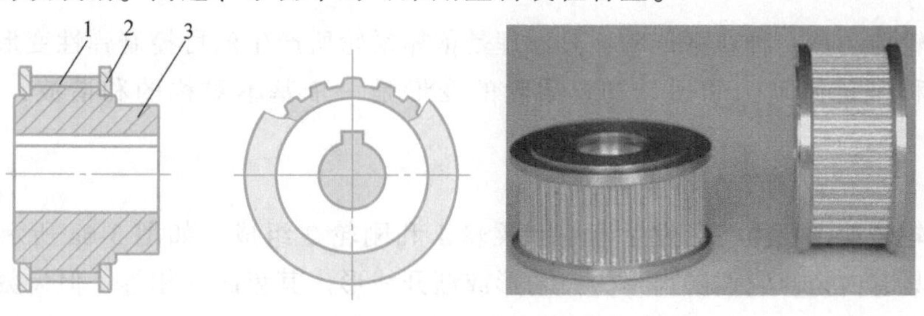

a) 结构图 b) 实物图

图 3-5 同步带轮

1—齿圈 2—挡圈 3—轮毂

5. 带轮的参数及尺寸规格

(1) 齿形　与梯形齿同步带相匹配的带轮，其齿形有直线形和渐开线形两种。直线齿形在啮合过程中，与带齿工作侧面有较大的接触面积，齿侧载荷分布较均匀，从而提高了带的承载能力和使用寿命。渐开线齿形，其齿槽形状随带轮齿数而变化。齿数多时，齿廓近似于直线。这种齿形的优点是有利于带齿的啮入，其缺点是齿形角变化较大，在齿数少时，易影响带齿的正常啮合。

(2) 齿数 z　在传动比一定的情况下，带轮齿数越少，传动结构越紧凑，但齿数过少，使工作时同时啮合的齿数减少，易造成带齿承载过大而被剪断。此外，还会因带轮直径减少，使与之啮合的带产生弯曲疲劳破坏。GB/T 11361—2008 规定的梯形齿同步带传动小带轮最少齿数见表 3-3。

表 3-3　小带轮允许用最少齿数

小带轮转速 /(r/min)	MXL (2.032)	XXL (3.175)	XL (5.080)	L (9.525)	H (12.700)	XH (22.225)	XXH (31.750)
900 以下	10	10	10	12	14	22	22
900~1200	12	12	10	12	16	24	24
>1200~1800	14	14	12	14	18	26	26
>1800~3600	16	16	12	16	20	30	—
>3600~4800	18	18	15	18	22	—	—

(3) 带轮的标记　GB/T 11361—2008 同步带轮标准与 GB/T 11616—2013 同步带标准相配套，对带轮的尺寸及规格等做了规定，与带一样有 MXL、XXL、XL、L、H、XH、XXH 七种。

带轮的标记由带轮齿数、带的型号和轮宽代号表示。

例 3

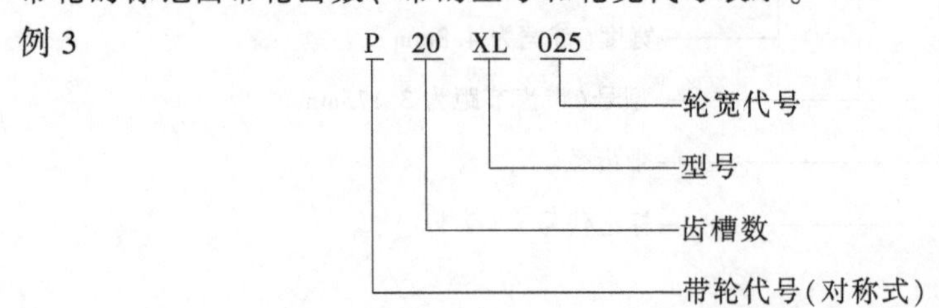

3.1.3　谐波齿轮传动

谐波齿轮传动是一种新型传动，其原理是依靠柔轮所产生的可控制弹性变形波，引起齿间的相对位移来传递动力和运动的。柔轮的变形是一个基本对称的和谐波，故称为谐波传动。

1. 谐波齿轮传动的工作原理

谐波齿轮传动主要由波形发生器 H、柔轮 1 和刚轮 2 组成，如图 3-6a 所示。柔轮具有外齿，刚轮具有内齿，它们的齿形为三角形或渐开线形。其齿距 p 相等，但齿数不同。刚轮的齿数 z_g 比柔轮齿数 z_r 多。柔轮的轮缘极薄，刚度很小，在未装配前，柔轮是圆形的。由于波形发生器的直径比柔轮内圆的直径略大，所以当波形发生器装入柔轮的内圆时，就迫使柔轮变形，呈椭圆形。在椭圆长轴的两端（图 3-6b 中的 A 点、B 点），刚轮与柔轮的轮齿完

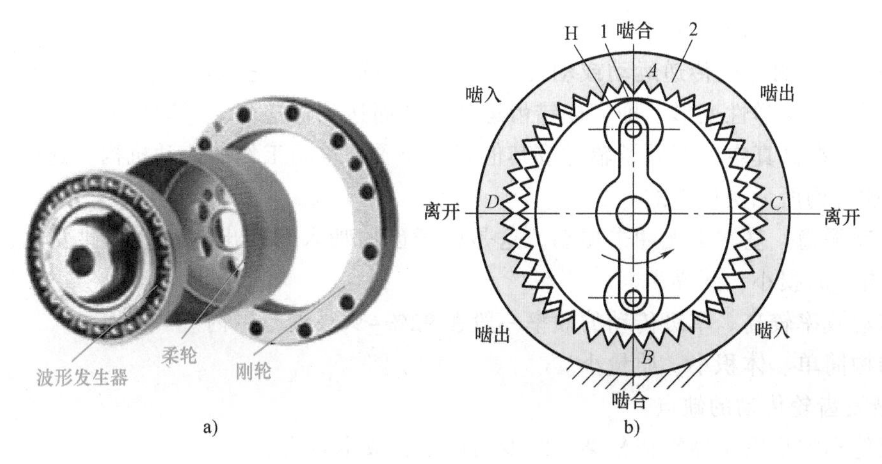

图 3-6 谐波齿轮传动

1—柔轮 2—刚轮

全啮合；而在椭圆短轴的两端（图 3-6b 中的 C 点、D 点），两轮的轮齿完全分离；长短轴之间的齿，则处于半啮合状态，即一部分正在啮入，一部分正在脱出。

图 3-6b 所示的波形发生器有两个触头，称双波发生器。其刚轮与柔轮的齿数相差为 2，周长相差 2 个齿距的弧长。若采用三波，齿数差为 3。

当波发生器转动时，迫使柔轮的长短轴的方向随之发生变化，柔轮与刚轮上的齿依次进入啮合。柔轮和刚轮在节圆处的啮合过程，如同两个纯滚动的圆环一样，它们在任一瞬间转过的弧长都必须相等。对于双波传动，由于柔轮比刚轮的节圆周长短了两个齿距弧长，因此柔轮在啮入和啮出的一转中，就必然相对于刚轮在圆周方向错过两个齿距弧长，这样柔轮就相对于刚轮沿着波形发生器相反的方向转动。当波形发生器沿逆时针旋转 45°时，将迫使柔轮和刚轮相对移动 1 /4 个齿距；当波形发生器转过 180°时，两者相对位移 1 个齿距。当波形发生器连续运转时，柔轮上任何一点的径向变形量 Δ 是随转角 ϕ 变化的变量。其展开图为一正弦波，如图 3-7 所示。

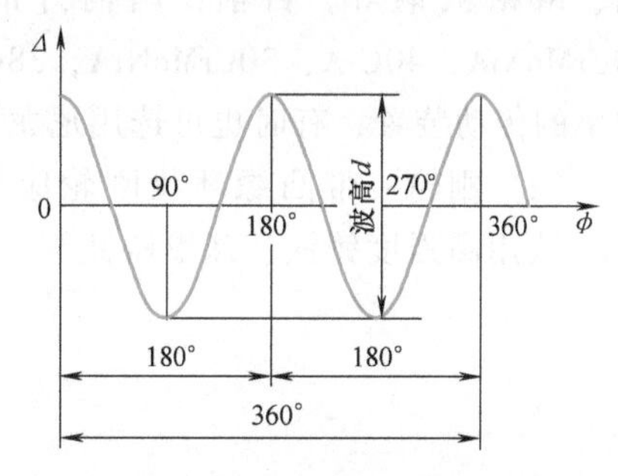

图 3-7 柔轮（双波）变形波波形

谐波齿轮传动正是借助于柔轮的这种弹性变形波来实现轮齿间的啮合和相对运动的。波形发生器旋转一周中，柔轮每一点变形的次数称为波数，以 n 表示。波数等于刚轮与柔轮的齿数差，$n=z_g-z_r$。

2. 谐波齿轮传动的特点

1）与一般齿轮传动相比，谐波齿轮传动具有如下优点：

① 传动比大。单级谐波齿轮的传动比为 50~500。多级和复式传动的传动比更大，可达 30000 以上。不仅用于减速，还可用于增速。

② 承载能力大。谐波齿轮传动同时啮合的齿数多，可达柔轮或刚轮齿数的 30%~40%，因此能承受大的载荷。

③ 传动精度高。由于啮合齿数较多，因而误差得到均化。同时，通过调整，齿侧间隙

较小，回差较小，因而传动精度高。

④ 可以向密封空间传递运动或动力。当柔轮被固定后，它既可以作为密封传动装置的壳体，又可以产生弹性变形，即完成错齿运动，从而达到传递运动或动力的目的。因此，它可以用来驱动在高真空、有原子辐射或其他有害介质的空间工作的传动机构。这一特点是现有其他传动机构所无法比拟的。

⑤ 传动平稳。基本上无冲击振动。这是由于齿的啮入与啮出按正弦规律变化，无突变载荷和冲击，磨损小，无噪声。

⑥ 传动效率较高。单级传动的效率一般在 92%~96%的范围内。

⑦ 结构简单、体积小、质量小。

2）谐波齿轮传动的缺点：

① 柔轮和波形发生器制造复杂，需专门设备，成本较高。

② 传动比下限值较高。

③ 不能做成交叉轴和相交轴的结构。

谐波齿轮传动由于上述优点，所以在机电一体化系统中得到了广泛的应用。如用于机器人、无线电天线伸缩器、手摇式谐波传动增速发电机，雷达、射电望远镜、卫星通信地面站天线的方位和俯仰传动机构、电子仪器、仪表、精密分度机构、小侧隙和零侧隙传动机构等。

3. 谐波齿轮传动各构件的结构和材料

（1）柔轮　应用最多的杯形柔轮结构如图 3-8 所示。柔轮处在反复弹性变形的状态下工作，需选用强度和耐疲劳性能好的合金结构钢来制造。如轴承钢、铬钢、铬锰硅钢、铬锰钛钢、铬钼钒钢等。目前，国内外的谐波减速器柔轮材料基本为 40Cr 合金钢，包括 40CrMoNiA，40CrA，30CrMoNiA，38Cr2Mo2VA，其中 40CrMoNiA 与 40CrA 最为常用。对小功率的传动装置，有时也可选用尼龙 1010、尼龙 6 和含氟塑料等材料。

（2）刚轮　带凸缘环状刚轮应用较多，其结构如图 3-9 所示。钢轮材料可用 45 钢、40Cr 或用高强度铸铁、球墨铸铁等，与钢制柔轮组成减摩运动副。

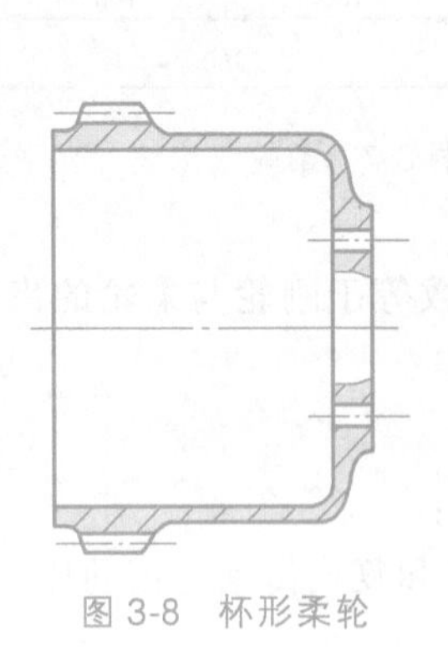

图 3-8　杯形柔轮

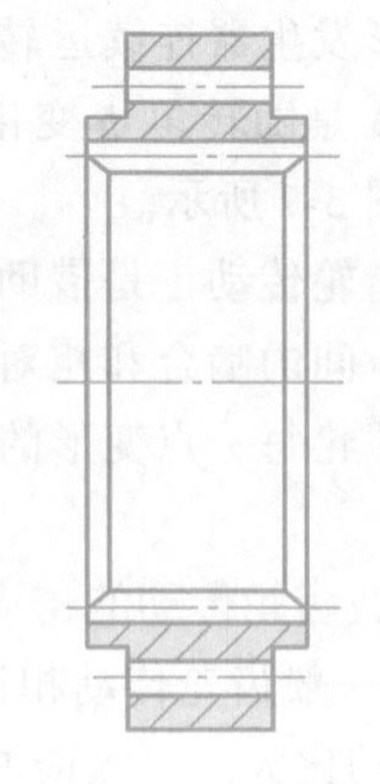

图 3-9　带凸缘环状刚轮

（3）波形发生器　常用的波形发生器为柔性轴承凸轮式和双滚轮式。

双滚轮式波形发生器结构如图 3-10 所示。其结构简单，制造方便，效率高。但对柔轮的变形不能安全控制，承载能力较低，因此只适用于低速轻载的传动中。

柔性轴承凸轮式波形发生器如图 3-11 所示。由凸轮 3、柔性轴承 4 组成。这种波形发生器完全控制了柔轮的变形，承载能力大，刚性好，精度也较高，因而应用广泛。

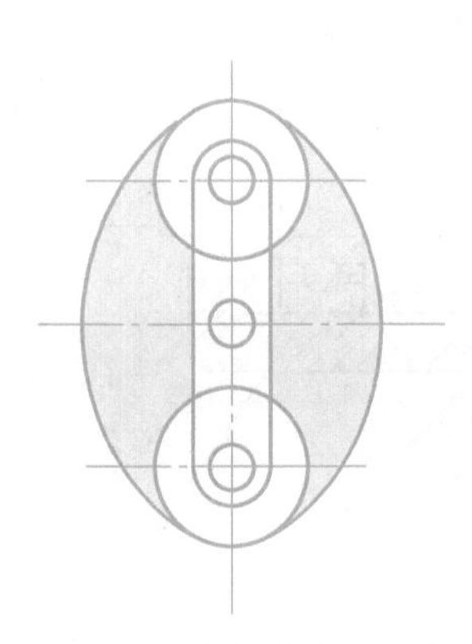

图 3-10 双滚轮式波形发生器

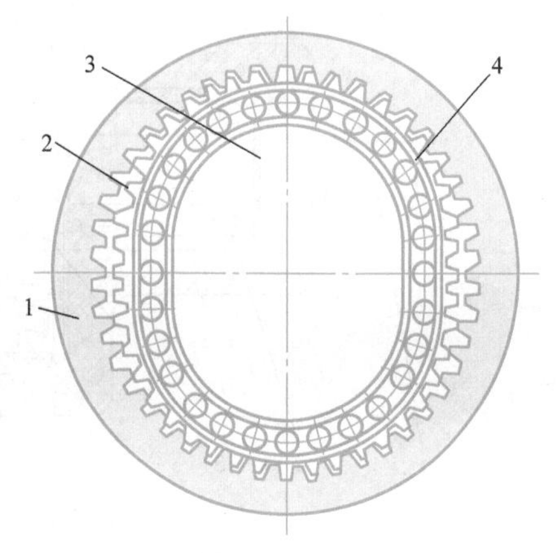

图 3-11 柔性轴承凸轮式波形发生器

1—刚轮 2—柔轮 3—凸轮 4—柔性轴承

4. 谐波齿轮减速器

谐波齿轮减速器在国内于 20 世纪 60~70 年代才开始研制，已有不少厂家专门生产，并形成系列化。它广泛应用于航空、航天、机器人、能源、航海、造船、仿生机械、常用军械、机床、仪表、电子设备、矿山冶金、交通运输、起重机械、石油化工机械、纺织机械、农业机械以及医疗器械等方面，特别是在高动态性能的伺服系统中，采用谐波齿轮传动更显示出其优越性。谐波齿轮减速器实物如图 3-12 所示。

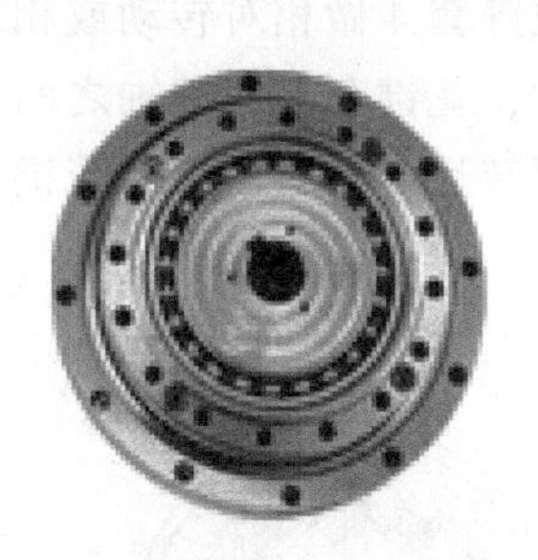

图 3-12 谐波齿轮减速器

图 3-13 所示为单级谐波齿轮减速器结构图。输入轴（高速轴）1 带动波形发生器凸轮 3，经柔性轴承 4 使柔轮 6 的齿产生弹性变形，柔轮 6 的齿与刚轮 5 的齿相互作用，实现减速功能。

单级谐波齿轮减速器的型号由产品代号、规格代号和精度等级三部分组成。例如：

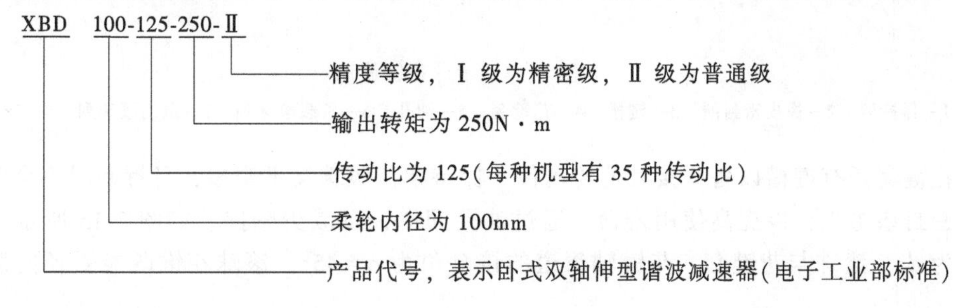

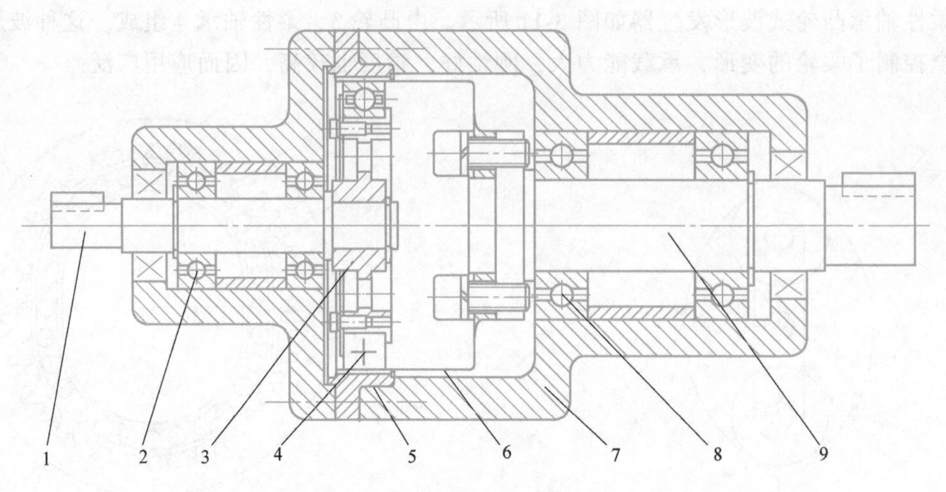

图 3-13　单级谐波齿轮减速器结构图

1—输入轴　2—输入轴轴承　3—波形发生器凸轮　4—柔性轴承　5—刚轮
6—柔轮　7—减速器壳体　8—输出轴轴承　9—谐波减速器输出轴

各种规格的谐波齿轮减速器的有关参数和技术指标可参见标准 SJ 2604—1985。

3.1.4　滚珠花键传动

滚珠花键传动装置由花键轴、花键套、循环装置及滚珠等组成，如图 3-14 所示。在花键轴 8 的外圆上，配置有等分的三条凸缘。凸缘的两侧，就是花键轴的滚道。同样，花键套上也有相对应的六条滚道。滚珠就位于花键轴和花键套的滚道之间。于是滚动花键副内就形成了六列负载滚珠，每三列传一个方向的力矩。当花键轴 8 与花键套 4 做相对转动或相对直线运动时，滚珠就在滚道和保持架 1 内的通道中循环运动，因此，花键套与花键轴之间，既可做灵敏、轻便的相对直线运动，也可以轴带套或以套带轴做回转运动。所以滚动花键副既是一种传动装置，又是一种新颖的直线运动支承。

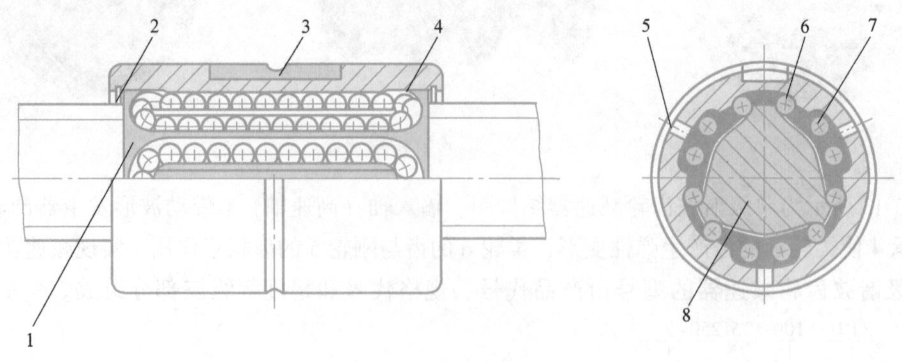

图 3-14　滚珠花键传动

1—保持架　2—橡皮密封圈　3—键槽　4—花键套　5—油孔　6—负载滚珠列　7—退出滚珠列　8—花键轴

花键套开有键槽以备联接其他传动件，保持架使滚珠互不摩擦，且拆卸时不会脱落。用橡皮密封垫防尘，以提高使用寿命。通过油孔润滑，以减少摩擦。如图 3-15 所示，滚珠中心圆为 d_0，滚珠与花键套和花键轴滚道的接触角为 $\alpha=45°$。滚珠花键既能受径向载荷，又

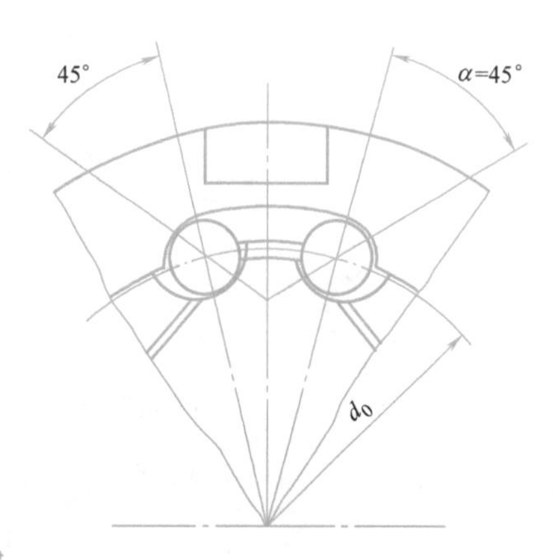

图 3-15 滚珠花键

能传递力矩。滚道的曲率半径 $r=(0.520.54)D_b$（D_b 为滚珠直径），所以承载能力较大。通过选配滚珠的直径，使滚珠花键副内产生过盈（即预加载荷），可以提高接触刚度、运动精度和抗冲击的能力。滚珠花键传动主要用于高速场合，运动速度可达 60m/min。

滚珠花键传动目前广泛地用于镗床、钻床、组合机床等机床的主轴部件；各类测量仪器、自动绘图仪中的精密导向机构；压力机、自动搬运机等机械的导向轴；各类变速装置及刀架的精密分度轴以及各类工业机器人的执行机构等。

3.2 导向支撑机构认知

3.2.1 机电一体化系统对导向支撑部件的要求

机电一体化系统中的支承部件是一种非常重要的部件，它不仅要支撑、固定和连接系统中的其他零部件，还要保证这些零部件之间的相互位置要求和相对运动的精度要求，而且还是伺服系统的组成部分。因此，应按伺服系统的具体要求来设计和选择支承部件。

常用的导向支撑部件主要有导轨、轴承和机身（或基座）等。它们的精度、刚度、抗震性、热稳定性等因素直接影响伺服系统的精度、动态特性和可靠性。因此，机电一体化系统对导向支承部件的要求是精度高、刚度大、热变形小、抗震性好、可靠性高，并且有良好的摩擦特性和结构工艺性。

3.2.2 导轨

导向支撑部件的作用是支撑和限制运动部件按给定的运动要求和规定的运动方向运动。这样的部件称为导轨副，简称导轨。

1. 导轨的组成

导轨主要有撑导件 1 和运动件 2 两大部分组成（图 3-16）。运动方向为直线的被称为直线运动导轨，为回转的被称为回转运动导轨。

常用导轨的种类很多，按其接触面的摩擦性质可分为滑动导轨、滚动导轨、流体介质摩

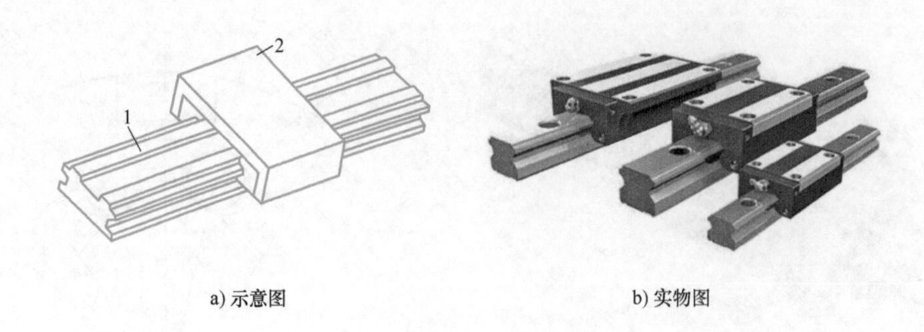

a) 示意图　　b) 实物图

图 3-16　导轨的组成

1—撑导件　2—运动件

擦导轨、弹性摩擦导轨等。滑动导轨有圆柱型、棱柱型、燕尾型、组合型，滚动导轨有滚柱（针）型、滚柱型、滚动轴承型，流体介质摩擦导轨（气体、液体）有动压型、静压型、动静型，弹性摩擦导轨有片簧型、膜片型、柔性铰链型。

按其结构特点可分为开式（借助重力或弹簧弹力保证运动件与承导面之间的接触）导轨和闭式（只靠导轨本身的结构形状保证运动件与承导面之间的接触）导轨。常用导轨结构形式如图 3-17 所示，性能比较见表 3-4。

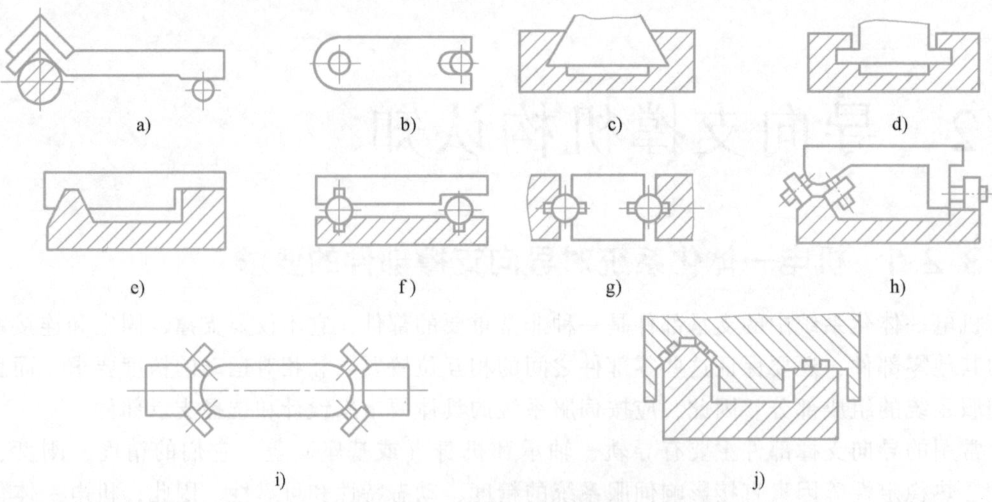

图 3-17　常用导轨结构形式

表 3-4　常用导轨结构性能比较

导轨类型	结构工艺性	方向精度	摩擦力	对温度变化的敏感性	承载能力	耐磨性	成本
开式圆柱面导轨(图 3-17a)	好	高	较大	不敏感	小	较差	低
闭式圆柱面导轨(图 3-17b)	好	较高	较大	较敏感	较小	较差	低
燕尾导轨(图 3-17c)	较差	高	大	敏感	好	好	较高
闭式直角导轨(图 3-17d)	较差	较高	较小	较敏感	较好	较好	较低
开式 V 形导轨(图 3-17e)	较差	较高	较大	不敏感	好	好	较高
开式滚珠导轨(图 3-17f)	较差	高	小	不敏感	较好	较好	较高

（续）

导轨类型	结构工艺性	方向精度	摩擦力	对温度变化的敏感性	承载能力	耐磨性	成本
闭式滚珠导轨(图 3-17g)	差	较高	较小	不敏感	较好	较好	高
开式滚柱导轨(图 3-17h)	较差	较高	小	不敏感	较好	较好	较高
滚动轴承导轨(图 3-17i)	较差	较高	小	不敏感	好	好	较高
液体静压导轨(图 3-17j)	差	高	很小	不敏感	很好	很好	很高

2. 导轨应满足的基本要求

机电一体化系统对导轨的基本要求是导向精度高、刚度好、运动轻便平稳、耐磨性好、温度变化影响小以及结构工艺性好等。对精度要求高的直线运动导轨，还要求导轨的承载面与导向面严格分开；当运动件较重时，必须设有卸荷装置，运动件的支承必须符合三点定位原理。

（1）导向精度　导向精度是指动导轨按给定方向做直线运动的准确程度。导向精度的高低，主要取决于导轨的结构类型、导轨的几何精度和接触精度、导轨的配合间隙、油膜厚度和油膜刚度、导轨和基础件的刚度及热变形等。

直线运动导轨的几何精度（图 3-18），一般有下列几种规定：

1）导轨在垂直平面内的直线度（即导轨纵向直线度），如图 3-18a 所示。

2）导轨在水平平面内的直线度（即导轨横向直线度），如图 3-18b 所示。

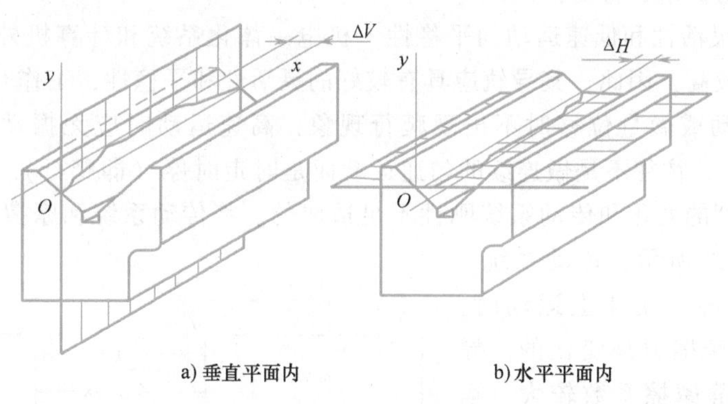

a) 垂直平面内　　b) 水平平面内

图 3-18　直线运动导轨的几何精度

理想的导轨与垂直和水平截面上的交线，均应是一条直线，但由于制造的误差，使实际轮廓线偏离理想的直线，测得实际包容线的两平行直线间的宽度 ΔV、ΔH，即为导轨在垂直平面内或水平平面内的直线度。在这两种精度中，一般规定导轨全长上的直线度或导轨在一定长度上的直线度。

3）两导轨面间的平行度，也称为扭曲度。这项误差一般规定用在导轨一定长度上或全长上的横向扭曲值表示。

（2）刚度　导轨的刚度就是导轨抵抗载荷的能力。抵抗恒定载荷的能力称为静刚度，抵抗交变载荷的能力称为动刚度。现简略介绍静刚度。在恒定载荷作用下，物体变形的大小，表示静刚度的好坏。导轨变形一般有自身、局部和接触三种变形。

导轨自身变形是由于作用在导轨面上的零部件重量（包括自重）而引起，它主要与导轨的类型、尺寸及材料等有关。因此，为了加强导轨自身刚度，常用增大尺寸及合理布置肋及肋板等办法解决。

导轨局部变形发生在载荷集中的地方，因此，必须加强导轨的局部刚度。

接触变形如图3-19所示，在两个平面接触处，由于加工造成的微观不平度，使其实际接触面积仅是名义接触面积的很小一部分，因而产生接触变形。由于接触面积是随机的，故接触变形不是定值，即接触刚度也不是定值，但在实际应用时，接触刚度必须是定值。为此，对于活动接触面（动导轨与支承导轨），需施加预载荷，以增加接触面积，提高接触刚度，预载荷一般等于运动件及其上的工件等重量。为了保证导轨副的刚度，导轨副应有一定的接触精度。导轨的接触精度以导轨表面的实际接触面积占理论接触面积的百分比或在25mm×25mm面积上接触点的数目和分布状况来表示。这项精度一般根据精刨、磨削、刮研等加工方法按标准规定。

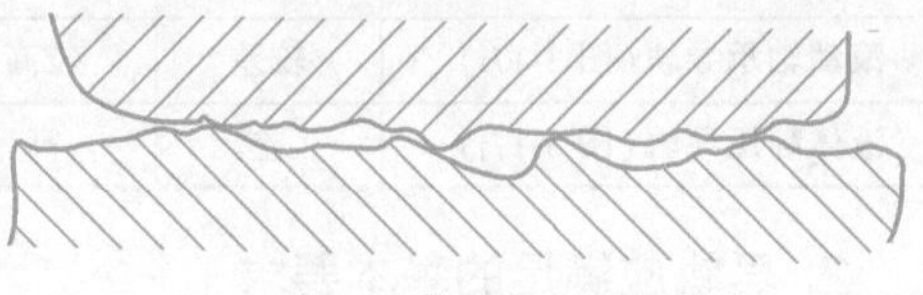

图3-19　导轨实际接触面积

（3）精度的保持性　它主要由导轨的耐磨性决定。导轨的耐磨性是指导轨在长期使用后，应能保持一定的导向精度。导轨的耐磨性，主要取决于导轨的结构、材料、摩擦性质、表面粗糙度、表面硬度、表面润滑及受力情况等。提高导轨的精度保持性，必须进行正确的润滑与保护。采用独立的润滑系统自动润滑已被普遍采用。防护方法很多，目前多采用多层金属模板伸缩式防护罩进行防护。

（4）运动的灵活性和低速运动的平稳性　机电一体化系统和计算机外围设备等的精度和运动速度都比较高，因此，其导轨应具有较好的灵活性和平稳性，工作时应轻便省力、速度均匀，低速运动或微量位移时不出现爬行现象，高速运动时应无振动。在低速运行时（如0.05mm/min），往往不是做连续的匀速运动而是时走时停（即爬行）。其主要原因是摩擦系数随运动速度的变化和传动系统刚性不足造成的。将传动系统和摩擦副简化成弹簧-阻尼系统，如图3-20所示，传动系统2带动运动件3在静导轨4上运动时，作用在导轨内的摩擦力是变化的。导轨相对静止时，静摩擦系数较大。运动开始的低速阶段，动摩擦系数是随导轨相对滑动速度的增大而降低的。直到相对速度增大到某一临界值，动摩擦系数才是随相对速度的减小而增加。由此来分析图3-20所示的运动系统是：匀速运动的主动件1，通过压缩弹簧推动静止的运动件3，当运动件3受到的逐渐增大的弹簧力小于静摩擦力 F 时，3不动；直到弹簧力刚刚大于 F 时，3才开始运动，动摩擦力随着动摩擦系数的降低而变小，3的速度相应增大，同时弹簧相应伸长，作用在3上的弹簧力逐渐减小，3产生负加速度，速度降低，动摩擦力相应增大，速度逐渐下降，直到3停止运动；主动件1这时再重新压缩弹簧，爬行现象进入下一个周期。

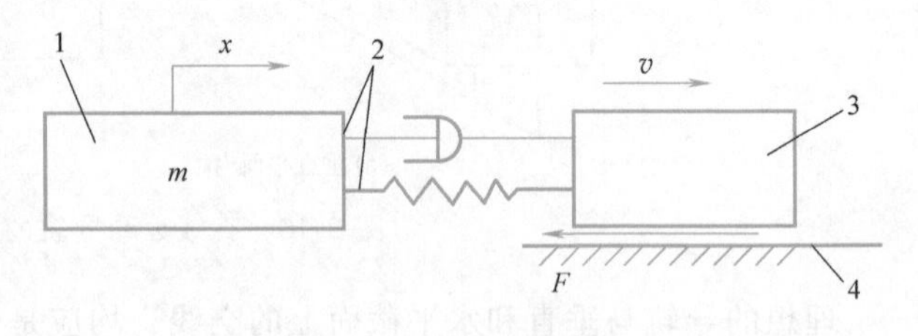

图3-20　弹簧-阻尼系统

1—主动件　2—传动系统　3—运动件　4—静导轨

为防止爬行现象的出现，可同时采取以下几项措施：采用滚动导轨、静压导轨、卸荷导轨、贴塑料层导轨等；在普通滑动导轨上使用含有极性添加剂的导轨油；用减小接合面、增大结构尺寸、缩短传动链、减少传动副等方法来提高传动系统的刚度。

（5）对温度的敏感性和结构工艺性　导轨在环境温度变化的情况下，应能正常工作，既不“卡死”，亦不影响系统的运动精度。导轨对温度变化的敏感性，主要取决于导轨材料和导轨配合间隙的选择。结构工艺性是指系统在正常工作的条件下，应力求结构简单，制造容易，装拆、调整、维修及检测方便，从而最大限度地降低成本。

3. 导轨的设计内容

设计导轨应包括下列几方面内容：

1）根据工作条件，选择合适的导轨类型。

2）选择导轨的截面形状，以保证导向精度。

3）选择适当的导轨结构及尺寸，使其在给定的载荷及工作温度范围内，有足够的刚度、良好的耐磨性以及运动轻便和低速平稳性。

4）选择导轨的补偿及调整装置，经长期使用后，通过调整能保持所需要的导向精度。

5）选择合适的耐磨涂料、润滑方法和防护装置，使导轨有良好的工作条件，以减少摩擦和磨损。

6）制订保证导轨所必需的技术条件，如选择适当的材料，以及热处理、精加工和测量方法等。

4. 常用导轨及其特点

机电一体化系统中常用的导轨有滑动导轨、滚动导轨和静压导轨，它们的特点见表 3-5。

表 3-5　常用导轨及其特点

导轨种类 性能	一般滑动导轨	塑料导轨	滚动导轨	静压导轨	
				液体静压	气体静压
定位精度	一般。位移误差为 10～20μm，用防爬油或液压卸荷时，位移误差为 2～5μm	较高。用聚四氟乙烯时，位移误差可达 2μm	高。传动刚度大于 30～40N/μm 时，位移误差为 0.1～0.3μm	较高。位移误差可达 2μm	高。位移误差可达 0.125μm
摩擦特性	摩擦系数较大，变化范围也大	摩擦系数较小。动、静摩擦次数基本相同	摩擦系数很小，且与速度呈线性关系，动、静摩擦次数基本相同	起动摩擦系数很小（0.0005），且与速度呈线性关系	摩擦系数小于液体静压导轨
承载能力/(N/mm^2)	中等。铸铁与铸铁约为 1.5，钢与铸铁、钢与钢约为 2.0	聚四氟乙烯连续使用时<0.35；间断使用时<1.75	滚珠导轨较小滚柱（针）导轨较大	可以很高	承载能力小于液体静压导轨
刚度	接触刚度高	刚度较高	无预加载荷时刚度较低；有预加载荷的滚动导轨，其刚度可略高于滑动轴承	间隙小时刚度高，但不及滑动导轨	刚度低
运动平稳性	速度在 1～60mm/min 时容易出现爬行	无爬行现象	仅在预加载荷过大和制造质量过低时出现爬行现象	运动平稳，低速无爬行	

（续）

导轨种类 性能	一般滑动导轨	塑料导轨	滚动导轨	静压导轨	
				液体静压	气体静压
抗震性	一般	吸振	抗震性和抵抗冲击载荷的能力较差	吸振性好	
速度	中、高	中等	任意	低、中等	
寿命	非淬火铸铁低，淬火或耐磨铸铁中等，淬火钢高	高	防护很好时高	很高	

（1）一般滑动导轨　一般滑动导轨具有结构简单、制造方便、刚度好、抗震性高等优点，在数控机床上应用广泛。但金属对金属型滑动导轨目前在数控机床等机电一体化产品中使用较少。因为这些导轨的静摩擦系数大，动静摩擦系数的差值也大，容易出现低速爬行，因而不能满足伺服系统的快速响应性、运动精度和运动平稳性等要求。目前多数使用的是金属对塑料形式，称为贴塑导轨。

（2）塑料导轨　塑料导轨是在滑动导轨上镶装塑料而成的。这种导轨除表 3-5 所述特点外，其化学稳定性高、工艺性好、使用维护方便，因而得到了越来越广泛的应用。但它的耐热性差，且易蠕变，使用中必须注意散热。常用的塑料导轨材料有以下三种。

1）塑料导轨软带。国产 TSF 塑料导轨软带是以聚四氟乙烯为基材，添加合金粉和氧化物等所构成的高分子复合材料。将其粘贴在金属导轨上所形成的导轨又称为贴塑导轨。

软带粘贴形式如图 3-21 所示。图 3-21a 为平面式，多用于设备的导轨维修；图 3-21b 为埋头式，即粘贴软带的导轨加工有带挡边的凹槽，多用于新产品。

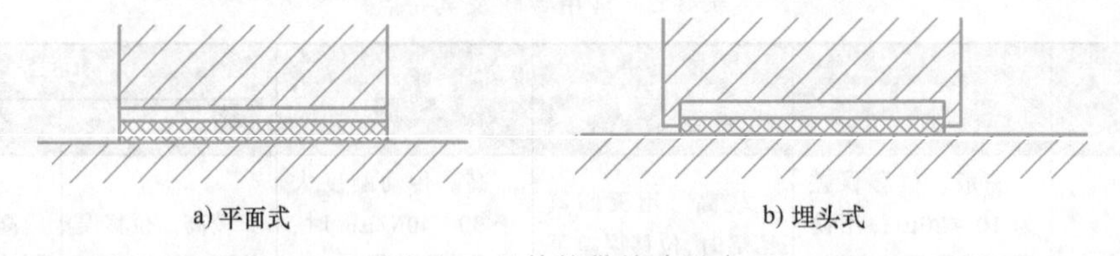

图 3-21　导轨软带粘贴形式

这种软带可与铸铁或钢组成滑动摩擦副，也可以与滚动导轨组成滚动摩擦副。

2）金属塑料复合导轨板。导轨板分三层，如图 3-22 所示。内层为钢带，以保证导轨板的机械强度和承载能力。钢带上镀烧结成球状的青铜粉或青铜丝网形成多孔中间层，再浸渍聚四氟乙烯等塑料填料。中间层可以提高导轨的导热性，避免浸渍进入孔或网中的氟塑料产生冷流和蠕变。当青铜与配合面摩擦而发热时，热胀系数远大于金属的塑料从中间层的孔隙中挤出，向摩擦表面转移，形成厚为 0.01～0.05mm 的表面自润滑塑料层。这种导轨板一般用胶粘贴在金属导轨上，成本比聚四氟乙烯软带高。

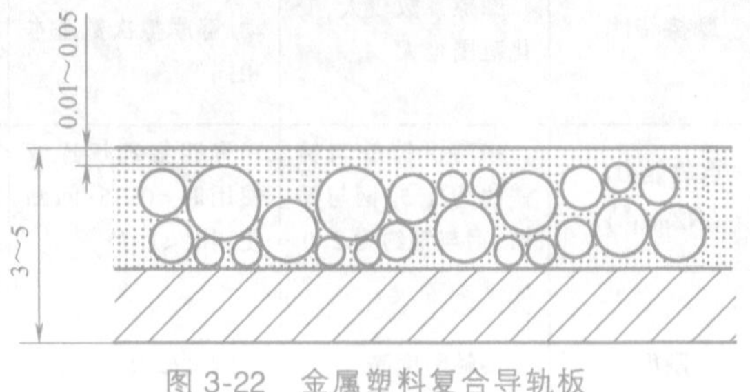

图 3-22　金属塑料复合导轨板

3）塑料涂层。导轨副中，若只有一面磨损严重，则可以把磨损部分切除，涂敷配制好的胶状塑料涂层，利用模具或另一摩擦面使涂层成形，固化后的塑料涂层即成为摩擦副中的配对面之一，与另一金属配对面形成新的摩擦副。目前常用的塑料涂层材料有环氧涂料和含氟涂料，它们都是以环氧树脂为基体，但所用牌号和加入的成分有所不同。环氧涂料的优点是摩擦系数小且稳定，防爬性能好，有自润滑作用。缺点是不易存放，且黏度逐渐变大。含氟涂料则克服了上述缺点。

这种方法主要用于导轨的维修和设备的改造，也可用于新产品设计。

(3) 滚动导轨 滚动导轨是在做相对运动的两导轨面之间加入滚动体，变滑动摩擦为滚动摩擦的一种直线运动支承。

1) 滚动导轨分类。

① 按滚动体形状不同，可分为滚珠导轨、滚柱导轨、滚针导轨三种，如图3-23所示。

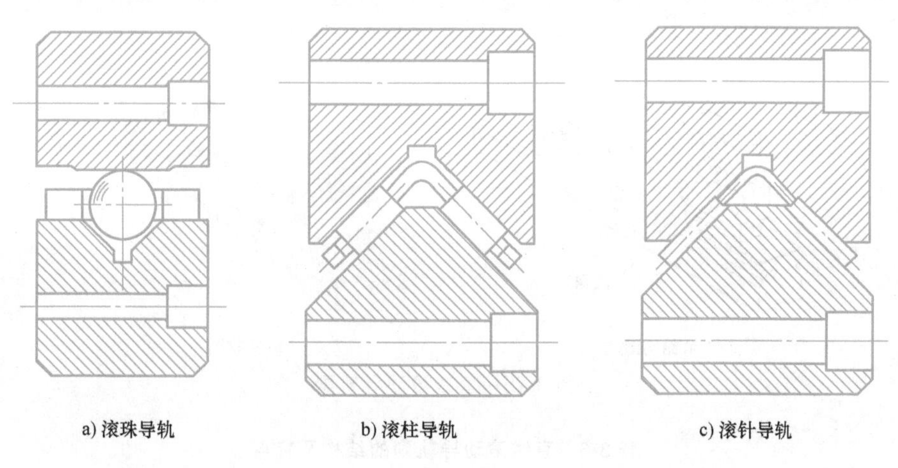

图3-23 滚动导轨结构形式

图3-23a为滚珠导轨，点接触、摩擦小、灵敏度高，但承载能力小、刚度低，适用于载荷不大，行程较小，而运动灵敏度要求较高的场合。图3-22b为滚柱导轨，线接触、承载能力和刚度都比滚珠导轨大，适用于载荷较大的场合，但制造安装要求高。滚柱结构有实心和空心两种。空心滚柱在载荷作用下有微小变形，可减小导轨局部误差和滚柱尺寸对运动部件导向精度的影响。图3-23c为滚针导轨，尺寸小，结构紧凑、排列密集、承载能力大，但摩擦相应增加，精度较低，适用于载荷大，导轨尺寸受限制的场合。

② 按循环方式分类可以分为循环式和非循环式两种类型。

a) 循环式滚动导轨的滚动体在运行过程中沿自己的工作轨道和返回轨道做连续循环运动，如图3-24所示。因此，运动部件的行程小，受限制。这种结构装配和使用都很方便，防护可靠，应用广泛。

b) 非循环式滚动导轨的滚动体在运行过程中小循环，因而行程有限。运行中滚动体始终同导轨面保持接触。

滚动导轨还可以接导轨截面的形状和滚道沟槽形状进行分类。

2) 直线滚动导轨副。直线滚动导轨结构如图3-25所示。它由导轨和滑块组成，滑块的数量可根据需要而定。当滑块移动时，滚珠在滚道内循环运动。国内常用的两种直线滚动导轨副的结构及特点见表3-6。

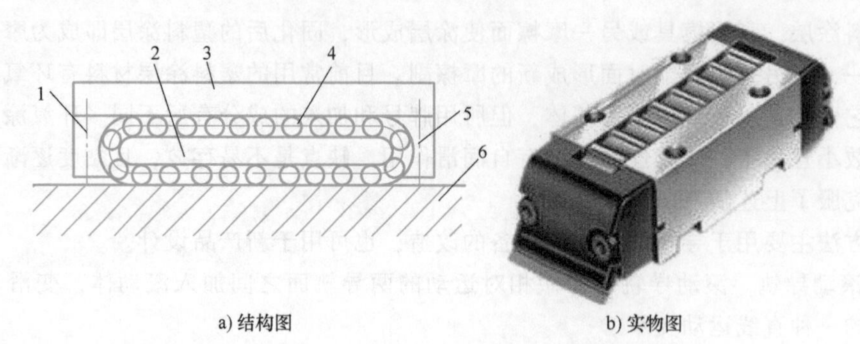

a) 结构图　　b) 实物图

图 3-24　滚动导轨块

1，5—挡板　2—导轨块　3—动导轨体　4—滚动体　6—支承导轨

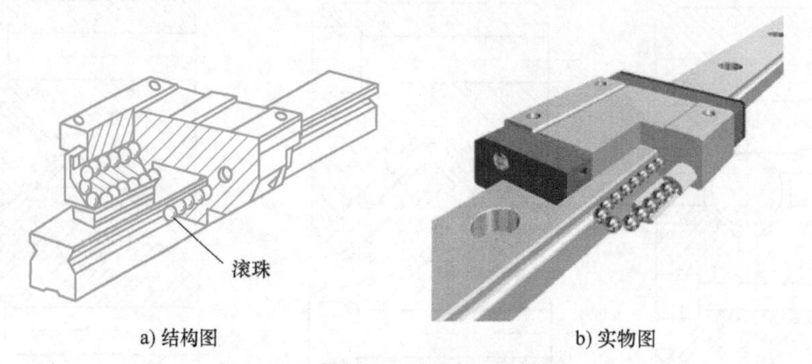

a) 结构图　　b) 实物图

图 3-25　直线滚动导轨副

表 3-6　直线滚动导轨副的结构及特点

导轨截面形状	梯形	矩形
滚珠接触的结构形式	θ	$\theta=0°$ 45° 45°
能承受的载荷的方向、大小		
特性	能承受较大的垂直向下载荷、对垂直向下载荷的精度稳定性好、运行噪声小	上、下、左、右四方均能承受较大的载荷、刚度高
用途	电加工机床、各种检测仪器、X-Y 工作台等	加工中心、数控机床、机器人等

3）滚动导轨块。滚动导轨块（又称滚子导轨块）结构如图3-26所示。滚子在导轨块内做周而复始的循环滚动。工作时，低于安装平面“*A*”的为回路滚子，高于平面“*B*”的为承载滚子，承载滚子与机床导轨面做滚动接触。这种结构的导轨块承载能力大，刚度高，行程不受限制，但滚子容易侧向偏移，装配比较困难。

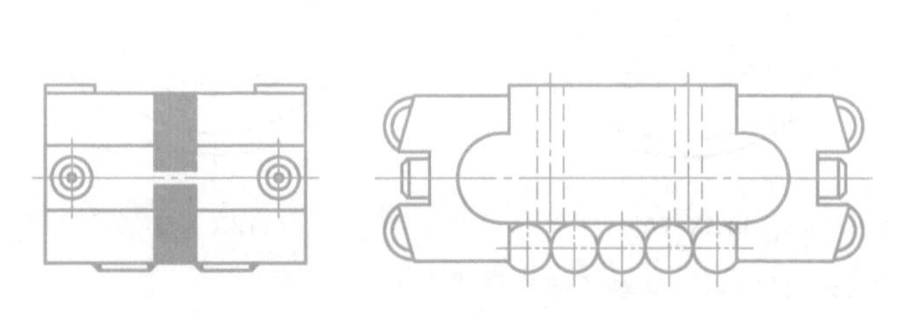
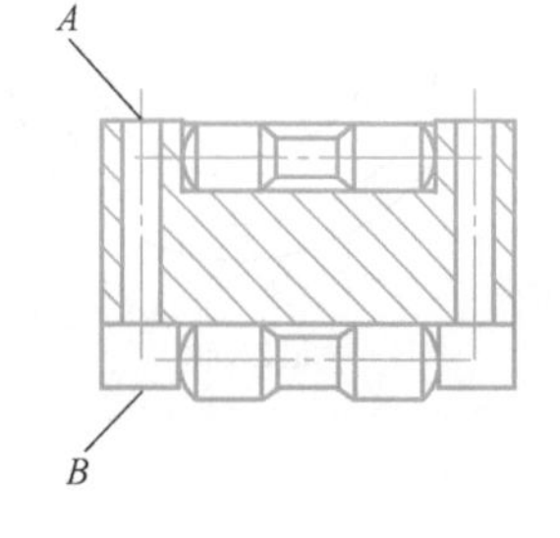

图3-26 滚动导轨块

（4）直线运动球轴承及其导轨副 对于圆形导轨，常用如图3-27所示的直线运动球轴承。当直线运动球轴承与导轨轴6做轴向相对直线运动时，滚珠在保持架的长圆形通道内循环滚动。保持架靠轴承两端的挡圈固定在外套筒上，以使诸零件连接为一个整体，拆装非常方便。

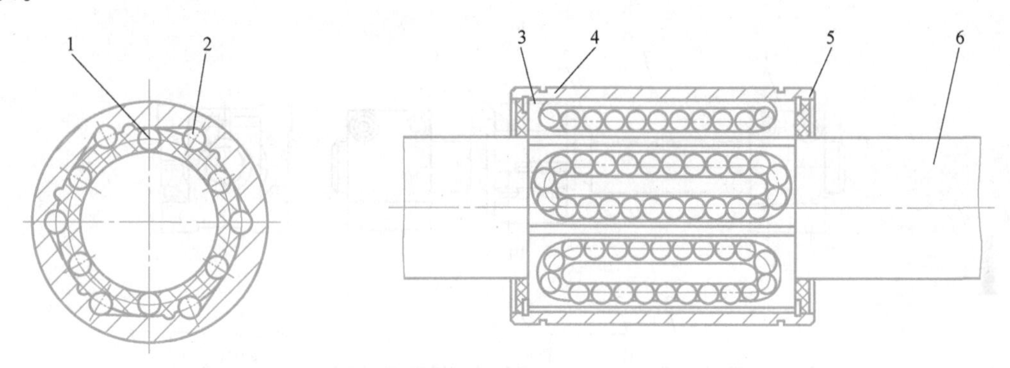

图3-27 圆形导轨

1—负载滚珠 2—返回滚珠 3—保持器 4—外套筒 5—挡圈 6—导轨轴

这种轴承只能在导轨轴上做轴向直线往复运动，而不能旋转。滚珠与导轨轴外圆柱面为点接触，因而许用载荷较小，但它运动轻便、灵活、精度较高、价格较低、维护方便，因而广泛应用于机床、测量装置、电子仪器，输送机械、医疗诊断仪器等轻载设备和装置。

直线运动球轴承有三种结构形式，如图3-28所示。

1）标准型（ZX）：如图3-28a所示，是常用型，轴承与导轨轴间的间隙不可调，它与导轨的安装方式如图3-29a所示。

2）调整型（ZX-T）：如图3-28b所示，在轴承外套筒和挡圈上开有轴向切口，能任意调整它与导轨轴之间的间隙，与导轨的安装方式如图3-29b所示。

3）开放型（ZX-K）：如图3-28c所示，在轴承外套筒和挡圈上开有轴向扇形切口，轴承与导轨的间隙可调，与导轨的安装方式如图3-29c所示。

前两者不能配用两个以上的导轨轴承支座，如果支承跨距过大，则导轨轴挠曲严重。适用于短行程或对运动轨迹的精度要求不高的场合。开放型可以配两个以上的支承座，有利于

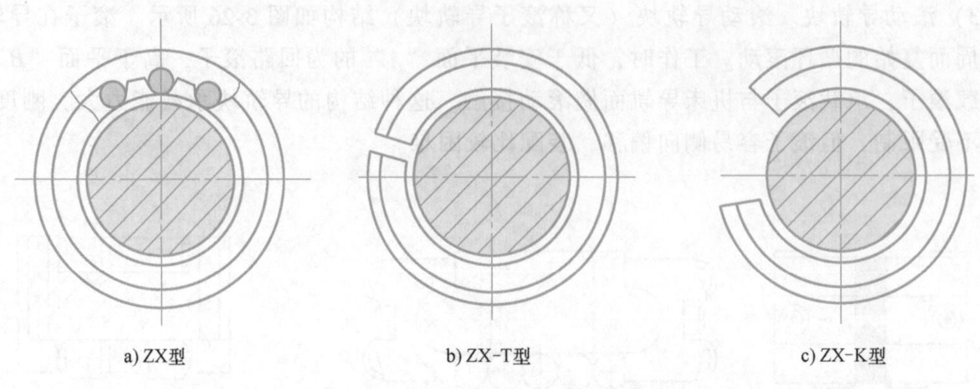

图 3-28 直线运动球轴承结构形式

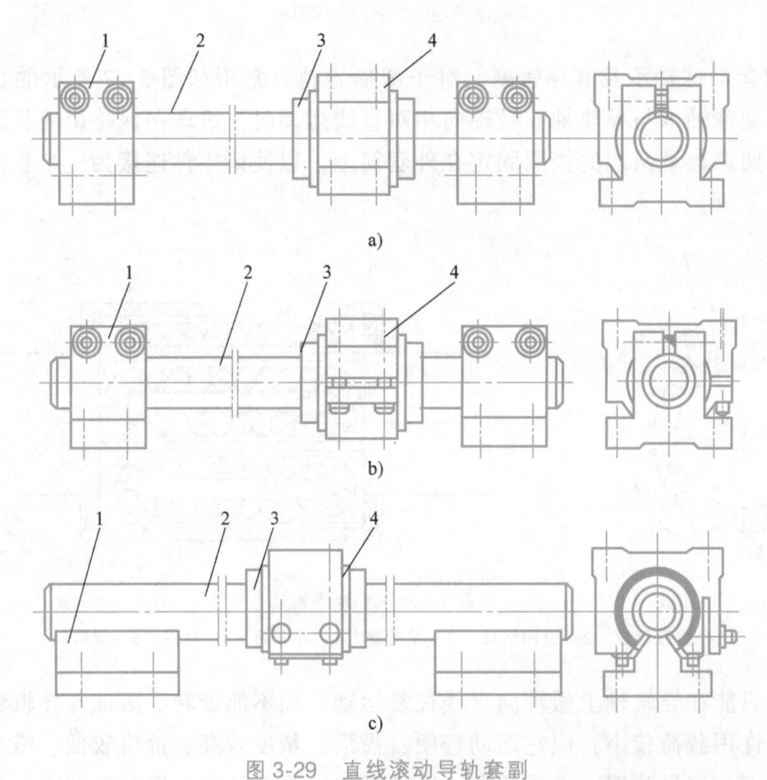

图 3-29 直线滚动导轨套副

1—导轨轴支承座 2—导轨轴 3—直线运动球轴承 4—直线运动球轴承支承座

减小跨距，提高运动精度，故适用于长行程的场合。

（5）静压导轨 静压导轨的工作原理与静压轴承类似。在两导轨面之间通入具有压力的液体或气体介质，使两导轨面脱离接触。动导轨悬浮在压力油或气体之上运动，摩擦力极小。当受外力作用后，介质压力会反馈升高，从而承受外载荷。静压导轨有开式和闭式两种。图 3-30 所示为闭式液体静压导轨的工作原理图。如工作台受力 F 作用而下降，使间隙 h_2、h_4 增大，h_1、h_3 减小，则流经节流器 2、4 的流量减小，压力降也减小，使油腔压力 p_2、p_4 升高。流经节流器 1、3 的流量增大，p_1、p_3 则降低。四个油腔产生向上的支承合力，使工作台稳定在新的平衡位置。

若工作台受颠覆力矩 M 作用使 h_1、h_4 增大，h_2、h_3 减小，则四个油腔产生反力矩。若工作台受水平力 F_1 的作用，则 h_5 减小，h_6 增大，左右油腔产生与 F_1 相反的支承反力。这些都使工作台受载后稳定在新的平衡位置。若只有 1、3，则成为开式静压导轨，不能承受颠覆力矩。

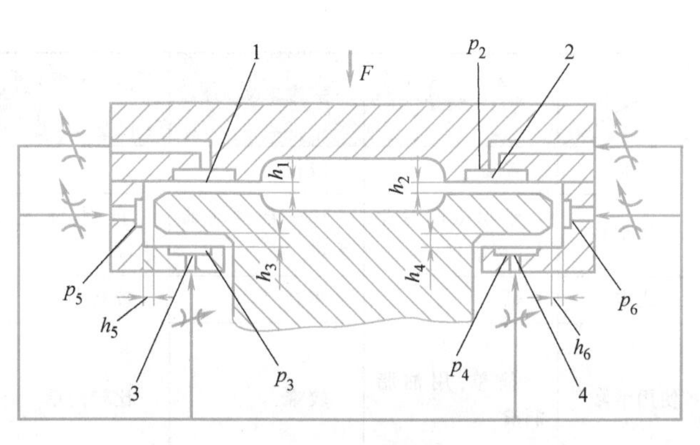

图 3-30 闭式液体静压导轨工作原理

1、2、3、4—节流器

在使用静压导轨时，必须保持油液或空气清洁，并且注意防止机床使用处温度的剧烈变化，以免引起液体静压导轨油液黏度变化和气体静压导轨空气压力变化。静压导轨还应有良好的防护措施。

3.2.3 轴系支撑机构

轴系支撑机构主要指滚动轴承，动、静压轴承，磁轴承等各种轴承。它的作用是支承做回转运动的轴或丝杠。随着刀具材料和加工自动化的发展，主轴的转速越来越高，变速范围也越来越大。如中型数控机床和加工中心的主轴转速可达到 5000~6000r/min，甚至更高，调速范围达 300~400r/min。内圆磨床为了达到足够的磨削速度，磨削小孔的砂轮主轴转速已高达 240000r/min。因此，对轴承的精度、承载能力、刚度、抗震性、寿命、转速等提出了更高的要求，也逐渐出现了许多新型结构的轴承。表 3-7 列出了机电一体化系统中常见的轴承及其特点。

表 3-7 机电一体化系统中常见的轴承及其特点

轴承种类 性能	滚动轴承		动压轴承	静压轴承	磁轴承
	一般滚动轴承	陶瓷轴承			
精度	一般，在预紧无间隙时较高，达 1~1.5μm	同一般滚动轴承，1μm	较高，单油楔 0.5μm，双油楔可达 0.08μm	高，液体静压轴承可达 0.1μm，气体静压轴承可达 0.02~0.12μm，精度保持性好	一般 1.5~3μm
刚度	一般，预紧后较高，并取决于所用轴承形式	不及一般滚动轴承	液体动压轴承较高	液体静压轴承高，气体静压轴承较差	不及一般滚动轴承
抗震性	较差，阻尼比 $\xi=0.02\sim0.04$	同一般滚动轴承	较好	好	较好
速度性能	用于低、中速，特殊轴承可用于较高速	用于中、高速，热传导率低，不易发热	用于高速	液体静压轴承可用于各种速度，气体静压轴承用于超高速，达 80000~160000r/min	用于高速，达 30000~50000r/min
摩擦损耗	较小，$\mu=0.002\sim0.008$	同一般滚动轴承	起动时，摩擦较大	小	很小

（续）

性能＼种类	滚动轴承		动压轴承	静压轴承	磁轴承
	一般滚动轴承	陶瓷轴承			
寿命	较短	较长	长	长	长
制造难易	轴承生产专业化、标准化	比一般滚动轴承难	自制，工艺要求高	自制，工艺要求高，需供油或供气系统	较复杂
成本	低	较高	较高	较高	高
使用维修	简单，用油脂润滑	较难	比较简单	液体静压轴承供油系统清洁较难。气体静压轴承供气系统要求清洁度高，但使用维修容易	较难

1. 滚动轴承

（1）标准滚动轴承　标准滚动轴承的尺寸规格已标准化、系列化，由专门生产厂大量生产。使用时，主要根据刚度和转速来选择。如有要求，则还应考虑其他因素，如承载能力、抗振性和噪声等。

近年来，为适应各种不同的要求，还开发了不少新型轴承用于机电一体化系统。下面仅介绍其中的两种。

1）空心圆锥滚子轴承。图 3-31 所示是双列和单列空心圆锥滚子轴承。一般将双列（图 3-31a）的用于前支承，单列（图 3-31b）的用于后支承，配套使用。

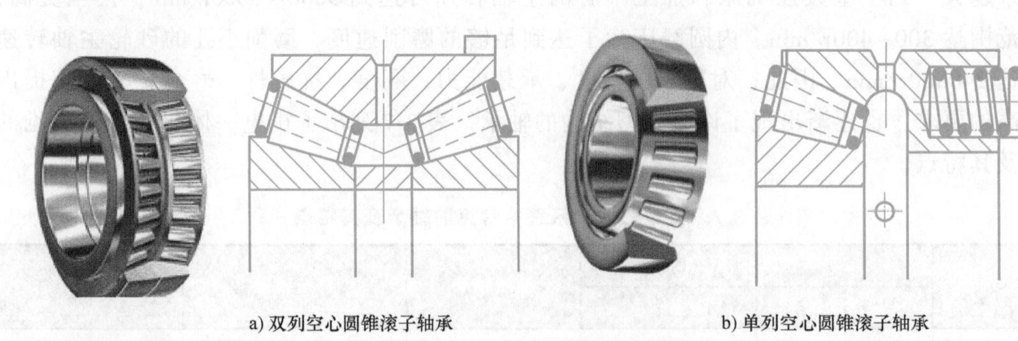

a) 双列空心圆锥滚子轴承　　b) 单列空心圆锥滚子轴承

图 3-31　空心圆锥滚子轴承

这种轴承与一般圆锥滚子轴承的不同之处在于：滚子是中空的，保持架则是整体加工的，它与滚子之间没有间隙，工作时润滑油的大部分将被迫通过滚子中间的小孔，以便冷却最不易散热的滚子，润滑油的另一部分则在滚子与滚道之间通过，起润滑作用。此外，中空的滚子还具有一定的弹性变形能力，可吸收一部分振动。双列轴承的两列滚子数目相差一个，使两列的刚度变化频率不同，以抑制振动。单列轴承外圈上的弹簧用作预紧。这两种轴承的外圈较宽，因此与箱体孔的配合可以松一些，箱体孔的圆度和圆柱度误差对外圈滚道的影响较小。这种轴承用油润滑，故常用于卧式主轴，如图 3-32 所示，其中螺母 2 用于调整轴承间隙。

2）陶瓷滚动轴承。陶瓷滚动轴承的结构与一般滚动轴承相同。目前常用的陶瓷材料为 Si_3N_4。陶瓷轴承与钢轴承材料的特性见表 3-8。由于陶瓷热传导率低、不易发热、硬度高、耐磨，在采用油脂润滑的情况下，轴承内径为 25～100mm 时，主轴转速可达 8000～15000r/

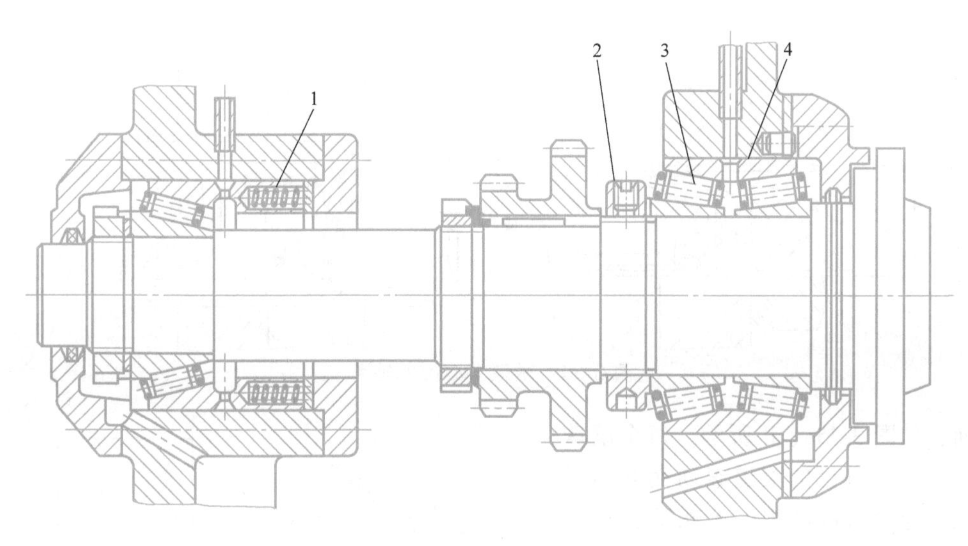

图 3-32 空心圆锥滚子轴承的主轴系统

1—弹簧 2—螺母 3—滚子 4—外圈

min；在油雾润滑的情况下，轴承内径在 65～100mm 时，主轴转速可达 15000～20500r/min，在轴承内径为 40～60mm 时，主轴转速可达 20000～30000r/min。陶瓷滚动轴承主要用于中、高速运动主轴的支承。

表 3-8 陶瓷轴承与钢轴承材料特性

项 目	陶瓷（Si_3N_4）	钢	比值
密度/(g/cm^3)	3.21	7.85	0.41
线膨胀系数/(1/℃)	3.2×10^{-6}	12.5×10^{-6}	0.26
纵弹性系数/MPa	3.2×10^4(3.14×10^4)	2.1×10^4(2.06×10^4)	1.52
泊松比	0.26	0.30	0.37
热传导率/(W/m·K)	2035	41.87	
硬度(常温)HBW	1800～2000	700～800	
耐热温度/℃	800	120	
耐蚀性	强	弱	
磁性	非磁性	磁性	

（2）非标准滚动轴承 当对轴承有特殊要求而又不可能采用标准滚动轴承时，就需根据使用要求自行设计非标准滚动轴承。

1）微型滚动轴承。如图 3-33 所示的微型向心推力轴承，具有杯形外圈，尺寸 $D\geqslant$ 1.1mm，但没有内环，锥形轴颈直接与滚珠接触，由弹簧或螺母调整轴承间隙。

当尺寸 $D>4$mm 时，可有内环，如图 3-34a 所示，采用碟形垫圈来消除轴承间隙。图 3-34b 所示的轴承内环可以与轴一起从外环和滚珠中取出，装拆比较方便。

2）密珠轴承。密珠轴承是一种新型的滚动摩擦支承。它由内、外圈和密集于二者间并具有过盈配合的钢珠组成。它有两种形式，如图 3-35 所示，即径向轴承（图 3-35a）和推力轴承（图 3-35b）。密珠轴承的内外滚道和止推面分别是形状简单的外圆柱面、内圆柱面和平面，在滚道间密集地安装有滚珠。滚珠在其尼龙保持架的空隙中以近似于多头螺旋线的形

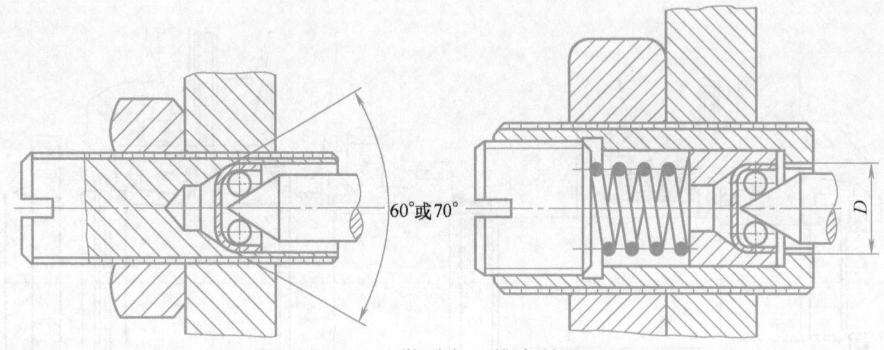

图 3-33　微型向心推力轴承

式排列，如图 3-35c、d 所示。每个滚珠公转时均沿着自己的滚道滚动而互不干扰，以减少滚道的磨损。滚珠的密集安装还有助于减小滚珠几何误差对主轴轴线位置的影响，具有误差平均效应，有利于提高主轴精度。滚珠与内、外圈之间保持有 0.005～0.012mm 的预加过盈量，以消除间隙，增加刚度，提高轴的回转精度。

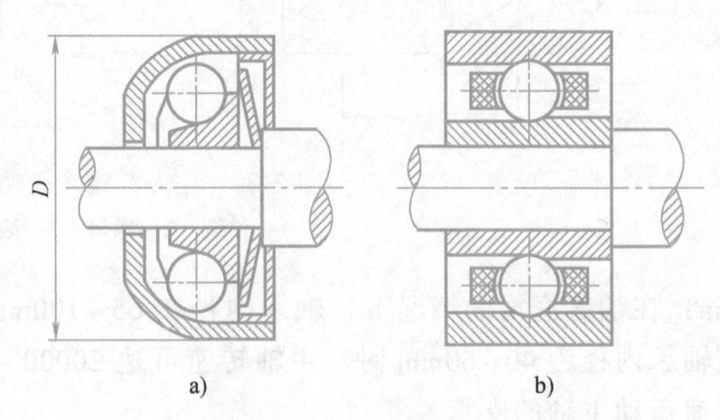

图 3-34　微型滚动轴承

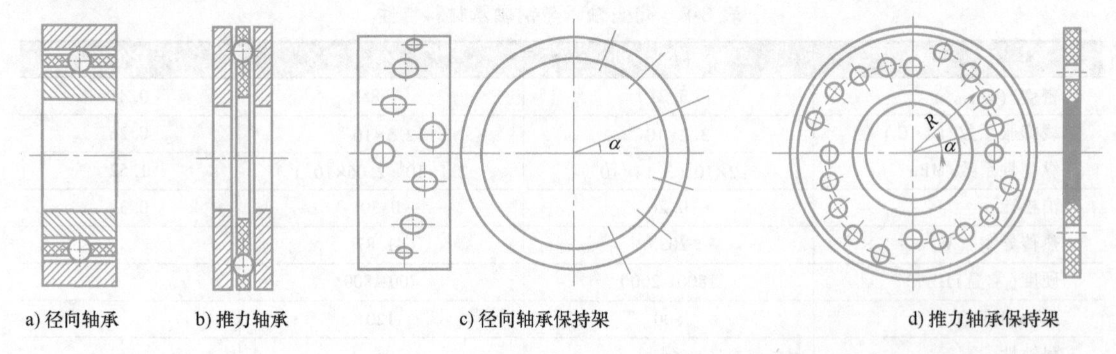

图 3-35　密珠轴承

密珠轴承在数字光栅分度头主轴部件中的应用，如图 3-36 所示。

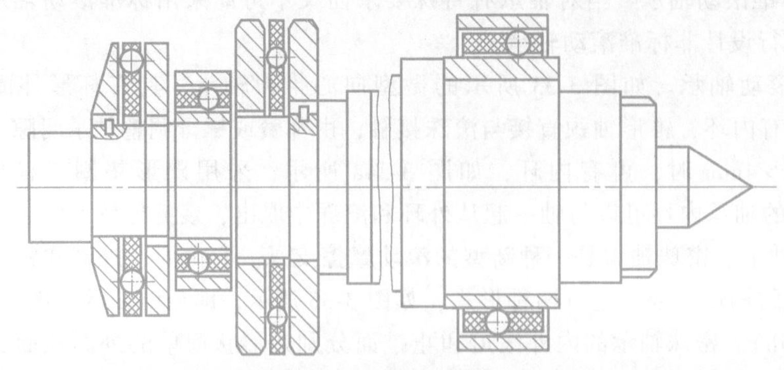

图 3-36　数字光栅分度头主轴部件

2. 动压轴承

动压轴承是一种流体动力润滑的闭式滑动轴承。在轴承工作时，带锥孔内孔的轴承与轴承衬套工作面之间形成油楔，润滑油产生动压力。当动压力与轴承上的径向载荷相平衡时，锥形轴套与轴承衬套被一层极薄的动压油膜隔开，轴承在液压摩擦状态下工作。人们习惯称为动压轴承为油膜轴承或液体摩擦轴承。

（1）动压轴承的组成　动压轴承结构简单，由锥套和衬套组成（图 3-37），但需要与轴承座密封和一套供油系统相互配合。动压轴承油膜压力是靠轴本身旋转产生的，供油系统简单。设计良好的动压轴承具有很长的使用寿命，很多轧机支撑辊上都采用动压轴承。

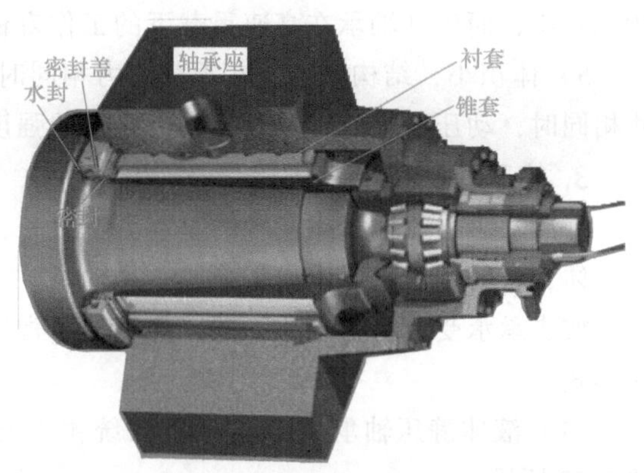

图 3-37　动压轴承的结构图

（2）动压轴承的工作原理　如图 3-38 所示，在动压轴承中，轴颈与轴承孔之间有一定的间隙，间隙内充满润滑油。停机时，轴颈沉在轴承的底部。转轴起动时，轴颈依靠摩擦力的作用，沿轴承内表面往上爬行，达到一定位置后，摩擦力不能支持转子重量就开始打滑，此时为半液体摩擦。随着转速的继续升高，轴颈把具有黏性的润滑油带入与轴承之间的楔形间隙（油楔）中，因为楔形间隙是收敛形的，它的入口断面大于出口断面，因此在油楔中会产生一定油压，轴颈被油的压力挤向另外一侧。如果带入楔形间隙内的润滑油流量是连续的，油液中的油压就会升高，使入口处的平均流速减小，而出口处的平均流速增大。在间隙内积聚的油层称为油膜，油膜压力可以把转子轴颈抬起。当油膜压力与外载荷平衡时，轴颈就在与轴承内表面不发生接触的情况下稳定地运转。

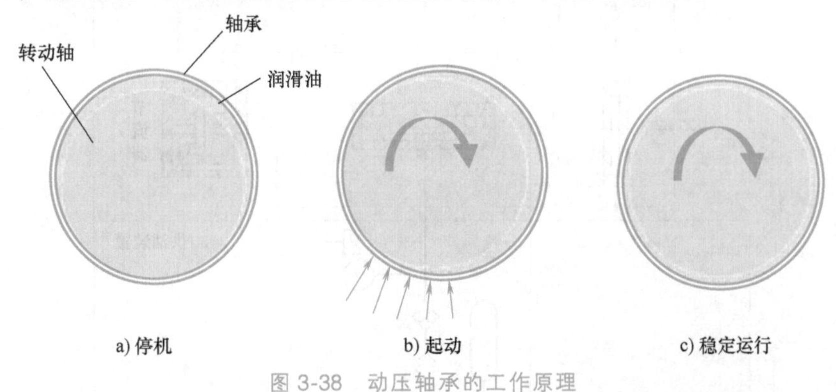

图 3-38　动压轴承的工作原理

从动压轴承的工作原理可知：动压轴承系统内的一个最重要的参数是最小油膜厚度。如果最小油膜厚度值太小，而润滑油中的金属杂质颗粒过大，金属颗粒的外形尺寸在数值上大于最小油膜厚度时，金属颗粒随润滑油通过最小油膜厚度处时，就像造成金属接触，严重时就会烧瓦。另外，如果最小油膜厚度太小，当出现堆钢等事故时，很容易造成轴颈和油膜轴承的金属接触而导致烧瓦。

（3）动压轴承的特点　与滚动轴承比较，动压轴承有以下几个特点：

1）摩擦系数小。在稳态工作时，动压轴承的摩擦系数为0.001~0.005，而一般青铜轴瓦或巴式合金滑动轴承的摩擦系数为0.03~0.1。

2）承载能力高，对冲击载荷的敏感性小，动压轴承的其投影面积上的最高单位压力可达2.2~2.5kN/cm^2；在相同尺寸下，滚动轴承的承载能力却小得多，且对冲击载荷较敏感。

3）适合在高速下工作。在轴颈线速度20~30m/s的情况下，仍能保证较高的轧制精度。

4）使用寿命长，动压轴承工作面的磨损接近于零。在正常使用条件下，其寿命可达10~20年，而滚动轴承在高速重载下的工作寿命较短。

5）体积小，结构紧凑。在承载能力相同时，动压轴承的体积比滚动轴承小。在外形尺寸相同时，动压轴承的辊颈直径大，轧辊的强度高。

3. 静压轴承

静压轴承是流体摩擦支承的基本类型之一，它是在轴颈与轴承之间充有一定压力的液体或气体，将转轴浮起并承受负荷的一种轴承。

按支承承受负荷方向的不同，静压轴承常可分为向心轴承、推力轴承和向心推力轴承三种形式。

（1）液体静压轴承　液体静压系统由静压支承、节流器和供油装置三部分组成，如图3-39所示。

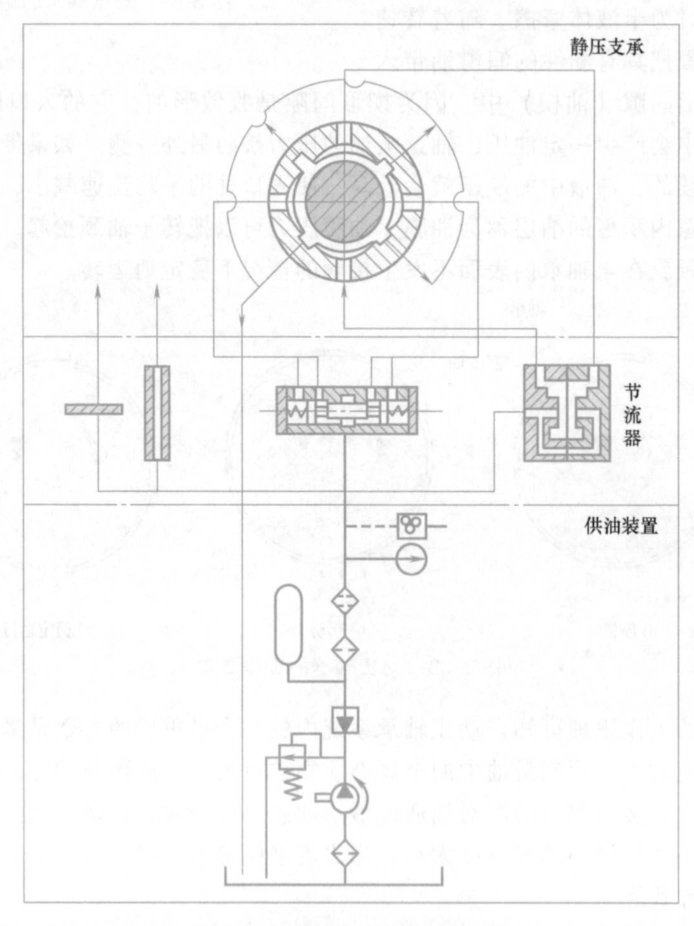

图3-39　静压支承系统的组成

液体静压向心轴承的工作原理如图 3-40a 所示，在图 3-40b 所示轴承的内圆柱面上，对称地开有四个矩形油腔 2，油腔与油腔之间开有回油槽 3，油腔与回油槽之间的圆弧面 4 称为周向封油面，轴承两端面和油腔之间的圆弧面 1 称为轴向封油面。轴装入轴承后，轴承封油面与轴颈之间有适量间隙。

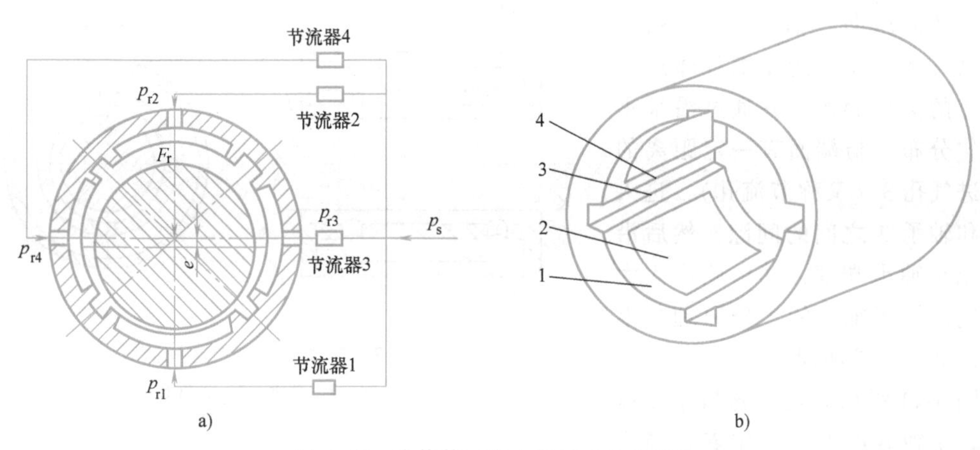

图 3-40 液体静压向心轴承的工作原理

1—轴向封油面 2—油腔 3—回油槽 4—周向封油面

液压泵输出的压力油通过四个节流器后，油压降至 p_r 并分别流进各节流器所对应的油腔，在油腔内形成静压，从而使轴颈和轴承表面被油膜分开。然后经封油面上的间隙和回油槽流回油池。

空载时，由于各油腔与轴颈间的间隙 h_0 相同，四个油腔的压力均为 p_{r0}，此时，转轴受到各油腔的油压作用而处于平衡状态，轴颈与轴承同心（忽略转轴部件的自重）。

当支承受到外负荷 F_r 作用时，轴颈沿负荷方向产生微量位移 e。于是，油腔①的间隙减少为（h_0-e），油流阻力增大，由于节流器的调压作用，油腔①的压力从 p_{r0} 升高到 p_{r1}；油腔②的间隙则增大到（h_0+e），油流阻力减小，同样由于节流器的调压作用，油腔②的压力由 p_{r0} 降到 p_{r2}。因此，油腔①、②的压力不等而形成压力差 $\Delta p=p_{r1}-p_{r2}$，该压力差作用在轴颈上，与外负荷 F_r（即 $F_r=(p_{r1}-p_{r2})A_e$，A_e 为油腔有效承载面积）使轴颈稳定在偏心量 e 的位置上。转轴轴线的位移量 e 的大小与支承和节流器参数选择有关，若选择合适，可使转轴的位移很小。

图 3-41 所示为双半球轴系简图。主轴由两对球轴承支撑，对称有 8 个油腔。内有一定压力的油液经过 8 个小孔节流器进入轴承油腔。主轴由力矩电动机驱动并安装有高灵敏度的测速发电机。当凸球圆度为 0.05μm、供油压力为 1MPa 时，主轴径向和轴向回转精度为 0.01μm；轴向度为 160N/μm，径向刚度为 100N/μm。

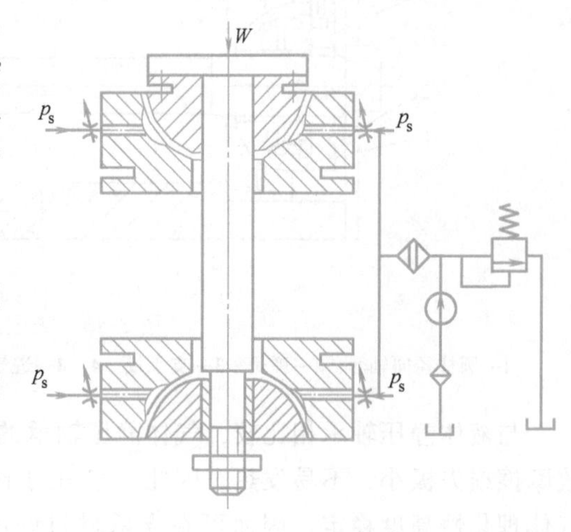

图 3-41 双半球轴系简图

液体静压轴承与普通滑动和滚动轴承相比较，有以下特点：摩擦阻力小、传动效率高、使用寿命长、转速范围广、刚度大、抗震性好、回转精度高；能适应不同负荷、不同转速的大型或中小型机机械设备的要求，但需有一套可靠的供油装置，增大了设备的空间和重量。

(2) 气体静压轴承　图 3-42 所示为气体静压向心轴承简图。由专门的供气装置输出的压缩气体进入轴承 2 的圆柱容腔，并通过沿轴承圆均匀分布、与端面有一定距离的两排进气孔 3（又称节流孔），进入轴 1 和轴承 2 之间的间隙，然后沿轴向流至轴承端部，并由此排入大气。气体静压轴承的工作原理与上述液体静压轴承相同。

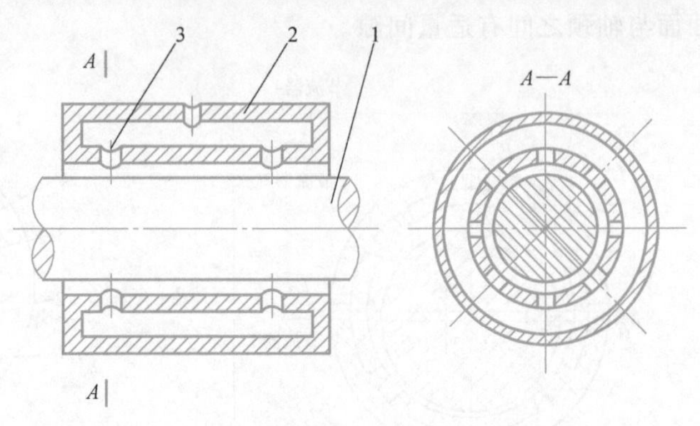

图 3-42　气体静压向心轴承简图

1—轴　2—轴承　3—进气孔

图 3-43 所示为美国超精车床球轴承。主轴 6 的右端固定着直径为 70mm、长为 60mm 的凸球 9。具有一定压力的气体从两个凹球 10、11 的 12 个小孔节流器（直径为 0.3mm）进入球轴承间隙（12μm），使主轴浮起，并承受一定的轴向和径向载荷。主轴左端是长 27mm、直径为 22mm 的圆柱径向轴承，气体同样通过 12 个小孔节流器进入轴承间隙（18μm）。当主轴转速为 200r/min 时，主轴径向振摆为 0.03μm、轴向窜动为 0.01μm，径向刚度为 25N/μm、轴向刚度为 80N/μm。当用金刚石刀具加工铝和铜件时，可获得 Ra0.01～0.02μm 的无划痕镜面。

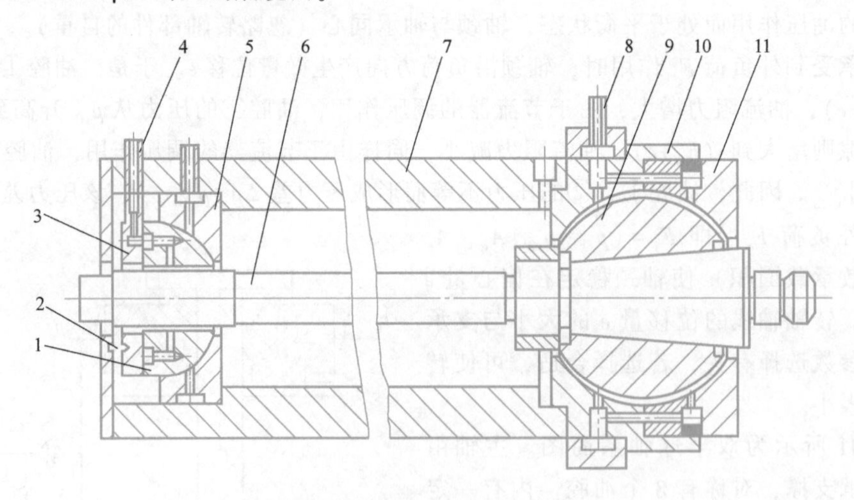

图 3-43　美国超精车床球轴承

1—圆柱径向轴套　2—弹簧　3—支承板　4、8—进气口　5、10、11—凹球　6—主轴　7—体壳　9—凸球

与液体静压轴承相比较，气体静压轴承的主要优点是：气体的内摩擦很小、黏度极低，故摩擦损失极小，不易发热。因此，它适用于要求转速极高和灵敏度要求高的场合；又由于气体理化性高度稳定，因而可在支承材料许可的高温、深冷、放射性等恶劣环境中正常工作；若采用空气静压轴承，则空气来源十分方便，对环境无污染；循环系统较液体静压轴承

简单。它的主要缺点是：负荷能力低，支承的加工精度和平衡精度要求高，所供气体清洁度要求较高，需严格过滤。

4. 磁轴承

磁轴承主要由两部分组成：轴承本身及其电器控制系统。磁轴承分向心轴承和推力轴承两类，它们都由转子和定子组成，其工作原理相同。图 3-44 所示为向心磁轴承原理图。

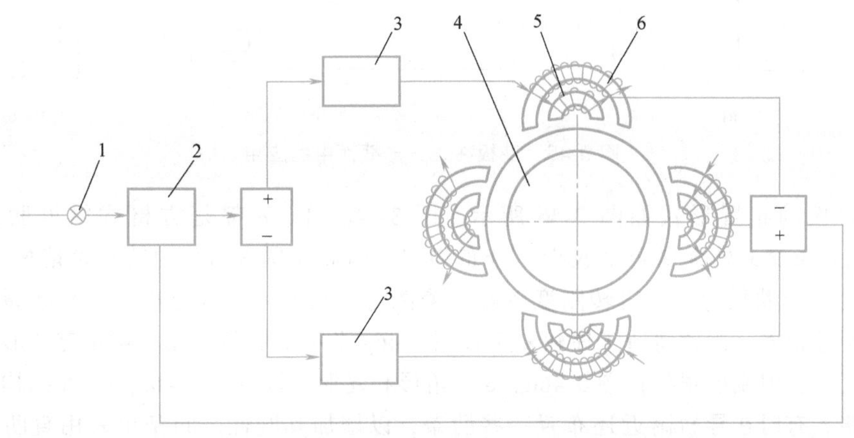

图 3-44 向心磁轴承原理图

1—比较元件 2—调节器 3—功率放大器 4—转子 5—位移传感器 6—电磁铁

定子上安装有电磁铁 6，转子 4 的支承轴颈处装有铁磁环，定子电磁铁产生的磁场使转子悬浮在磁场中，转子与定子无任何接触，气隙为 0.3～1mm。转子转动时，由位移传感器 5 检测转子的偏心，并通过反馈与基准信号（转子理想位置）在比较元件 1 进行比较，调节器 2 根据偏差信号进行调节，并把调节信号送到功率放大器 3 以改变磁铁（定子）的电流，从而改变对转子的吸引力，使转子始终保持在理想的位置。

磁轴承是一种高速轴承，其最高速度可达 60000r/min。由于采用电磁和电子控制，无机械接触部分，不磨损，也无需润滑和密封，因而转速高、功耗小，可靠性远高于普通轴承。但在低速时，轴与轴承存在电磁关系，会使轴承座振动。在高转速时，磁力结合的动刚度较差。磁力轴承常用于机器人、精密仪器、陀螺仪、火箭发动机等设备上。

3.2.4 机身

机身包括床身、立柱、底基（基座）、支架、工作台等支承件。它的特点是尺寸较大，结构复杂，常有较多的加工面和加工孔。它的作用是支承和连接一定的零部件，使这些零部件之间保持规定的尺寸和几何公差要求。

1. 机身结构设计

机身结构设计主要从以下几个方面考虑。

(1) 保证刚度　为避免床身等支承件在工作时因受力而产生压缩、拉伸、弯曲和扭曲等变形，必须保证其有足够的刚度。在设计时，可通过合理布置肋板和加强肋来提高刚度，其效果较之增加壁厚更为显著。肋板按布置形式可分为纵向肋板、横向肋板和斜置肋板三种。

1) 纵向肋板应布置在弯曲平面内，如图 3-45a 所示，对提高弯曲刚度有明显效果。

2）当构件受扭转载荷时，横向肋板能有效地阻止零件翘曲和畸变，从而提高扭转刚度，如图 3-45b 所示。

3）斜置肋板可以提高弯曲和扭转刚度，如图 3-45c 所示。

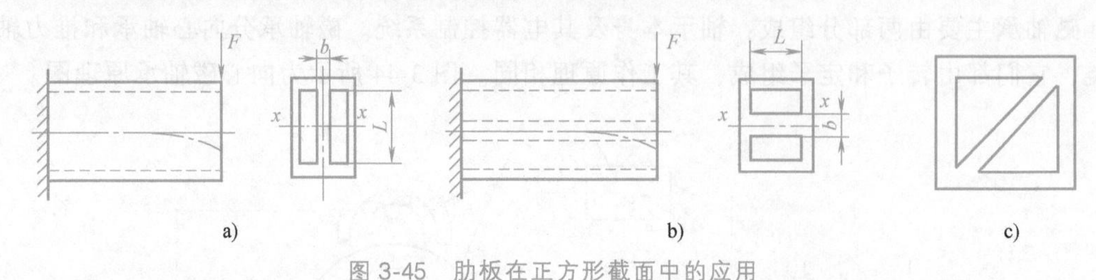

图 3-45　肋板在正方形截面中的应用

各种肋板的布置形式如图 3-46 所示。图 3-44a、b、c 都是方格式纵横肋板，其中图 3-46c 因肋条交叉处金属聚集较少，分布均匀，因此比图 3-46b 的铸造性能好；图 3-46f 六角（蜂窝）形肋板弯自、扭转刚度较好，铸件均匀收缩，内应力小，不易断裂，但其铸造时使用型芯很多，因此铸造工序较复杂；图 3-46g 米字形肋板、图 3-46h 交叉形肋板铸造工艺也较复杂，但刚度很好；图 3-46d、e 三角形和菱形肋板较图 3-46f、g、h 结构简单，但刚性要差些。有时在导轨附近还布置一些肋条，以增加其刚性。肋条可采用直肋或人字形肋，如图 3-46i、j 所示。

此外，对悬臂较长的梁等设置中间支承，也是提高弯曲刚度的有效措施。

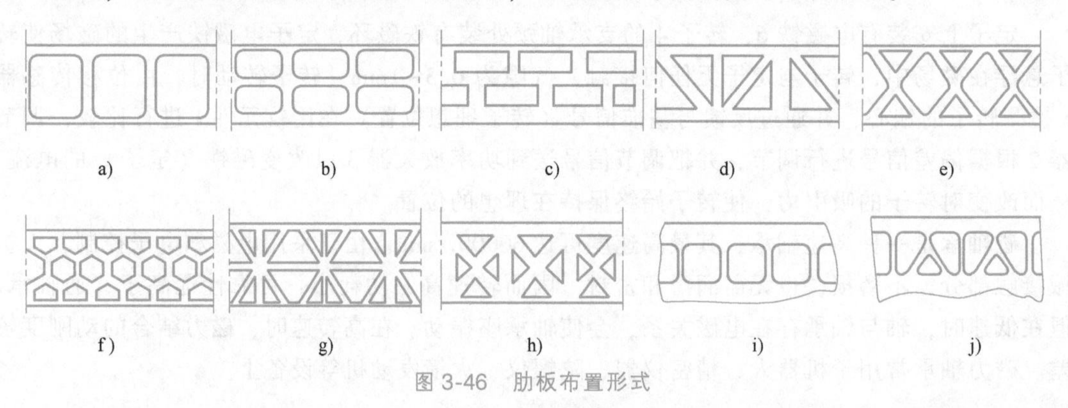

图 3-46　肋板布置形式

（2）减少热变形　可以采取以下措施来减少热变形。

1）减少发热。系统内部发热是产生热变形的主要热源，应当尽量地将热源从主机中分离出去。目前大多数数控机床的电动机、变速箱、液压装置以及油箱等都已外置。对不能与主机分离的热源，如主轴轴承、丝杠螺母副等，则必须改善其摩擦特性和润滑条件，以减少机床内部发热。

机床加工时所产生的切屑也是一个不可忽视的热源，对于产生大量切屑的数控机床必须有良好的排屑装置，以便将热量尽快带走，也可在工作台或导轨上装设隔热板，将热量隔离在机床之外。

2）控制温升。在采取一系列减少热源的措施之后，热变形的情况有所改善，但要完全消除内外热源是十分困难的，所以必须通过良好的散热和冷却来控制温升。其中比较有效的方法是在机床的发热部位进行强制冷却，如采用冷冻机对润滑油强制冷却等。

除采用强制冷却外，也可以在机床低温部分通过加热的方法，使机床各点的温度趋于一致，这样可以减少由于温差而造成的翘曲变形。某些数控机床设有加热器，在加工前通过加热来缩短机床预热的时间，提高生产率。

3）选择热变形小的结构形式。在同样发热的条件下，结构对热变形有很大影响。目前，根据热对称原则设计的数控机床，取得了较好的效果。数控机床过去采用的单立柱结构有可能被双立柱结构所代替。例如，单立柱卧式镗床，由于主轴箱发热使立柱前后产生温差而发生变形，影响主轴的定位精度，如图3-47所示。双立柱结构由于左右对称，受热后主轴除产生垂直方向的平移外，其他方向的变形很小，而垂直方向的轴线移动可以方便地用一个坐标的修正量加以补偿。

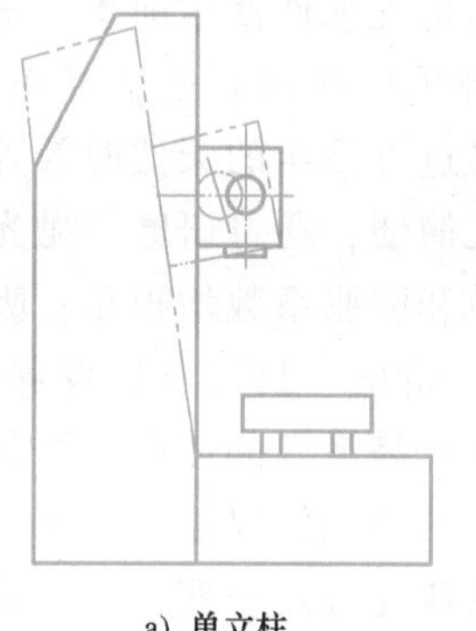
a）单立柱

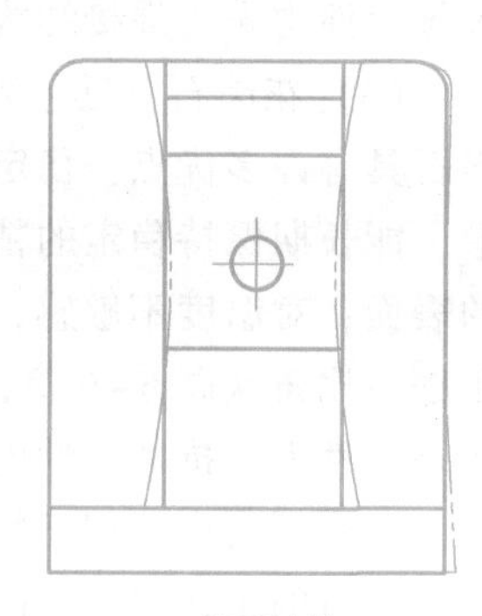
b）双立柱

图3-47 机床立柱的热变形

（3）提高抗震性 提高抗震性的措施主要有：提高系统的静刚度、增大阻尼以及调整构件的质量和自振频率。

试验表明，提高阻尼系数是改善抗震性的有效方法，钢板的焊接结构可以增加静刚度，减轻结构重量，又可以增加构件本身的阻尼。因此，近年来在一些数控机床等机电一体化设备中采用了钢板焊接结构的床身、立柱、横梁和工作台。封砂铸铁也有利于振动的衰减，对提高抗震性有较好的效果。

在结构设计时，可以通过调整质量来改变系统的自振频率，使它远离工作范围内所存在的强迫振动源的频率。此外，系统中的旋转部件应尽可能进行良好的动平衡，以减少强迫振动源；或者用弹性材料将振源隔离。

（4）良好的结构工艺性 支承件结构设计时，应同时考虑机械加工工艺性和装配工艺性。

（5）结构造型 外观造型新颖、比例协调、色彩和谐美观大方的产品将给人以美的享受。对机身造型而言，首先应具有稳定感，如采用对称设计和扩大支承面等，同时铺以整体及局部形状和色彩的配合，如下部用深色等。其次，总体和各部件之间应有适当的比例，造型力求精美。

2. 材料和热处理

机身的材料，应具有较高的强度、刚度、吸振性和耐磨性，并具有良好的铸造或焊接工艺性，还希望成本较低。铸铁、合金铸铁、钢板、花岗石等为机身的常用材料。

（1）铸铁 铸铁熔点低、铸造性能好，易成形为各种复杂形状。它吸振性和耐磨性好，成本较低，是一种应用最为广泛的材料。铸件需进行时效处理以消除内应力。常用的铸铁材料有：HT200，弯压强度应力较大，但流动性较差，适用于结构简单的支承件；HT150，流动性能好，适用于外形结构复杂的支承件，但力学性能较差；高磷铸铁、钒钛铸铁和钢磷钛铸铁等合金铸铁，其耐磨性比普通铸铁高2~3倍，价格较贵，适用于中大型精密机械设备床身等支承件。

（2）低碳钢板　由低碳钢板焊接接成的构件，其弹性模量比铸铁件大，在承受同样的载荷时，壁厚可以比铸件薄，因而质量小，此外焊接制造周期短，节省原材料，劳动条件也较铸造好。钢板支承件焊成后，也需进行时效处理以消除焊接应力。

焊接支承件不仅用于单件小批生产，在有些国家已用于一定批量的中型和大型机床。如美国 Kearney& Trecker 公司生产的 MM200 型加工中心机床，其床身、立柱、刀库、辅助装置等大件均采用焊接结构，焊接结构支承件使用前景广阔。

（3）花岗石　近年来，国内外采用花岗石制造基座、支承件以及各种梁日益广泛。花岗石具有许多优点：稳定性好、经过百万年的天然时效处理，内应力早已消除，几乎不会变形，能长期保持稳定的精度；加工简便；通过研磨、抛光，容易得到很高的精度和非常光滑的表面；对温度不敏感，导热系数和膨胀系数均很小；吸振性好，内阻尼系数比钢大 15 倍；耐磨性比铸铁高 5~6 倍；不导电、抗磁、抗氧化；保养简便，价格便宜。花岗石的主要缺点是脆性大，抗冲击性能差，油和水易渗入晶体中，引起变形。

花岗石已广泛用于精密机床、精密测量仪器、天文、航天等机电一体化设备上。如三坐标测量机的工作台、金刚石车床的床身等。一些工厂已研制成功多种高精度的花岗石平板、导轨、底座、横梁、立柱等。

习题与思考题

1. 机电一体化产品对机械系统的要求有哪些？
2. 常用的传动机构有哪些？各有何特点？
3. 同步带的主要参数有哪些？
4. 简述谐波齿轮传动的工作原理。
5. 滚珠花键传动装置由哪几部分组成？
6. 机电一体化系统对导向支撑部件的要求有哪些？
7. 机电一体化系统对导轨的基本要求是什么？
8. 导轨的设计包括哪几方面内容？
9. 常用的轴系支承部件有哪些？各有何特点？
10. 液体静压轴承与普通滑动和滚动轴承相比较，有哪些特点？
11. 机身结构设计主要从哪几个方面考虑？

第4章 伺服驱动技术

CHAPTER 4

主要内容

本章明确了伺服系统相关技术，着重阐述伺服电动机的基本结构、工作原理、控制与驱动及系统选型与设计。

重点知识

1）伺服系统的结构组成、分类、技术要求及发展。

2）步进电动机、直流、交流伺服电动机认知。

3）步进电动机与伺服电动机的驱动与控制。

4）伺服系统的动力方法设计。

4.1 伺服驱动技术认知

伺服驱动技术是机电一体化的一种关键技术，在机电设备中具有重要的地位，高性能的伺服系统可以提供灵活、方便、准确、快速的驱动。随着科学技术的进步和整个工业的不断发展，伺服驱动技术也取得了极大的进步，伺服系统已进入全数字化和交流化的时代。近几年，国内的工业自动化领域呈现出飞速发展的态势，国外的先进技术迅速得到引入和普及化地推广，其中伺服产品作为驱动方面的重要代表已被广大用户所接受。精准的驱动效果和智能化的运动控制通过伺服产品可以完善地实现机器的高效自动化，这两方面也成为伺服发展的重要指标。

“伺服”一词源于希腊语“奴隶”，英文拼写为“Servo”。关于伺服驱动，可以理解为：电动机转子的转动和停止完全取决于信号的大小、方向，即在信号到来之前转子静止不动，信号到来之后转子立即转动，信号消失后转子能即时自行停转。由于它的“伺服”性能，因此相应的系统称为伺服系统。

伺服系统（Servo System）也叫随动系统，是一种能够跟踪输入的指令信号进行动作，从而获得精确的位置、速度或力输出的自动控制系统。如防空雷达控制就是一个典型的伺服控制过程，它是以空中的目标为输入指令要求，雷达天线要一直跟踪目标，为地面炮台提供目标方位；加工中心的机械制造过程也是伺服控制过程，位移传感器不断地将刀具进给的位移传送给计算机，通过与加工位置目标比较，计算机输出继续加工或停止加工的控制信号。

绝大部分机电一体化系统都具有伺服功能，机电一体化系统中的伺服控制是为执行机构按设计要求实现运动而提供控制和动力的重要环节。它主要用于机械设备位置和速度的动态控制，在数控机床、工业机器人、坐标测量机以及自动导引车等自动化制造、装配及测量设备中，已经获得非常广泛的应用。

如图 4-1 所示，开平机是通过开卷、引料、纵剪及码垛的方式，将卷板加工成所需要的定长尺寸的自动化加工设备，中间配合上料小车、导向装置、油压式活套等轴柱设备。传统开平机使用变频器控制加工板材的定长，往往是在位置到达前让电动机减速停车，这样易造成定位不准、板材加工精度不高等问题，而且由于变频器加减速时间长而导致加工效率较低。采用伺服驱动技术，再配合 PLC 和触摸屏集中控制，具有自动化程度高、生产效率高、加工精度高三大特点，卷材一次上料可实现各工序的顺利完成，有效地减轻了工人的劳动强度，提高了效率，具有很高的性价比。

图 4-1　交流伺服系统在开平机上的应用

4.1.1　伺服系统的结构组成

机电一体化的伺服控制系统的结构、类型繁多，但从自动控制理论的角度来分析，伺服控制系统一般包括比较环节、控制器、功率放大器、伺服执行机构、检测装置五部分。如图 4-2 所示。

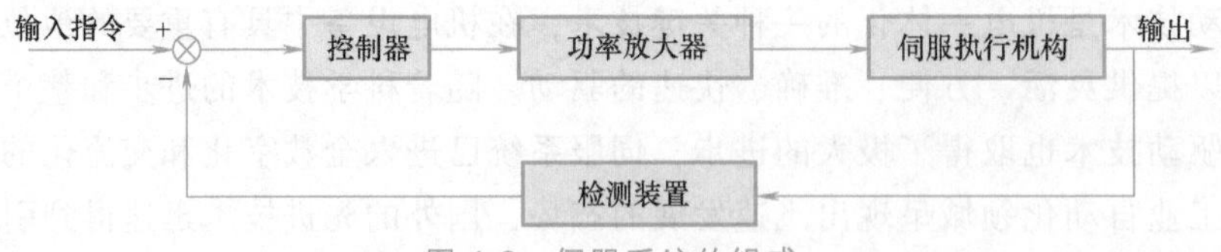

图 4-2　伺服系统的组成

（1）比较环节　该环节是将输入的指令信号与系统的反馈信号进行比较，以获得输出与输入间的偏差信号的环节，通常由专门的电路或计算机来实现。

（2）控制器　控制器的主要任务是根据输入信导和反馈信号决定控制策略，常用的控制算法有 PID（比例、积分、微分）控制和最优控制等。控制器通常由电子线路或计算机组成。

（3）功率放大器　伺服系统中的功率放大器的作用是将信号进行放大，并用来驱动执行机构完成某种操作。现代机电一体化系统中的功率放大器，主要由各种电力电子器件组成。

(4) 伺服执行机构　伺服执行机构主要由伺服电动机或液压伺服机构和机械传动装置等组成。目前，采用电动机作为驱动元件的执行机构占据较大的比例。伺服电动机包括步进电动机、直流伺服电动机、交流伺服电动机等。

(5) 检测装置　检测装置的任务是测量被控制量（即输出量），实现反馈控制。伺服传动系统中，用来检测位置量的检测装置有自整角机、旋转变压器、光电码盘等；用来检测速度信号的检测装置有测速发电机、光电码盘等。

应当指出，检测装置的精度是至关重要的，无论采用何种控制方案，系统的控制精度总是低于检测装置的精度。对检测装置的要求除了精度高之外，还要求线性度好、可靠性高、响应快等。

在实际的伺服控制系统中，上述的每个环节在硬件特征上并不独立，可能几个环节在一个硬件中，如测速直流电动机既是执行元件又是检测元件。

4.1.2 伺服系统的分类

伺服系统的分类方法很多，常见的分类方法有：

(1) 按被控量参数特性分类　按被控量不同，机电一体化系统可分为位移、速度、力矩等各种伺服系统。其他系统还有温度、湿度、磁场、光等各种参数的伺服系统。

(2) 按驱动元件的类型分类　按驱动元件不同，可分为电气伺服系统、液压伺服系统、气动伺服系统，特性见表 4-1。

表 4-1　伺服驱动系统的特点及优缺点

种类	特　点	优　点	缺　点
电气式	可使用普通电源；信号与动力的传送方向相同；有交流和直流之别，须注意电压大小	操作简便；编程容易；能实现定位伺服；响应快、易与 CPU 接口；体积小，动力较大；无污染	瞬时输出功率大，但过载能力差，由于某种原因而卡住时，会引起烧毁事故，易受外部噪声影响
气动式	空气压力源的压力为(5~7)×10^5Pa；要求操作人员技术熟练	气源方便、成本低；无泄漏污染；速度快、操作比较简单	功率小，体积大，动作不够平稳；不易小型化；远距离传输困难；工作噪声大、难于伺服
液压式	要求操作人员技术熟练；液压源的压力为(20~80)×10^5Pa	输出功率大，速度快，动作平稳，可实现定位伺服	设备难于小型化；液压源或液压油要求（杂质、温度、测量、质量）严格；易泄漏且有污染

电气伺服系统根据电动机类型的不同又可分为步进电动机控制伺服系统、直流伺服系统和交流伺服系统。

(3) 按控制原理分类　按自动控制原理，伺服系统又可分为开环控制伺服系统、闭环控制伺服系统和半闭环控制伺服系统。

开环控制伺服系统结构简单、成本低廉、易于维护，但由于没有检测环节，系统精度低、抗干扰能力差，系统结构如图 4-3 所示。

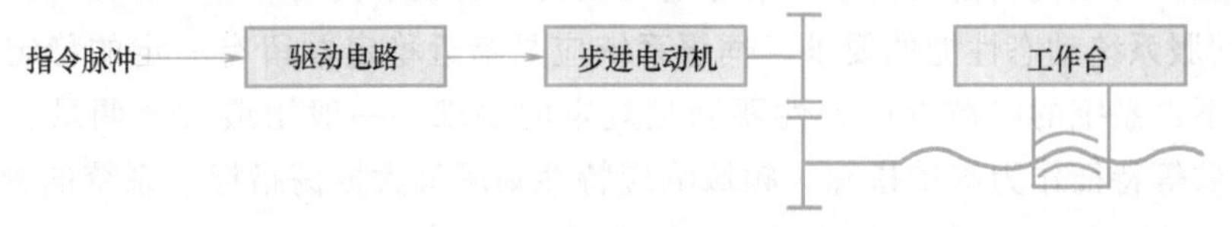

图 4-3　开环控制伺服系统结构框图

闭环控制伺服系统能及时对输出进行检测，并根据输出与输入的偏差，实时调整执行过程，因此系统精度高，但成本也大幅提高，系统结构如图 4-4 所示。

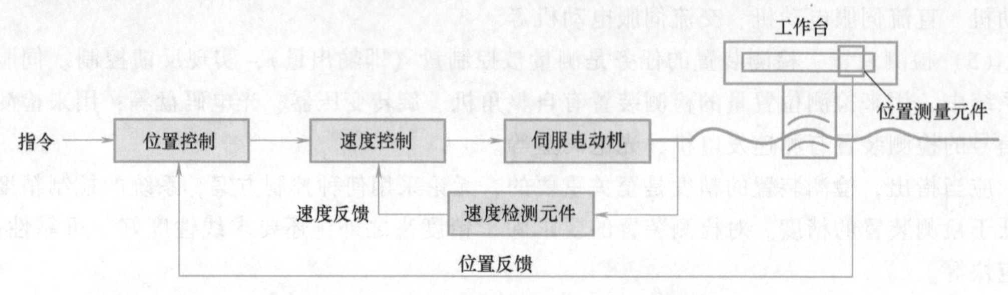

图 4-4 闭环控制伺服系统结构框图

半闭环控制伺服系统的检测反馈环节位于执行机构的中间输出上，因此一定程度上提高了系统的性能。如位移控制伺服系统中，为了提高系统的动态性能，增设的电动机速度检测和控制就属于半闭环控制环节，系统结构如图 4-5 所示。

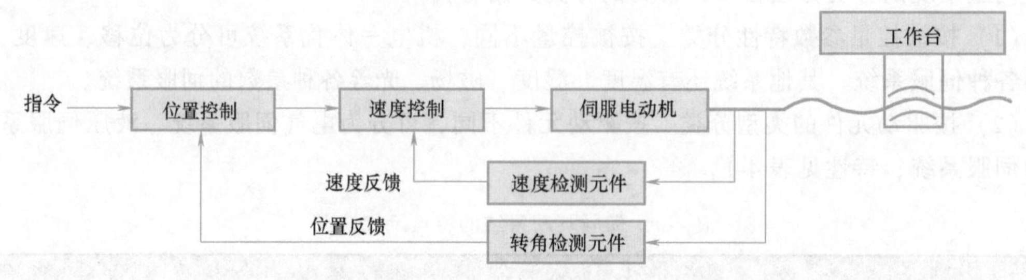

图 4-5 半闭环控制伺服系统结构框图

4.1.3 伺服系统的技术要求

由于伺服系统所服务的对象千差万别，因而对伺服系统的要求也有差别。工程上对伺服系统的技术要求很具体，归纳为以下几个方面。

1）对系统稳态性能的要求。伺服系统的稳态性能指标包括系统静态误差、系统速度误差、系统加速度误差。对闭环系统控制的伺服系统而言，理论上应是无静态误差系统，但实际系统由于检测装置分辨率有限以及干摩擦等影响，都存在静误差。系统速度误差是指系统处于等速跟踪状态时，系统输出轴与其输入轴做相等的匀速运动，在同一时刻，输出轴与输入轴之间的转速差。系统加速度误差是指系统输出轴在一定的速度和加速度范围内跟踪输入轴运动时，在同一时刻两轴之间最大的加速度差值。

以上介绍稳态误差时，均提到系统输出轴跟踪输入轴运动，并以两轴之间的瞬时转角差作为系统的误差值。实际上有些伺服系统并没有实际的输入轴存在，输入信号不是依靠转动输入轴来产生，而是代表输入转角的信号电压或具体的数字代码。

2）对伺服系统动态性能的要求。伺服系统应是渐近稳定并留有一定的稳定裕量。在典型信号输入下，系统的时域响应特性要满足规定的要求。一般用最大超调量、过渡过程时间、振荡次数等特征作为衡量指标。频域响应特性则用最大振荡指标、系统的频带宽度特征量作评价指标。

3）对系统工作环境的要求。如温度、湿度、防潮、防化、防辐射、抗振动等方面的要求。

4）对系统制造成本、运行的经济性、标准化程度、能源条件等方面的要求。

4.1.4 伺服系统的发展

伺服系统方便、快速、灵活、准确的驱动在机电设备中发挥了重要的作用，其发展与伺服电动机的发展相辅相成。

以前，伺服驱动不是液压的就是直接以驱动为主要特征的伺服电动机，采取开环控制的方法来进行位置控制。

20 世纪 60~70 年代，直流伺服电动机出现并迅速发展起来，其在工业等相关的领域有了空前的发展和推广，其采用的开环控制方法也被闭环控制所取代。永磁式直流电动机一直以来都在数控机床应用中占主导作用，它没有励磁的损耗，很容易就能使电路得到控制，有较好的低速性能。

20 世纪 80 年代开始，交流伺服驱动技术得到迅猛发展，与此同时，交流伺服系统的性能也在不断地提高，相应的伺服传动装置也在不断地发展，经历了模拟式、数模混合式和全数字化过程。

20 世纪 90 年代，交流伺服得到了迅猛的发展，到了 21 世纪，交流伺服驱动技术成为工业领域实现自动化的基础技术之一，并将逐渐取代直流伺服系统。

4.2 控制电动机

控制电动机是电气伺服系统的执行元件，通常指用于自动控制、自动调节、远距离测量、随动系统以及计算机装置中的微特电动机。它是构成开环控制、闭环控制、同步连接等系统的基础元件。

控制电动机主要用来完成控制信号的传递和变换，要求它们技术性能稳定可靠、动作灵敏、精度高、体积小、重量轻、耗电少。控制电动机的主要任务是转换和传递控制信号，能量的转换是次要的。根据它在自动控制系统中的职能可分为测量元件、放大元件、执行元件和校正元件四类。各种控制电动机，各有其特点，适用于不同性能的伺服系统。电气伺服系统的调速性能、动态特性、运动精度等均与该系统的电动机性能有着直接的关系。通常应符合如下基本要求：

1）具有宽广而平滑的调速范围。

2）具有较硬的机械特性和良好的调节特性。

3）具有快速响应特性。

4）空载始动电压小。

控制电动机的类型很多，在本章中只讨论步进电动机和伺服电动机。

4.2.1 步进电动机

步进电动机又称电脉冲马达，是伺服电动机的一种，实物如图 4-6 所示。步进电动机可按照输入的脉冲指令一步步地旋转，即可将输入的数字指令信号转换成相应的角位移，因此它实质上是一种数-模转换装置。由于步进电动机成本较低，易于控制，因而被广泛应用于开环控制的伺服系统中。

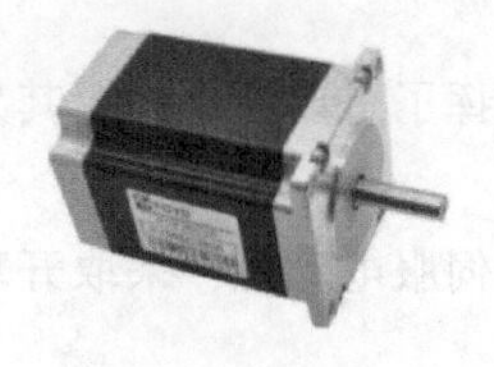

图 4-6　步进电动机实物图

步进电动机的分类与特点：

步进电动机按照电动机结构有三种主要类型：永磁式（Permanent Magnet，PM）、反应式（Variable Reluctance，VR）和混合式（Hybrid Stepping，HB）。

1. 永磁式步进电动机（PM）

永磁式步进电动机是转子或定子的某一方为永磁体，另一方由软磁材料和励磁绕组制成，绕组轮流通电，建立的磁场与永磁体的恒定磁场相互作用，产生转矩。励磁绕组一般做成两相或四相控制绕组，其转子的结构与实物如图 4-7 所示。

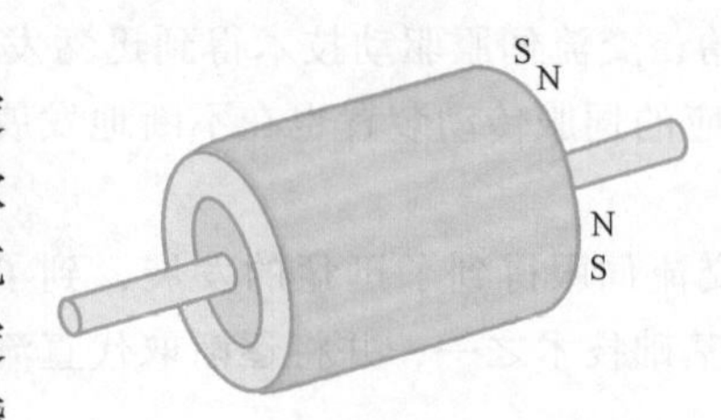

a) 永久磁铁转子(PM)

b) PM系列步进电动机实物图

图 4-7　永磁式步进电动机

永磁式步进电动机的特点如下：

1）步距角大，一般为 15°、22.5°、30°、45°、90°等。这是因为在一个圆周上受到极弧尺寸的限制，磁极数不能太多。

2）控制功率较小，效率高。

3）电动机的内部阻尼较大，单步运行振荡时间短。

4）断电时有一定的定位转矩。

2. 反应式步进电动机（VR）

反应式亦称可变磁阻式，其基本结构主要由定子和转子两部分组成。其定子和转子磁路均由软磁制成，定子有若干对磁极，磁极上有多相励磁绕组，在转子的圆柱面上有均匀分布的小齿。利用磁阻的变化产生转矩。励磁绕组的相数一般为三相、四相、五相、六相等，其转子的结构与实物如图 4-8 所示。

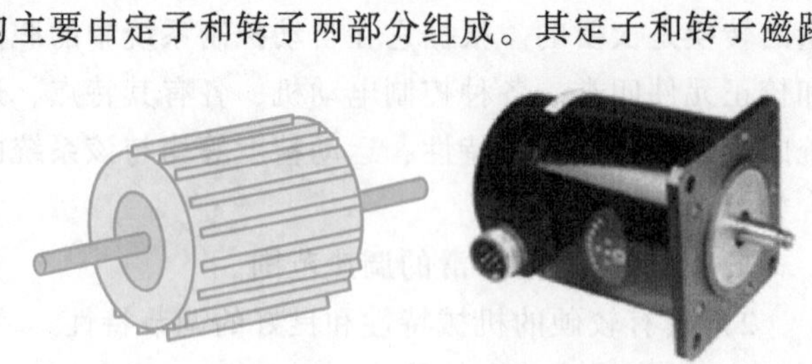

a) 带转子齿的齿轮(VR)　　b) VR步进电动机实物图

图 4-8　反应式步进电动机

反应式步进电动机有如下特点：

1）气隙小。为了提高反应式步进电动机的输出转矩，气隙都取得很小。

2）步距角小。因反应式步进电动机定、转子是采用软磁材料制成的，依靠磁阻变化产生转矩，在机械加工所能允许的最小齿距情况下，转子的齿距数可以做得很多。

3）励磁电流较大。要求驱动电源功率较大。

4）电动机的内部阻尼较小。当相数较小时，单步运行振荡时间较长。

5）断电时没有定位转矩。

3. 混合式步进电动机（HB）

混合式亦称永磁感应式。这种电动机在转子上有永磁体，可以看作是永磁式步进电动机，但从定子的导磁体来看，又和反应式步进电动机相似，因而它具有反应式步进电动机步距角小、响应频率高的优点，又具有永磁式步进电动机励磁功率小、效率高的优点。它是反应式和永磁式步进电动机的结合，因此又称为混合式步进电动机，其转子的结构与实物如图 4-9 所示。

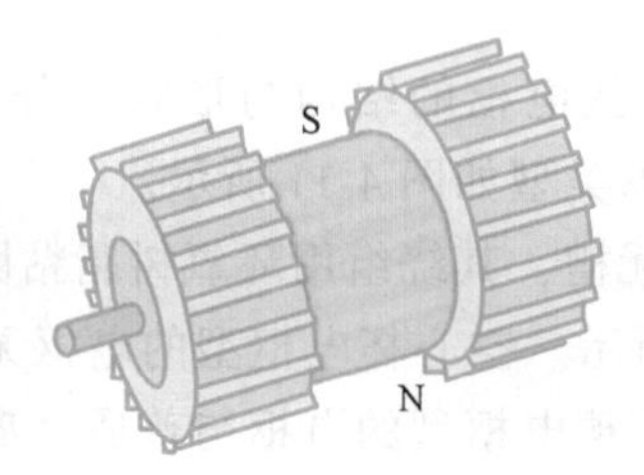

a) 转子齿+永久磁铁(HB)

b) HB系列步进电动机实物图

图 4-9　混合式步进电动机

此外，按照电动机驱动架构，步进电动机又可分为单极性（unipolar）步进电动机和双极性（bipolar）步进电动机。

4.2.2　伺服电动机

伺服电动机在控制系统中常被用来做执行元件，将输入的电压信号转化为转矩和转速以驱动控制对象。伺服电动机转子转速受输入信号控制，并能快速反应，且具有机电时间常数小、线性度高、始动电压等特性，可把所收到的电信号转换成电动机轴上的角位移或角速度输出。伺服电动机分为直流和交流伺服电动机两大类，其主要特点是，当信号电压为零时无自转现象，转速随着转矩的增加而匀速下降。

1. 直流伺服电动机

直流伺服电动机是自动控制系统中具有特殊用途的直流电动机，又称执行电动机，它能够把输入的电压信号变换成轴上的角位移和角速度等机械信号。电动机实物如图 4-10 所示。直流伺服电动机具有响应迅速、精度和效率高、高速范围宽、负载能力大、控制特性优良等优点，被广泛应用在闭环或半闭环控制的伺服系统中。其缺点就是转子上安装了具有机械换向性质的电极和换向器，需要定期维修和更换电刷，使用寿命短、噪声大，电动机功率不能太大等。

图 4-10　直流伺服电动机实物图

直流伺服电动机的分类与特点

1）直流伺服电动机按励磁方式可分为电磁式和永磁式两种。

电磁式的磁场由励磁绕组产生，电磁式直流伺服电动机是一种普遍使用的伺服电动机，特别是大功率电动机（100W 以上）。如我国的 SZ 系列直流伺服电动机。

永磁式的磁场由永磁体产生，永磁式伺服电动机具有体积小、转矩大、力矩和电流成正比、伺服性能好、响应快、功率体积比大、功率重量比大、稳定性好等优点。由于功率的限制，如我国的 SY 系列直流伺服电动机，目前主要应用在办公自动化、家用电器、仪器仪表等领域。由于永磁式直流伺服电动机不需要外加励磁电源，因而在机电一体化伺服系统中应用较多。

2）直流伺服电动机按电枢的结构与形状可分为平滑电枢型、空心电枢型和有槽电枢型、印制绕组等，其电枢类型如图 4-11 所示。

平滑电枢型的电枢无槽，其绕组用环氧树脂粘固在电枢铁心上，因而转子形状细长，转动惯量小，如图 4-11a 所示。空心杯电枢型的电枢无铁心，且常做成杯形，其转子转动惯量小，如图 4-11b 所示。有槽电枢型的电枢与普通直流电动机的电枢相同，因此转子转动惯量较大，如图 4-11c 所示。印制绕组是将传统电动机绕组布置在印制电路板，由两层或两层以上的偶数层印制绕组和层间绝缘片组成，各层绕组按一定连接方式焊接成闭环，整个电枢成盘状，极大地缩小了系统体积和重量，结构紧凑，如图 4-11d 所示。

a) 平滑电枢型　b) 空心杯电枢型　c) 有槽电枢型　d) 印制绕组型

图 4-11　直流伺服电动机电枢类型

3）直流伺服电动机还可按转子转动惯量的大小而分成大惯量、中惯量和小惯量直流伺服电动机。大惯量直流伺服电动机（又称直流力矩伺服电动机）负载能力强，易于与机械系统匹配，而小惯量直流伺服电动机的加减速能力强、响应速度快、动态特性好。直流伺服电动机的特点和应用范围见表 4-2。

表 4-2　直流伺服电动机的特点和应用范围

种类	励磁方式	产品型号	结构特点	性能特点	适用范围
一般直流伺服电动机	电磁或永磁	SZ 或 SY	与普通直流电动机相同，但电枢铁心长度与直径之比大一些，气隙较小	具有下垂的机械特性和线性的调节特性，对控制信号响应快速	一般直流伺服系统
无槽电枢直流伺服电动机	电磁或永磁	SWC	电枢铁心为光滑圆柱体，电枢绕组用环氧树脂粘在电枢铁心表面，气隙较大	具有一般直流伺服电动机的特点，而且转动惯量和机电时间常数小，换向良好	需要快速动作、功率较大的直流伺服系统
空心电枢直流伺服电动机	永磁	SYK	电枢绕组用环氧树脂浇注成杯形，置于内、外定子之间，内、外定子分别用软磁材料和永磁材料做成	具有一般直流伺服电动机的特点，且转动惯量和机电时间常数小，低速运转平滑，换向好	需要快速动作的直流伺服系统

（续）

种类	励磁方式	产品型号	结构特点	性能特点	适用范围
印制绕组直流伺服电动机	永磁	SN	在圆盘形绝缘薄板上印制裸露的绕组构成电枢，磁极轴向安装	转动惯量小，机电时间常数小，低速运行性能好	低速和起动、反转频繁的控制系统
无刷直流伺服电动机	永磁	SW	由晶体管开关电路和位置传感器代替电刷和换向器，转子用永久磁铁做成，电枢绕组在定子上，且做成多相式	既保持了一般直流伺服电动机的优点，又克服了换向器和电刷带来的缺点。寿命长，噪声低	要求噪声低、对无线电不产生干扰的控制系统

2. 交流伺服电动机

20 世纪后期，随着电力电子技术的发展，交流电动机应用于伺服控制越来越普遍。与直流伺服电动机比较，交流伺服电动机不需要电刷和换向器，因而维护方便和对环境无要求；此外，交流电动机还具有转动惯量、体积和重量较小，结构简单、价格便宜等优点；尤其是交流电动机调速技术的快速发展，使它得到了更广泛的应用。交流电动机的缺点是转矩特性和调节特性的线性度不及直流伺服电动机好；其效率也比直流伺服电动机低。因此，在伺服系统设计时，除某些操作特别频繁或交流伺服电动机在发热和起、制动特性不能满足要求时，选择直流伺服电动机外，一般尽量考虑选择交流伺服电动机。交流伺服电动机实物如图 4-12 所示。

图 4-12 交流伺服电动机实物图

用于伺服控制的交流电动机主要有同步型交流伺服电动机和异步型交流伺服电动机。交流伺服电动机的分类与特点如下。

(1) 同步型交流伺服电动机 电动机转子由永磁材料制成，转动后，随着定子旋转磁场的变化，转子也做相应频率的速度变化，而且转子速度等于定子速度，所以称“同步”。

同步型交流伺服电动机虽较异步型（感应）电动机复杂，但比直流电动机简单。它的定子与异步电动机一样，都是装有对称三相绕组。而转子却不同，按不同的转子结构又分电磁式及非电磁式两大类，如图 4-13 所示。非电磁式又分为磁滞式、永磁式和反应式多种。其中磁滞式和反应式同步电动机存在效率低、功率因数较低、制造容量不大等缺点。数控机床中多用永磁式同步电动机。

永磁式与电磁式相比，其优点是结构简单、运行可靠、效率较高；缺点是体积大、起动特性欠佳。但永磁式同步电动机采用高剩磁感应、高矫顽力的稀土类磁铁后，可比直流电动机外形尺寸约小 1/2，重量减轻 60%，转子惯量减到直流电动机的 1/5。它与异步电动机相

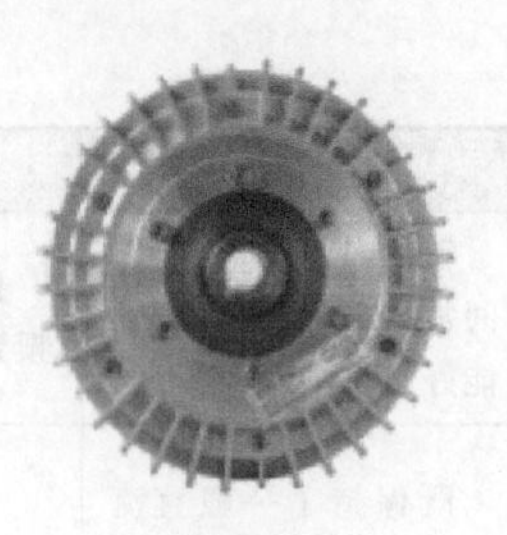

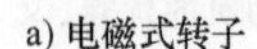

a) 电磁式转子　　b) 永磁式转子

图 4-13　同步型交流伺服电动机转子

比，由于采用了永磁铁励磁，消除了励磁损耗及有关的杂散损耗，所以效率高。又因为没有电磁式同步电动机所需的集电环和电刷等，其机械可靠性与感应（异步）电动机相同，而功率因数却大大高于异步电动机，从而使永磁同步电动机的体积比异步电动机小些。

（2）异步型交流伺服电动机　电动机转子由感应线圈和铁心材料构成。转动后，定子产生旋转磁场，磁场切割转子的感应线圈，转子线圈产生感应电流，进而转子产生感应磁场，感应磁场追随定子旋转磁场的变化而变化，但转子的磁场变化永远小于定子磁场的变化。所以称“异步”。

异步型交流伺服电动机指的是交流感应电动机。它有三相和单相之分，也有笼型和绕线式，如图 4-14 所示。通常多用笼型三相感应电动机。笼型与绕线式相比，其结构简单，与同容量的直流电动机相比，重量轻 1/2，价格仅为直流电动机的 1/3。缺点是不能经济地实现范围很广的平滑调速，必须从电网吸收滞后的励磁电流，因而令电网功率因数变小。这种笼型转子的异步型交流伺服电动机简称为异步型交流伺服电动机，用 IM 表示。

a) 笼型　　b) 绕线式

图 4-14　异步型交流伺服电动机

两相交流伺服电动机原理上就是一台两相交流异步电动机。它的定子上正交放置两相绕组，这两相绕组一个叫作励磁绕组，另一相为控制绕组。转子一般有两种结构形式，一种是笼型转子，这种转子的结构与普通笼型感应电动机的转子相同；另一种是非磁性空心杯形转子，如图 4-15 所示。交流伺服电动机的转子有两种结构形式。一种是笼型转子，与普通三相异步电动机笼型转子相似，只不过在外形上更细长，从而减小了转子的转动惯量，降低了电动机的机电时间常数。笼型转子交流伺服电动机体积较大，气隙小，所需的励磁电流小，功率因数较高，电动机的机械强度大，但快速响应性能稍差，低速运行也不够平稳。另一种是非磁性空心杯形转子，其转子做成了杯形结构，为了减小气隙，在杯形转子内还有一个内定子，内定子上不设绕组，只起导磁作用，转子用铝或铝合金制成，杯壁厚 0.2～0.8mm，转动惯量小且具有较大的电阻。空心杯型转子交流伺服电动机具有响应快、运行平稳的优点，但结构复杂，气隙大，载电流大，功率因数较低。

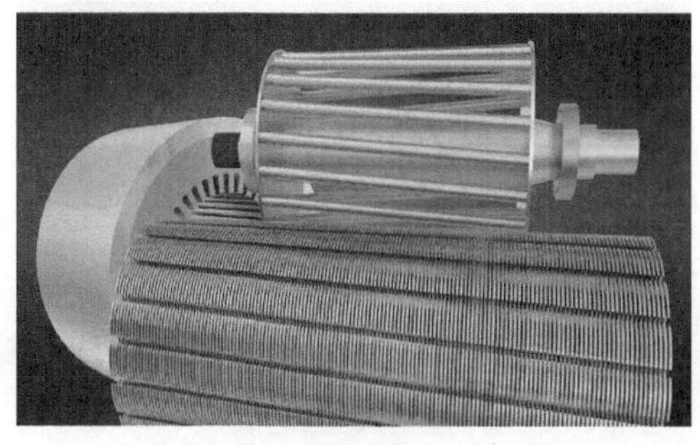

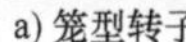

a) 笼型转子

b) 空心杯形转子

图 4-15　两相交流伺服电动机转子结构

两相异步交流伺服电动机主要用于小功率控制系统中。目前用得最多的是笼型转子的交流伺服电动机。两相交流伺服电动机的特点和应用范围见表 4-3。

表 4-3　两相交流伺服电动机的特点和应用范围

种类	产品型号	结构特点	性能特点	适用范围
笼型转子	SL	与一般笼型电动机结构相同，但转子做得细而长，转子导体用高电阻率的材料	励磁电流较小，体积较小，机械强度高，但是低速运行不够平稳，有时快时慢的抖动现象	小功率的自动控制系统
空心杯形转子	SK	转子做成薄壁圆筒形，放在内、外定子之间	转动惯量小，运行平滑，无抖动现象，但励磁电流较大，体积也较大	要求运行平滑的系统

4.3　步进电动机伺服系统

4.3.1　步进电动机伺服系统认知

1. 步进电动机的结构

步进电动机能将脉冲信号直接转换成角位移（或直线位移），这在计算机控制系统中特别方便，使用它可省去数-模转换接口。步进电动机的角位移是一个步距一个步距（对应个脉冲）移动的，所以称为步进电动机。步进电动机的结构已确定，控制方式选定后，步距角的大小是固定的，所以可以对它进行开环控制。

步进电动机的内部结构及结构简图如图 4-16 所示。三相六极反应式步进电动机的定子有六个磁极，每个磁极上均装有集中绕组作为控制绕组。相对的定子磁极绕组串联构成一相绕组，由专门的驱动电源供电。转子铁心由软磁材料构成，其上均匀分布了四个齿，齿上无任何转子绕组。

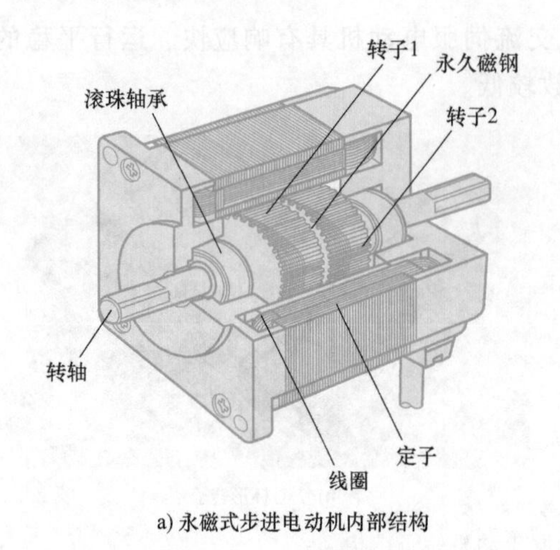

a) 永磁式步进电动机内部结构

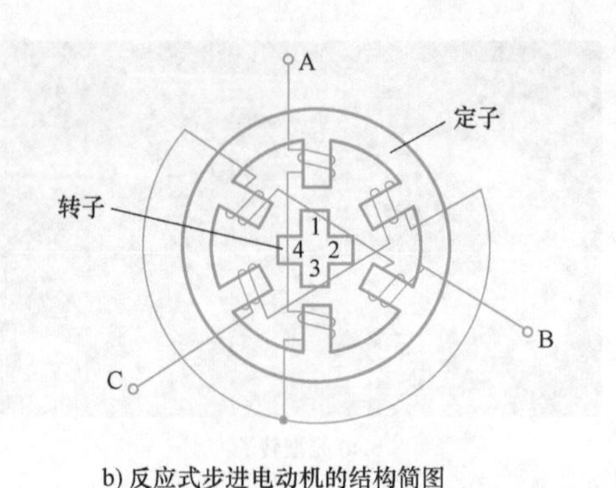

b) 反应式步进电动机的结构简图

图 4-16 步进电动机内部结构及结构简图

2. 步进电动机的工作原理

如图 4-16b 所示，设起动时转子的 1、3 齿在 A 相绕组极的附近，当第一个脉冲通往 A 相，则磁通沿着磁阻最小的路径闭合，在此磁场力的作用下，转子的 1、3 齿要和 A 极对齐，如图 4-17a 所示。下一个脉冲通入 B 相，则磁通要按磁阻最小的路径闭合，即 2、4 齿要和 B 极对齐，如图 4-17b 所示，也即转子顺时针方向走了一步。再下一个脉冲通入 C 相，根据磁通沿磁阻最小的路径闭合原理，1、3 齿要和 C 极对齐，如图 4-17c 所示，也即转子又顺时针走了一步。依次不断地给 A、B、C 相以脉冲，则步进电动机就一步一步地按顺时针方向旋转。若通电脉冲的次序为 A、C、B、…不难推出，转子将以逆时针方向一步步旋转。这样，用不同的分配脉冲次序的方式就可以方便地实现步进电动机的控制。

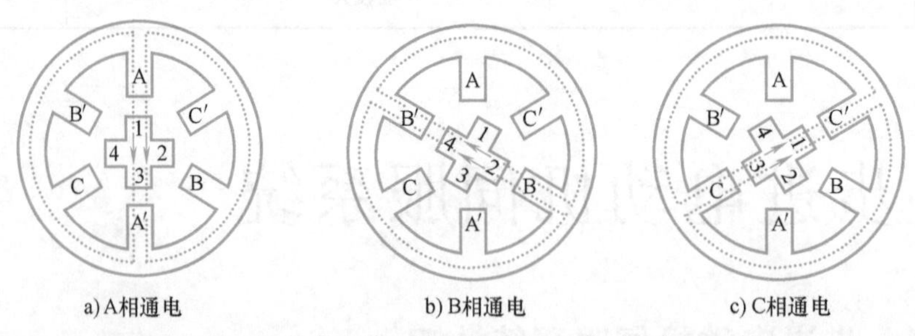

图 4-17 反应式步进电动机的通电方式（三相单三拍）

3. 步进电动机的运行方式

步进电动机定子通电状态每改变一次称为一拍；每一拍转子转过的机械角度称为步距角 θ。

（1）三相单三拍通电方式 如图 4-17 所示的反应式步进电动机，采用 A、B、C 三相绕组轮流通电方式，称为三相单三拍通电方式。其中，“单”是指任何时刻只有一相绕组通电，三拍意味着一个周期内通电状态共改变三次，对应其步距角 $\theta=30°$。

（2）三相双三拍运行方式 三相双三拍通电方式是指：任何时刻均有两相定子绕组通电，其通电顺序为 AB→BC→CA→AB，此时转子顺时针运行；若希望转子逆时针运行，则通电顺序变为 AC→CB→BA→AC。三相双三拍通电方式下，转子的步距角与单三拍相同。

即如图 4-18 所示的三相六极步进电动机，步距角仍为 $\theta=30°$。三相双三拍通电方式因转子受到两个相反方向上的转矩而平衡，故转子振动小、运行稳定。

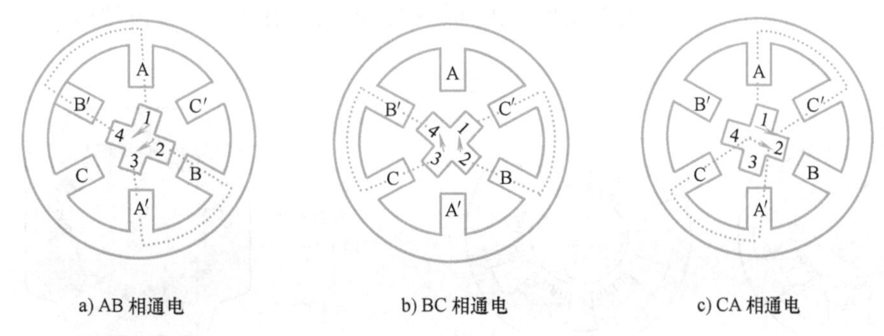

图 4-18　反应式步进电动机的通电方式（三相双三拍）

（3）三相单、双六拍通电方式　如果步进电动机通电方式的各拍交替出现单、双相通电状态，这种通电方式称为单双相轮流通电方式。三相步进电动机采用单双相轮流通电方式时，每个通电循环中共有六拍，因而又称为三相六拍通电方式，即 A→AB→B→BC→C→CA→A。由于六拍为一通电循环周期，因此，每一拍转子转过的步距角变为单三拍的一半，即 $\theta=15°$，如图 4-19 所示。

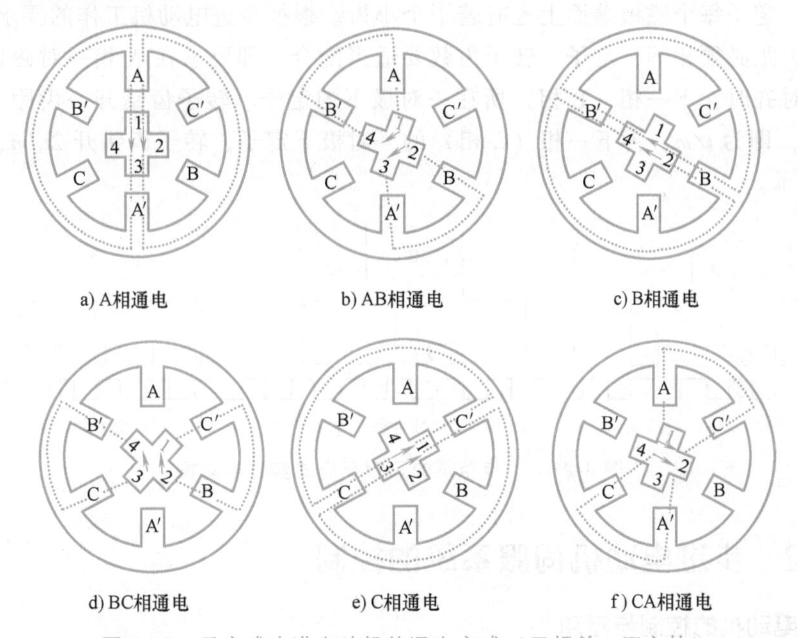

图 4-19　反应式步进电动机的通电方式（三相单、双六拍）

步进电动机除了做成三相的外，还可做成四相、五相、六相的。一般情况下，m 相步进电动机可采用单相通电、双相通电或单双相轮流通电方式工作，对应的通电方式可分别称为 m 相单 m 拍、m 相双 m 拍或 $2m$ 拍通电方式。

由于上述步进电动机的步距角较大，如用于精度要求很高的数控机床等控制系统，会严重影响到加工工件的精度。这种结构旨在分析原理时采用，实际使用的步进电动机都是小步距角的。

(4) 小步距角的三相反应式步进电动机　为了减小步距角，步进电动机的定、转子均采用多齿结构，图 4-20a 所示为最常见的一种小步距角的三相反应式步进电动机的结构简图，图 4-20b 为五相反应式步进电动机的内部结构，各磁极前端采用多齿结构。

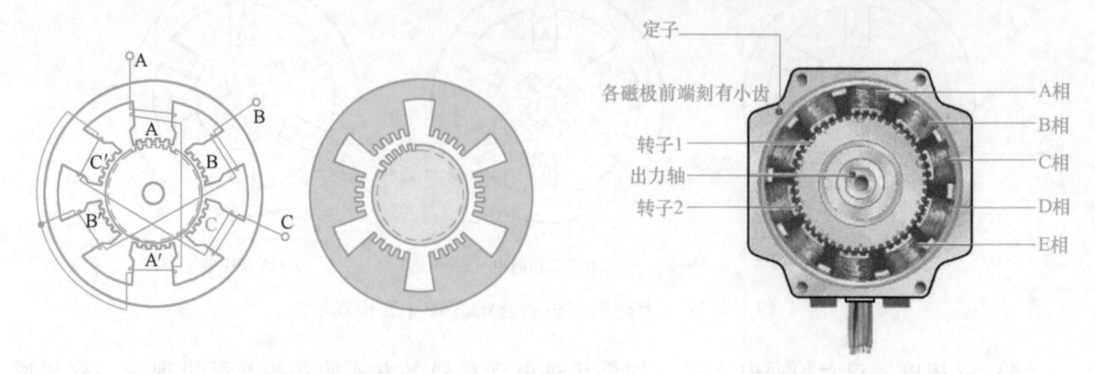

a) 三相反应式步进电动机结构简图　　b) 五相反应式步进电动机内部结构

图 4-20　小步距角反应式步进电动机结构

在图 4-20a 中，三相反应式步进电动机定子上有六个磁极，极上有定子绕组，沿直径相对的两个极的线圈串联，构成一相控制的绕组，共有 A、B、C 三相。转子圆周上均匀分布若干个小齿，定子每个磁极端面上也有若干个小齿。根据步进电动机工作的要求，定子、转子的齿宽、齿距必须相等，定子、转子齿数要适当配合，即要求在 A 相一对磁极下，定子、转子齿一一对齐时，下一相（B 相）所在一对极下的定子、转子齿错开一齿距（t）的 $1/m$（m 为相数），即为 t/m；再下一相（C 相）的一对极下定子、转子齿错开 $2t/m$，依次类推，如图 4-21 所示。

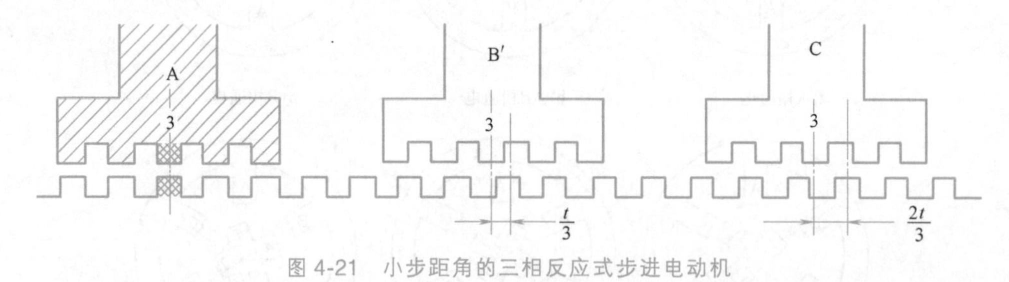

图 4-21　小步距角的三相反应式步进电动机

4.3.2　步进电动机伺服系统的控制

1. 步进电动机的控制与驱动

步进电动机的运行要求足够功率的电脉冲信号按一定的顺序分配到各相绕组。所以，与其他旋转电动机不同的是，步进电动机的工作需要专门的驱动器。步进电动机驱动器实物如图 4-22 所示。

驱动器的作用是对控制脉冲进行环形分配、功率放大，使步进电动机绕组按一定顺序通电，以驱动电动机转子正反向旋转。因此，只要控制输入电脉冲的数量及频率，就可以精确控制步进电动机的转角及转速。驱动器由环形分配器和功率放大器组成，其结构如图 4-23 所示。

a) 步进电动机及驱动器

b) 步进电动机驱动器

c) 步进电动机

图 4-22　步进电动机及驱动器实物

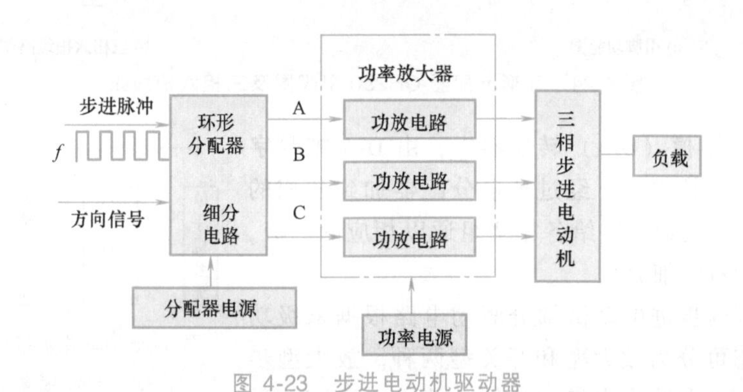

图 4-23　步进电动机驱动器

(1) 环形分配器　环形分配器的功能是将控制器送来的一串指令脉冲，按步进电动机所要求的通电顺序分配给步进电动机驱动电源的各相输入端，以控制励磁绕组的通断，实现步进电动机的运行及换向。环形分配器的功能可由硬件或软件的方法来实现，分别称为软件环形分配器和硬件环形分配器。

1) 软件环形分配器。它是采用查表或计算的方法使计算机的三个输出引脚依次输出满足速度和方向要求的环形分配脉冲信号。这种方法能充分利用计算机软件资源，以减少硬件成本，尤其是多相电动机的脉冲分配更显示出它的优点。但由于软件运行会占用计算机的运行时间，因而会使插补运算的总时间增加，从而影响步进电动机的运行速度。

2) 硬件环形分配器。它是采用数字电路搭建或专用的环形分配器件将连续的脉冲信号经电路处理后输出环形脉冲。采用数字电路搭建的环形分配器通常由分立元件（如触发器、逻辑门等）构成，特点是体积大、成本高、可靠性差。专用的环形分配器目前市面上有很多种，如 CMOS 电路 CH250 即为三相步进电动机的专用环形分配器，它的引脚功能图及三相六拍线路图如图 4-24 所示。这种方法的优点是使用方便，接口简单。

(2) 功率放大器　功率放大器的功能是将环形分配器送来的弱电信号变为强电信号，以得到步进电动机控制绕组所需要的脉冲电流及所需要的脉冲波形。功率放大器种类：按采用的功率放大器件可分为大功率晶体管、功率场效应晶体管或门极关断晶闸管等；按工作原理可分为单电压驱动、高低电压驱动、恒流斩波、调频调压、细分驱动电路等。本节重点介绍细分驱动电路。

(3) 步进电动机细分驱动电路　随着微型计算机的发展，特别是单片计算机的出现，为步进电动机的细分驱动带来了便利。目前，步进电动机细分驱动电路大多数采用单片微机控制，它们的构成图如图 4-25 所示。单片机根据要求的步距角计算出各相绕组中通过的电

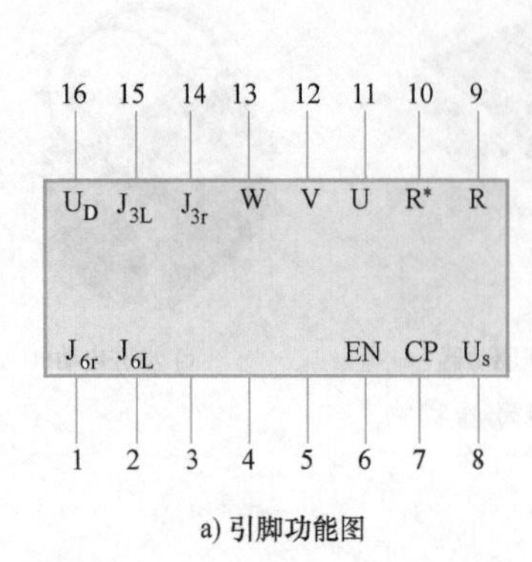

a) 引脚功能图

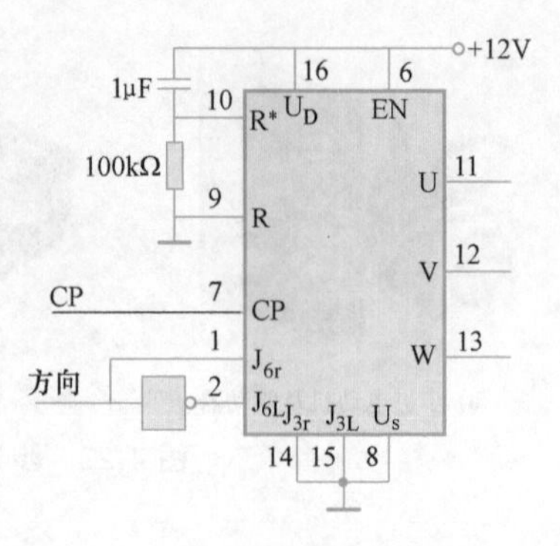

b) 三相六拍线路图

图 4-24 环形分配器 CH250 引脚图及三相六拍线路

流值，并输出到数-模（D-A）转换器中，由 D-A 把数字量转换为相应的模拟电压，经过环形分配器加到各相的功放电路上，控制功放电路给各相绕组通以相应的电流，来实现步进电动机的细分。

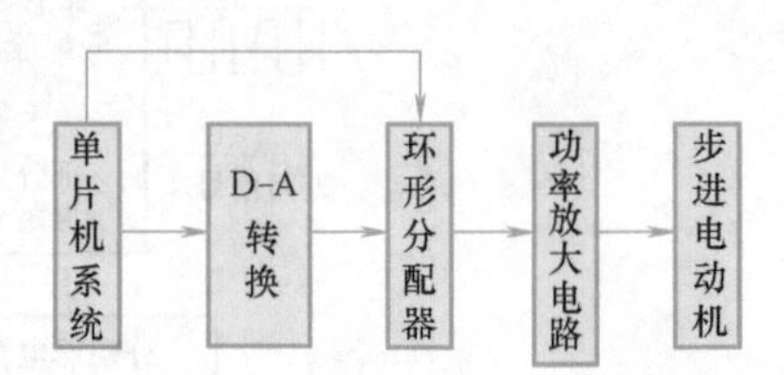

图 4-25 单片机控制的步进电动机细分驱动电路的结构框图

单片机控制的步进电动机细分驱动电路根据末级功放管的工作状态可分为放大型和开关型两种。放大型步进电动机细分驱动电路中末级功放管的输出电流直接受单片机输出的控制电压控制，电路较简单，电流的控制精度也较高，但是由于末级功放管工作在放大状态，使功放管上的功耗较大，发热严重，容易引起晶体管的温漂，影响驱动电路的性能。甚至还可能由于晶体管的热击穿，使电路不能正常工作。因此，该驱动电路一般应用于驱动电流较小、控制精度较高、散热情况较好的场合。

开关型步进电动机细分驱动电路中的末级功放管工作在开关状态，从而使得晶体管上的功耗大大降低，克服了放大型细分电路中晶体管发热严重的问题。但电路较复杂，输出的电流有一定的纹波。因此，该驱动电路一般用于输出转矩较大的步进电动机的驱动。随着大输出转矩步进电动机的发展，开关型细分驱动电路近年来得到长足的发展。目前，最常用的开关型步进电动机细分驱动电路有斩波式和脉宽调制（PWM）式两种。

图 4-26 所示为斩波式细分驱动电路，其基本工作原理是对电动机绕组中的电流进行检测，和 D-A 输出的控制电压进行比较，若检测出的电流值大于控制电压，电路将使功放管截止；反之，使功放管导通。这样，D-A 输出不同的控制电压，绕组中将流过不同的电流值。

图 4-27 所示为脉宽调制式细分驱动电路，其基本工作原理是把 D-A 输出的控制电压加在脉宽调制电路的输入端，脉宽调制电路将输入的控制电压转换成相应脉冲宽度的矩形波，通过对功放管通断时间的控制，改变输出到电动机绕组上的平均电流。由于电动机绕组是一个感性负载，对电流有一定的滤波作用，而且脉宽调制电路的调制频率较高，一般大于 20kHz，因此，虽然是断续通电，但电动机绕组中的电流还是较平稳的。

脉宽调制式细分驱动电路和斩波式细分驱动电路相比，脉宽调制式细分驱动电路的控制精度高、工作频率稳定，但线路较复杂。因此，脉宽调制式细分驱动电路多用于综合驱动性

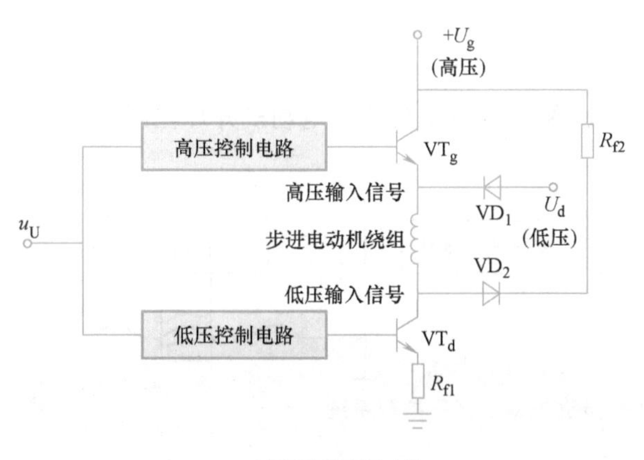

a) 斩波限流驱动电路

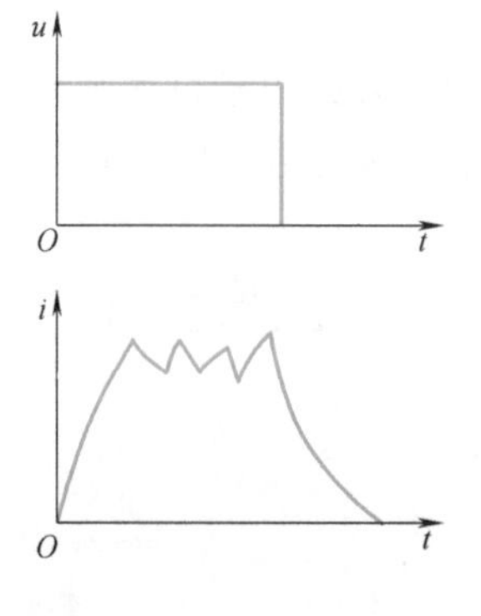

b) 斩波限流驱动电路波形图

图 4-26 斩波式细分驱动电路

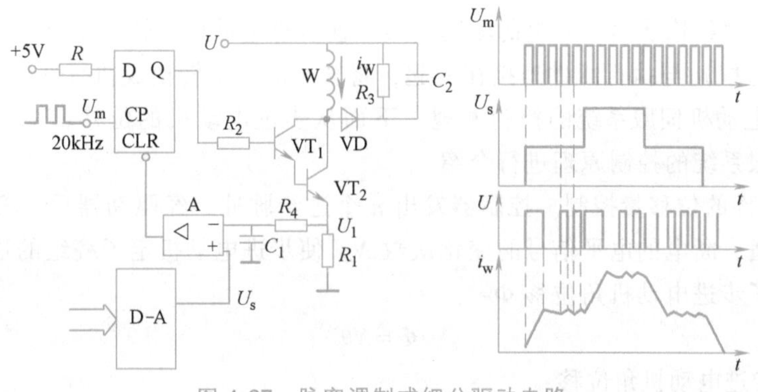

图 4-27 脉宽调制式细分驱动电路

能要求较高的场合。脉宽调制式细分驱动电路的关键是脉宽调制，它的作用是将给定的电压信号调制成具有相应脉冲宽度的矩形波。

（4）构成步进电动机驱动器系统的专用集成电路

1）脉冲分配器集成电路：如三洋公司的 PMM8713、PMM8723、PMM8714 等。

2）包含脉冲分配器和电流斩波的控制器集成电路：如 SGS 公司的 L297、L6506 等。

3）只含功率驱动（或包含电流控制、保护电路）的驱动器集成电路：如日本新电元工业公司的 MTD1110（四相斩波驱动）和 MTD2001（两相、H 桥、斩波驱动）。

4）将脉冲分配器、功率驱动、电流控制和保护电路都包括在内的驱动控制器集成电路，如东芝公司的 TB6560AHQ、MOTOROLA 公司的 SAA1042（四相）和 ALLEGRO 公司的 UCN5804（四相）等。

2. 步进电动机伺服系统的组成及控制原理

步进电动机伺服系统是典型的开环控制系统，指令信号是单向流动的。开环系统没有位置和速度反馈回路，省去了检测装置，其精度主要由步进电动机来决定，速度也受到步进电动机性能的限制，系统简单可靠，不需要像闭环伺服系统那样进行复杂的设计计算与试验验证。

步进电动机开环伺服系统由于具有结构简单、使用维护方便、可靠性高、制造成本低等一系列优点，因此在中小型机床和速度、精度要求不十分高的场合，得到了广泛的应用。

（1）步进电动机伺服系统的组成　如图 4-28 所示的步进电动机开环控制系统由控制器、驱动器和步进电动机组成。

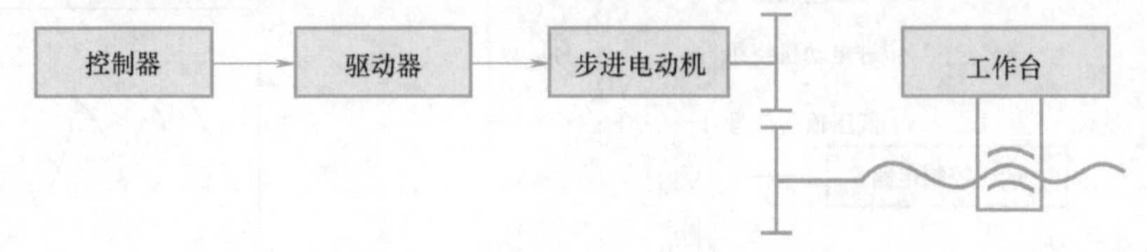

图 4-28　步进电动机开环控制系统

控制器又叫脉冲发生器，提供从几赫兹到几万赫兹的频率信号连续可调的脉冲信号。目前主要有 PLC、单片机、运动板卡等。

驱动器系统的作用是把脉冲源发出的进给脉冲进行重新分配，并把此信号转换为控制步进电动机各定子绕组依次通、断电的驱动信号，使步进电动机运转。步进电动机的转子通过传动机构（如丝杠）与执行部件连接在一起，将转子的转动转换成执行部件的移动。

（2）步进电动机伺服系统的控制原理　下面从步进电动机的位移量、速度和移动方向三个方面对伺服系统的控制原理进行介绍。

1）执行部件的位移量控制。控制器发出 n 个进给脉冲，经驱动器后，变成控制步进电动机定子绕组通、断电的电平信号的变化次数 N，使步进电动机定子绕组的通电状态变化 N 次，从而决定了步进电动机角位移 Φ：

$$\Phi = N\theta \tag{4-1}$$

式中　Φ——步进电动机角位移；

　　N——电平信号的变化次数；

　　θ——步距角。

该角位移经传动机构转变为执行部件的位移量 L，即

$$L = \frac{\Phi t}{360°} \tag{4-2}$$

式中　L——执行部件的位移量；

　　t——丝杠螺距。

显然，L、Φ 和 N 三者之间成正比关系。

2）执行部件移动速度的控制。控制器发出频率连续的电脉冲信号，经驱动器后，最后表现为定子绕组通电状态的变化频率 f，并决定了步进电动机转子的角速度 ω，经丝杠等传动机构后，ω 体现为执行部件的移动速度 v，即进给脉冲频率 f→定子绕组通电状态的变化频率 f→步进电动机的角速度 ω→执行部件的移动速度 ν。

3）执行部件移动方向的控制。当控制器发出的进给脉冲是正向时，经驱动器后，使步进电动机正转，带动执行部件正向移动。当进给脉冲是反向时，经驱动器之后，使步进电动机反转，从而使执行部件反向移动。

综上所述，在步进电动机伺服系统中，用输入脉冲的数量、频率和方向控制执行部件的位移量、移动速度和位移的方向，从而实现对位移控制的要求。

4.4 直流伺服系统

采用直流伺服电动机作为执行元件的伺服系统，称为直流伺服系统。直流伺服系统种类繁多，按伺服电动机、功率放大器、检测元件、控制器的种类以及反馈信号与指令比较方式等可分为不同类型的直流伺服系统。

4.4.1 直流伺服系统认知

1. 直流伺服电动机的结构

直流伺服电动机主要由定子磁极、转子电枢和换向机构组成，如图 4-29 所示。其中定子磁极在工作中固定不动，故又称定子。定子磁极用于产生磁场。在永磁式直流伺服电动机中，磁极采用永磁材料制成，充磁后即可产生恒定磁场。在他励式直流伺服电动机中，磁极由冲压硅钢片叠成，外绕线圈，靠外加励磁电流才能产生磁场。转子电枢是直流伺服电动机中的转动部分，故又称转子。转子的结构有多种形式，最常见的是在有槽铁心内铺设绕组的结构。铁心由硅钢片叠压而成；换向机构由换向环和电刷构成。绕组导线连接到换向片上，电流通过电刷及换向片引入到绕组中。

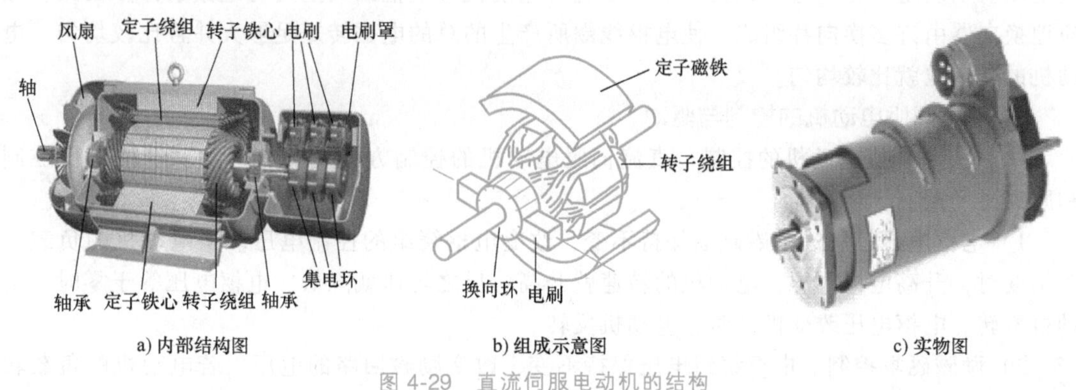

a) 内部结构图　b) 组成示意图　c) 实物图

图 4-29　直流伺服电动机的结构

2. 直流伺服电动机的工作原理

直流伺服电动机是在定子磁场的作用下，使通有直流电的电枢（转子）受到电磁转矩的驱使，带动负载旋转。通过控制电枢绕组中电流的方向和大小，就可以控制直流伺服电动机的旋转方向和速度。当电枢绕组中电流为零时，伺服电动机则静止不动。

如图 4-30a 所示，N 和 S 是一对固定的磁极，可以是电磁铁，也可以是永久磁铁。磁极之间有一个可以转动的铁质圆柱体，称为电枢铁心。铁心表面固定一个用绝缘导体构成的电枢线圈，线圈的两端分别接到相互绝缘的两个半圆形铜片（换向片）上，它们组合在一起称为换向器，在每个半圆铜片上又分别放置一个固定不动而与之滑动接触的电刷 A 和 B，线圈通过换向器和电刷接通外电路。

将外部直流电源加于电刷 A（正极）和 B（负极）上，则线圈 abcd 中流过电流，在导体 ab 中，电流由 a 指向 b，在导体 cd 中，电流由 c 指向 d。导体 ab 和 cd 分别处于 N-S 极磁

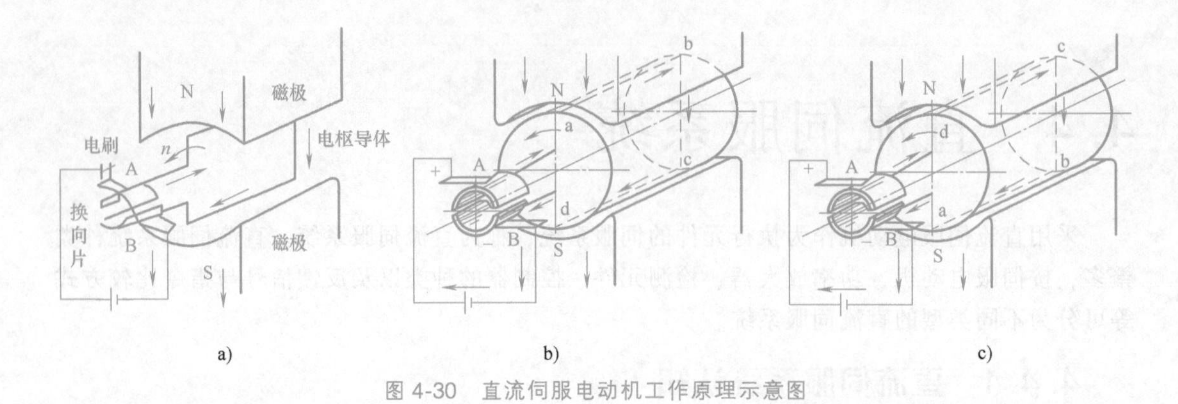

图 4-30　直流伺服电动机工作原理示意图

场中，受到电磁力的作用，用左手定则可知导体 ab 和 cd 均受到电磁力的作用，且形成的转矩方向一致，这个转矩称为电磁转矩，为逆时针方向。这样，电枢就顺着逆时针方向旋转，如图 4-30b 所示。当电枢旋转 180°时，导体 cd 转到 N 极下，ab 转到 S 极下，如图 4-30c 所示，由于电流仍从电刷 A 流入，使 cd 中的电流变为由 d 流向 c，而 ab 中的电流由 b 流向 a，从电刷 B 流出，用左手定则判别可知，电磁转矩的方向仍是逆时针方向。

由此可见，加于直流电动机的直流电源，借助于换向器和电刷的作用，使直流电动机电枢线圈中流过的电流，方向是交变的，从而使电枢产生的电磁转矩的方向恒定不变，确保直流电动机朝确定的方向连续旋转。实际的直流电动机，电枢圆周上均匀地嵌放许多线圈，相应地换向器由许多换向片组成，使电枢线圈所产生的总的电磁转矩足够大并且比较均匀，电动机的转速也就比较均匀。

3. 直流伺服电动机的控制与驱动

（1）直流伺服电动机的控制　直流伺服电动机的控制方式主要有两种：电枢电压控制和励磁磁场控制。

1）电枢电压控制。励磁磁通保持不变，改变电枢绕组的控制电压。当电动机的负载转矩不变时，升高电枢电压，电动机的转速就升高；反之转速就降低。电枢电压等于零时，电动机不转。电枢电压改变极性时，电动机反转。

2）励磁磁场控制。电枢绕组电压保持不变，改变励磁回路的电压。若电动机的负载转矩不变，当升高励磁电压时，励磁电流增加，主磁通增加，电动机转速就降低；反之，转速升高。改变励磁电压的极性，电动机转向随之改变。

尽管磁场控制也可达到控制转速大小和旋转方向的目的，但励磁电流和主磁通之间是非线性关系，且随着励磁电压的减小，其机械特性变软，调节特性也是非线性的，故少用。直流伺服电动机主要采用电枢电压控制方式。

（2）直流伺服电动机的驱动　直流伺服电动机为直流供电，为调节电动机转速和方向，需要对其直流电压的大小和方向进行控制。因此，直流电动机的驱动电路实际上是一个可控的大功率整流电路。直流伺服电动机目前常用晶闸管驱动（SCR 驱动）和脉宽调制放大器驱动（PWM 驱动）。这里重点讨论 PWM 驱动。

直流电动机通常需要工作在正反转的场合，因此需要可逆 PWM 系统。可逆 PWM 系统又分为单极性可逆 PWM 和双极性可逆 PWM 驱动系统。目前常用的是双极性可逆 PWM 驱动系统。

1）双极性可逆 PWM 系统。双极性可逆 PWM 驱动是指在一个控制周期内，电动机电枢承受正负变化的电压。图 4-31a 是常用的 H 桥式双极性可逆 PWM 驱动系统的电路图及波形图。

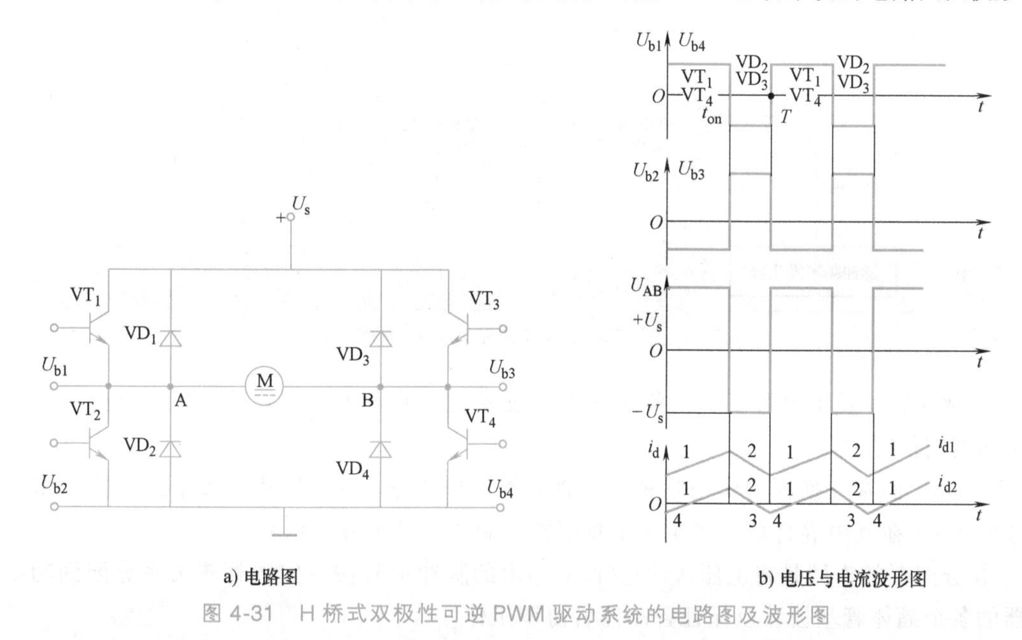

a) 电路图　　b) 电压与电流波形图

图 4-31　H 桥式双极性可逆 PWM 驱动系统的电路图及波形图

在每个 PWM 周期内的 $0\leqslant t<t_{on}$ 时间，U_i 是高电平，VT_1、VT_4 导通，此时 VT_2、VT_3 截止，这时电枢电压方向为 A 到 B，$U_{AB}=U_S$，电枢电流 i_d 沿回路 1 流通，电动机进行正转；在 $t_{on}\leqslant t<T$ 时间内，电枢电压方向为 B 到 A，如果电动机的负载较大，则电动机的电枢电流不能立即变向，电动机仍然保持正转，但是电枢电流的幅值会有所下降。正转的电流波形如图 4-31b 所示。反转的情形正好相反。从分析也可以看出，在一个 PWM 的周期内，电枢两端的电压经历了正反两次变化，称之为“双极性”。

电动机如果带轻载运行，此时由于负载的作用，电动机的电流很小，电流波形基本在横轴上下波动，如图 4-31b 所示。在 $0\leqslant t<t_{on}$ 时间内，VT_2、VT_3 截止，在自感电动势的作用下，电枢电流经续流二极管 VD_1 和 VD_4 保持原流向由 B 到 A，电动机处于再生制动状态，并且由于 VD_1 和 VD_4 的钳位作用，VT_1、VT_4 同样截止；当电流减至 0 时，电枢电流在电源的作用下由 A 流向 B，此时 VT_1、VT_4 开始导通，电动机处于电动状态；在 $t_{on}\leqslant t<T$ 时间内，VT_1、VT_4 截止，与之前一样，电枢电流由于自感的作用，通过二极管 VD_2 和 VD_3 的续流作用先保持流向 A 到 B，当减至 0 后，VT_2、VT_3 开始导通，此时电动机又处于能耗制动状态。因此，在轻载运行期间，电动机的状态呈电动制动变化。

在一个周期内电枢两端电压的平均值 U_d 为

$$U_d=\left(\frac{t_{on}}{T}-\frac{T-t_{on}}{T}\right)U_s=(2\alpha-1)U_s \tag{4-3}$$

由式（4-3）可见，U_d 的大小取决于占空比 α 的大小。显然，当 $\alpha=0$ 时，$U_d=-U_s$，电动机反转且转速最大；当 $\alpha=1$ 时，$U_d=U_s$，电动机正转且转速最大；当 $\alpha=1/2$ 时，$U_d=0$，电动机不转。

2）直流伺服电动机 PWM 驱动装置。根据 PWM 的工作原理，必须有一种电路或装置将控制转速的指令转换成脉冲的宽度，其中元器件工作在高速开关状态，这种装置叫作直流PWM驱动装置。驱动装置组成的原理如图4-32所示。

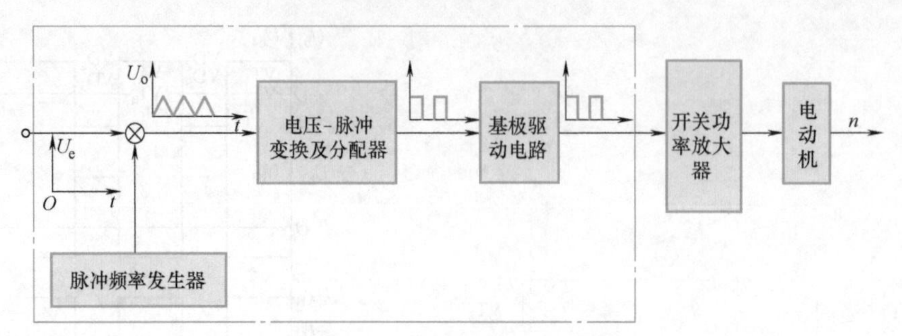

图4-32　PWM脉宽调制驱动电路原理图

① 脉冲频率发生器可以是三角波发生器或者锯齿波发生器，它的作用是产生一个频率固定的调制信号 U_o。

② 电压-脉冲变换器的作用是将外加直流控制电平信号 U_e 与脉冲频率发生器送来的三角波电压 U_o 在其中混合后，产生一个宽度被调制了的开关脉冲信号。

③ 分配器的作用是将电压-脉冲变换器输出的脉冲信号按一定的逻辑关系分配到功率放大器的各个晶体管基极，以保证各晶体管协调工作。

④ 基极驱动电路工作在开关状态，它对宽度被调制了的脉冲信号进行功率放大，以驱动主电路的功率晶体管。

⑤ 开关功率放大器的作用是对电压-脉宽变换器输出的信号 U_s 进行放大，输出具有足够功率的信号 U_p，以驱动直流伺服电动机。

图4-33所示是PWM脉宽调制电路及波形图。当控制电压 U_e 为零时，输出电压 U_A 和 U_B 的脉冲宽度相同，且等于 $T/2$（T 为三角波的周期）。当控制电压 U_e 为正时，U_A 的宽度大于 $T/2$，U_B 的宽度小于 $T/2$；U_e 为负时，情况则相反。由此得到两种不同的被调制直流电压。图4-34所示为PWM脉宽调制器的外形及内部结构。

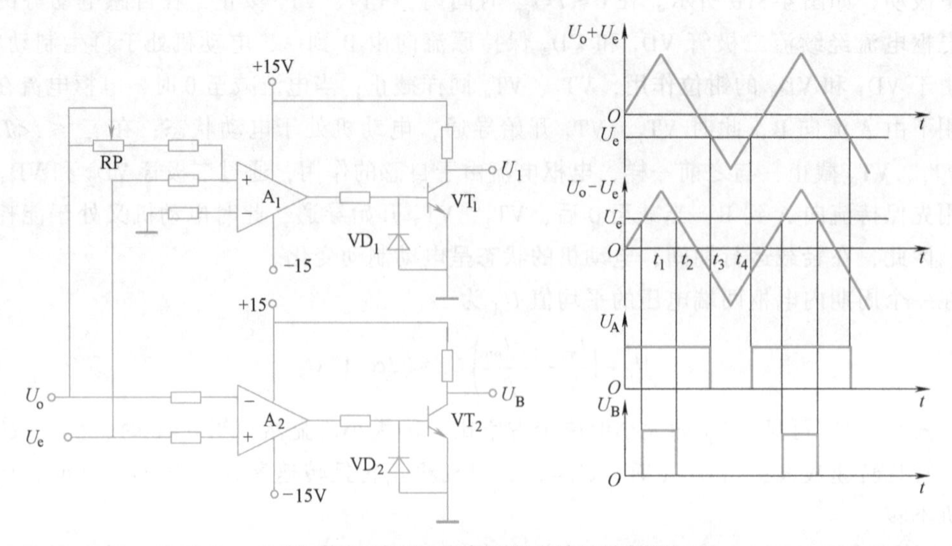

图4-33　PWM脉宽调制电路及波形图

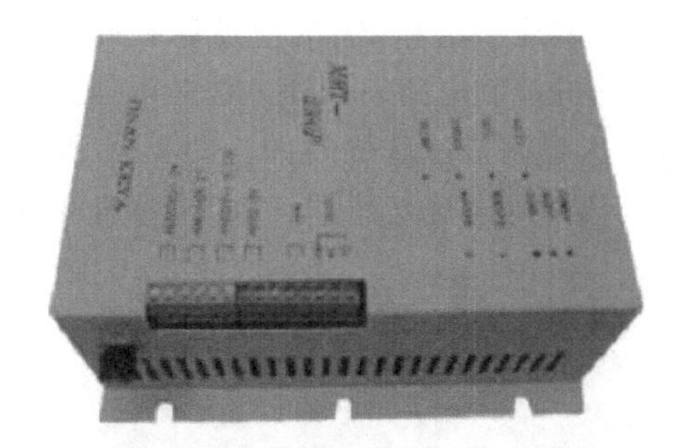

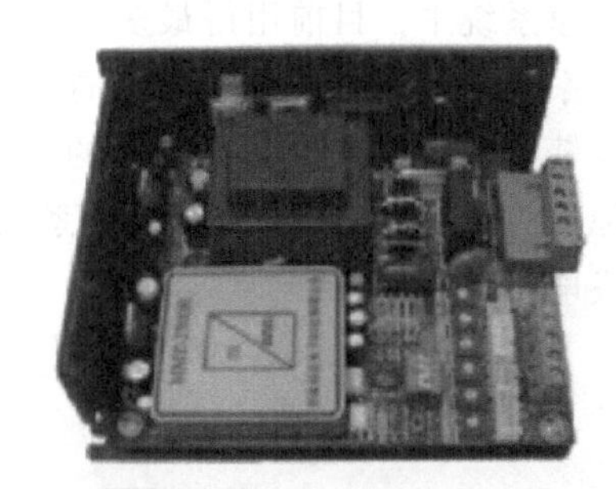

图 4-34 PWM 脉宽调制器的外形及内部结构

3）常用的 PWM 驱动控制的芯片。上面都是由分立元器件构成的电路，实际使用中制作麻烦，故障率高。通常采用集成的 H 桥驱动芯片，其集成度高，使用方便，可靠性高。如 L9110、L298N、LMD18200、TL494、TL495、IN8510、IN8520、IN8530 等。

① L9110 是为控制和驱动电动机设计的两通道推挽式功率放大专用集成电路器件，在驱动继电器、直流电动机、步进电动机或开关功率管的使用上安全可靠。该芯片被广泛应用于玩具汽车电动机驱动、步进电动机驱动和开关功率管等电路上。

② L298N 是 SGS 公司生产的一种高电压、大电流电动机驱动芯片，可以用来驱动直流电动机和步进电动机、继电器线圈等感性负载。使用 L298N 芯片可驱动一台两相步进电动机或四相步进电动机，也可驱动两台直流电动机。

③ LMD18200 是美国国家半导体公司（NS）推出的专用于运动控制的 H 桥组件。同一芯片上集成有 CMOS 控制电路和 DMOS 功率器件，利用它可以与主处理器、电动机和增量型编码器构成一个完整的运动控制系统。LMD18200 广泛应用于打印机、机器人和各种自动化控制领域。

④ TL494 和 TL495 是美国德克萨斯仪器公司的产品，原是为开关电源设计的脉冲宽度调节器，作为双端输出类型的脉冲宽度调制器。国标规定为 CW494。

⑤ IN8510、IN8520、IN8530 是由 INTERSL 公司生产的单片功率运算放大器集成电路，它们被专门设计用于驱动直流伺服电动机、直线或旋转执行机构、电控阀门、X-Y 打印机电动机。

4.4.2 直流伺服系统类型

由于伺服控制系统的速度和位移都有较高的精度要求，因此直流伺服电动机通常以闭环或半闭环控制方式应用于伺服系统中。

1. 速度伺服系统

速度控制是伺服系统中的一个重要部分，它由速度控制单元、伺服电动机、速度检测装置等构成。速度控制单元用于控制电动机的转速，是速度控制系统的核心。在晶闸管构成的直流电动机驱动电路中，只要改变晶闸管的触发延迟角，就可以调节电枢电压，从而达到调节电动机转速的目的；在 PWM 构成的驱动电路中，只要改变脉冲的宽度，即可以调节电动机的转速。但这样的调速系统是开环的，由于直流电动机本身的机械特性比较软，直流开环伺服系统不能满足机电一体化系统的要求，因此在实际应用中一般都采用闭环伺服系统。闭环直流调速系统中，目前用得最多的是晶闸管直流调速系统和 PWM 直流脉宽调速系统。这两种调速系统一般都是用永磁直流伺服电动机调速的控制电路，调速方法是根据速度给定值与速度反馈值的差值来改变电动机的电枢电压，达到调节速度的目的。图 4-35 所示为采用双闭环原理组成的晶体管 PWM 调速系统，图中，TA 是电流互感器，TG 作为速度检测的直流测速发电机。

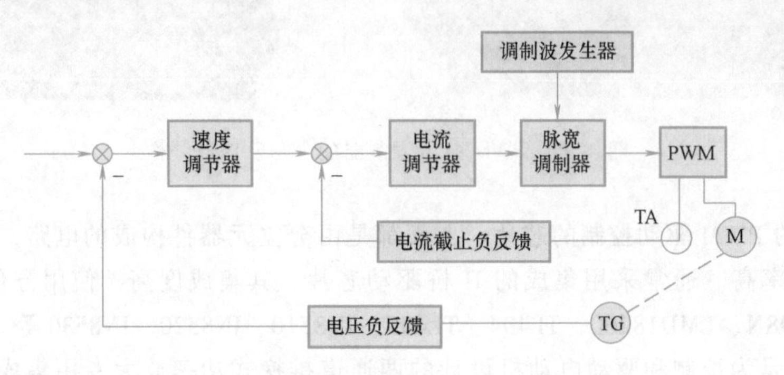

图 4-35　PWM 速度伺服系统

2. 位置伺服系统

位置控制伺服系统是应用领域非常广泛的一类系统，如数控机床、工业机器人、雷达天线和电子望远镜的瞄准系统等。在速度伺服系统的基础上增加位置反馈环节就可构成直流位置控制伺服系统。在位置伺服系统中，位置环有模拟式和数字式，前者如仿形机床伺服系统、采用自整角机的角度跟踪系统等。随着计算机控制技术的发展，在位置控制伺服系统中，越来越多地采用数字式，而速度环常采用模拟式，构成混合式的伺服系统。在这里只讨论数字式的位置控制伺服系统。

数字式位置控制系统根据其位置信号和比较方式可分为数字脉冲控制伺服系统、数字式编码控制伺服系统、数字式相位控制伺服系统、数字式幅值控制伺服系统四种控制系统。这里只介绍检测反馈与比较电路比较简单、应用广泛的数字脉冲控制伺服系统。这种控制系统是采用光栅、脉冲编码器等位置检测器，其比较方式是采用数字控制器中的可逆计数器，其原理如图 4-36 所示。

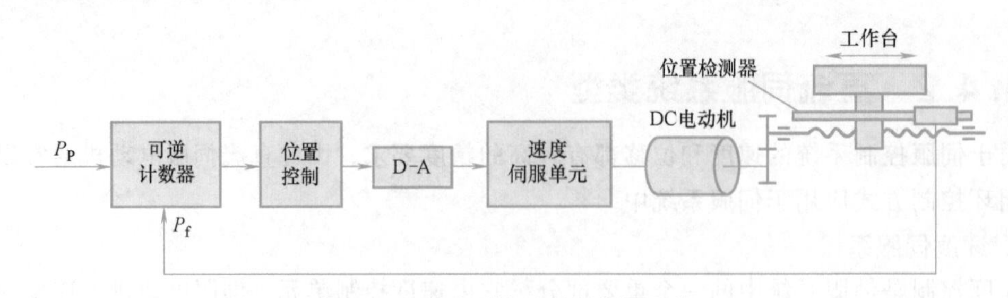

图 4-36　数字式脉冲控制伺服系统

在数字式脉冲控制伺服系统中，数控装置的位移指令以指令脉冲数 P_p 给出，反馈信号由位置检测器给出反馈脉冲 P_f，它们分别进入数字控制器中的加法器和减法器端，经运算输出位置偏差量，该偏差量经位置控制器，并通过 D-A 转换后，输出作为速度环的速度指令电压信号，从而控制直流伺服电动机的运动。

4.5 交流伺服系统

20世纪80年代以来，随着集成电路、电力电子技术和交流可变速驱动技术的发展，永磁同步交流伺服驱动技术有了突出的发展，各国著名电气厂商相继推出各自的交流伺服电动机和伺服驱动器系列产品并不断完善和更新。交流伺服系统已成为当代高性能伺服系统的主要发展方向，使原来的直流伺服系统面临被淘汰的危机。永磁交流伺服电动机同直流伺服电动机比较，主要优点有：无电刷和换向器，因此工作可靠，对维护和保养要求低；定子绕组散热比较方便；惯量小，易于提高系统的快速性；适应于高速大力矩工作状态；同功率下有较小的体积和重量。

4.5.1 交流伺服系统认知

20世纪90年代以后，世界各国已经商品化了的交流伺服系统是采用全数字控制的交流电动机伺服驱动。交流伺服驱动装置在传动领域的发展日新月异。到目前为止，高性能的电伺服系统大多采用永磁同步型交流伺服电动机，控制驱动器多采用快速、准确定位的全数字位置伺服系统。典型生产厂家如德国西门子、美国科尔摩根和日本松下及安川等公司。本节主要介绍永磁同步交流伺服电动机伺服系统。永磁同步交流伺服电动机及驱动器如图4-37所示。

图4-37 永磁同步交流伺服电动机及驱动器

1. 永磁同步交流伺服电动机结构

永磁同步交流伺服电动机（Permanent Magnet Synchronous Motor，PMSM）用作进给运动的驱动电动机，其实物结构如图4-38所示。电动机由定子、转子和检测元件组成。定子由冲片叠成，其外形呈多边形，没有机座，这样有利于散热。在定子齿槽内嵌入某一极对数的三相绕组，其结构简图如图4-39所示。

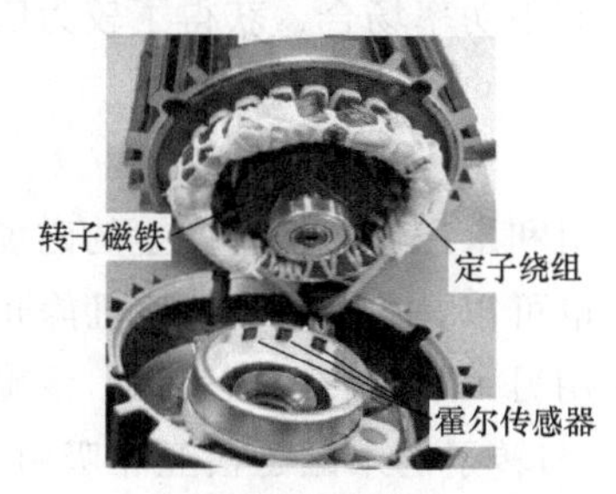

a) 电动机内部结构

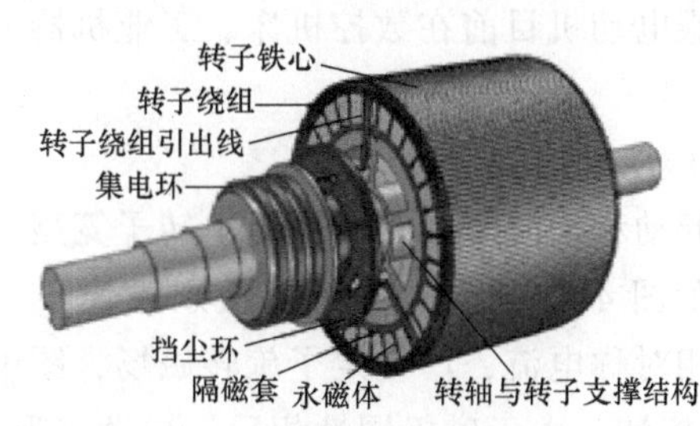

b) 永磁同步交流伺服电动机主轴

c) 电动机实物

图4-38 永磁同步交流伺服电动机实物结构图

永磁同步交流伺服电动机的磁场来自电动机转子上的永久磁铁，永久磁铁的特性在很大程度上决定了电动机的特性。永久磁铁有铝镍钴合金、铁素体合金和钕铁硼合金（即稀土

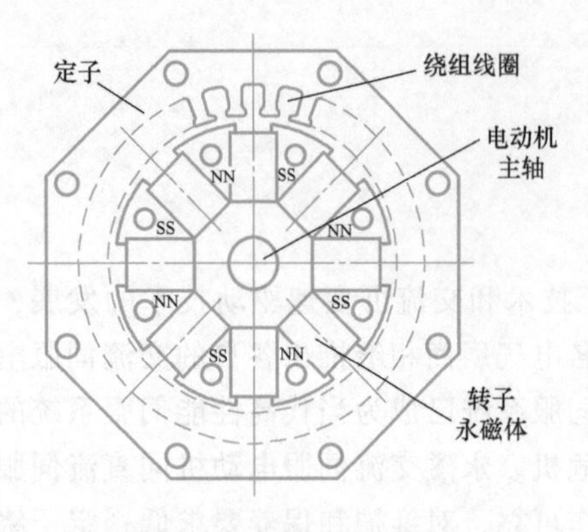

a) 永磁同步交流伺服电动机横剖面图

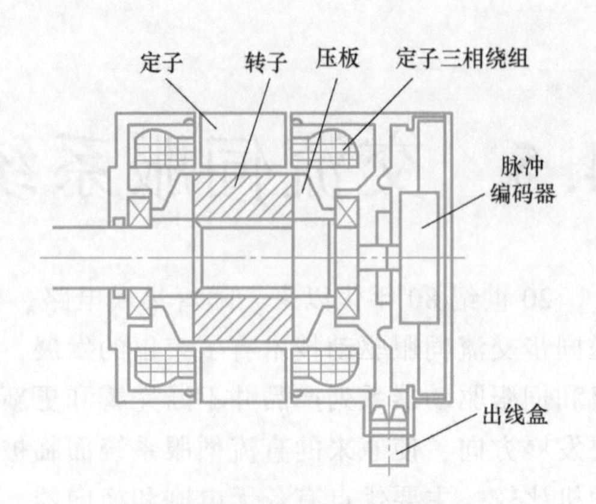

b) 永磁同步交流伺服电动机纵剖面图

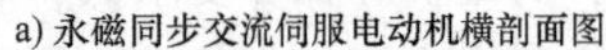

图 4-39　永磁同步交流伺服电动机结构示意图

永磁合金）等，以稀土永磁合金的性能最好。

根据永磁体在转子上的位置不同，永磁同步交流伺服电动机的转子结构可分为表面式、内插式、内埋式，如图 4-40 所示。永久磁铁的形状可分为扇形和矩形两种。

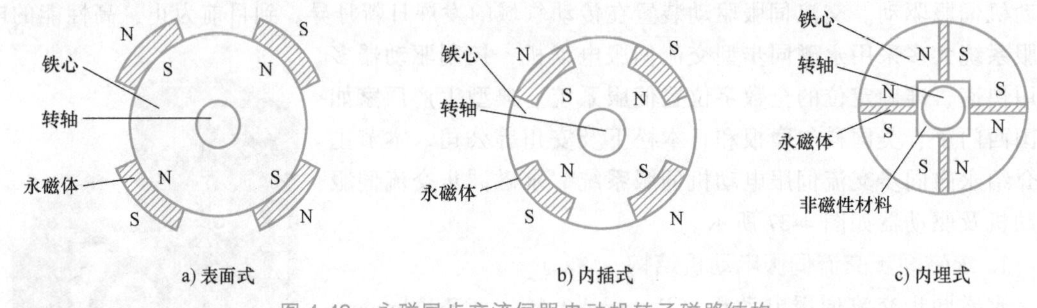

图 4-40　永磁同步交流伺服电动机转子磁路结构

永磁同步交流伺服电动机转子磁路结构不同，则电动机的运行性能、控制方法、制造工艺和适用场合也不同。

检测元件一般用光电编码器或旋转变压器加测速发电机，用以检测电动机的转角位置、位移和旋转速度，以便提供永磁交流同步电动机转子的绝对位置信息、位置反馈量和速度反馈量。永磁交流同步伺服电动机目前在数控机床、工业机器人等小功率场合，获得了较为广泛的应用。

2. 永磁同步交流伺服电动机工作原理

永磁同步电动机的起动和运行是由定子绕组、转子笼型绕组和永磁体这三者产生的磁场的相互作用而形成的。如图 4-41 所示，一个两极永磁转子（也可以是多极），电动机静止时，给定子绕组通入三相对称电流，产生定子旋转磁场，图中用另一对旋转磁极表示，该旋转磁场将以同步转速 n_s 旋转。由于磁极同性相斥、异性相吸，与转子的永磁磁极互相吸引，并带着转子一起旋转，使转子由静止开始加速转动。当转子加上负载转矩之后，转子磁极轴线将落后定子磁场轴线 θ 角。随着负载增加，θ 角也随之增大；负载减少时，θ 角也减小。只要不超过一定限度，转子始终跟着定子的旋转磁场以恒定的同步转速 n_s 旋转。

转子速度为

$$n = n_s = 60\frac{f}{p} \tag{4-4}$$

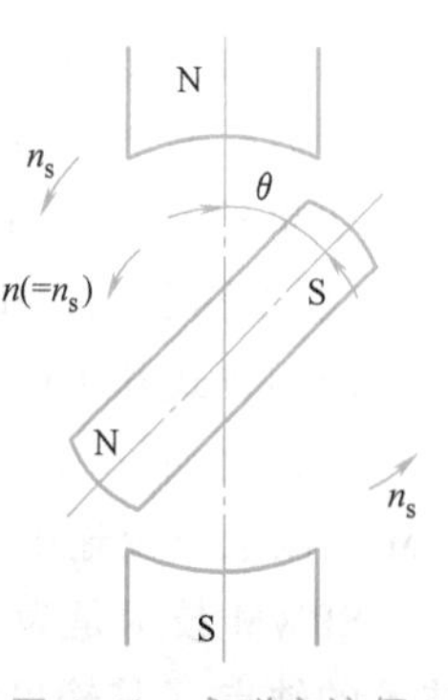

图 4-41 永磁交流伺服电动机的工作原理

式中 n——电动机转速；

n_s——定子转速磁场的同步转速；

f——交流电源频率（定子供电频率）；

p——定子线圈的磁极对数。

由于这种同步电动机不能自动起动，所以在转子上还装有笼型绕组而作为电动机起动之用。笼型绕组放在转子的周围。在同步运行状态下，转子绕组内不再产生电流。此时转子上只有永磁体产生磁场，它与定子旋转磁场相互作用，产生驱动转矩。由此可知，永磁同步电动机是靠转子绕组的异步转矩实现起动的。起动完成后，转子绕组不再起作用，由永磁体和定子绕组产生的磁场相互作用产生驱动转矩。

旋转磁场的旋转方向与绕组中电流的相序有关。假设三相绕组 A、B、C 中的电流相序按顺时针流动，则磁场按顺时针方向旋转，若把三根电源线中的任意两根对调，则磁场按逆时针方向旋转。利用这一特性可很方便地改变三相电动机的旋转方向。这种反电动势波形和供电电流波形都是正弦波的电动机称为“正弦波永磁同步电动机”（PMSM），有时也简称“永磁同步电动机”。

由永磁同步交流伺服电动机转速公式可以得出，电动机的转速 n 由电源频率 f 和磁极对数 p 决定。我们把改变电动机的供电频率 f 实现调速的方法称为变频调速；而改变磁极对数 p 进行调速的方法叫作变极调速。变频调速一般是无级调速，变极调速是有级调速。通常采用变频调速。

4.5.2 交流伺服系统类型

1. 永磁同步交流伺服电动机控制与驱动

（1）永磁同步交流伺服电动机控制　永磁同步交流伺服电动机普遍采用 PWM 的控制技术产生绕组电压和电流。常用的方法有正弦波脉宽调制（SPWM）、空间矢量脉宽调制（SVPWM）、电流跟踪控制三种。本节重点介绍正弦波脉宽调制（SPWM）控制技术。

1）SPWM 控制技术。用正弦波信号去调制三角波信号，会得到一个相当于正弦函数值的相位角和面积等效于正弦波的脉冲序列，脉冲序列的占空比按正弦规律变化，占空比的比值由电压幅值决定；脉冲的频率由三角波频率决定，脉冲序列可能包含各次谐波的频谱成分，但其基波由调制波决定。

等效的原则就是每一区间的面积相等。如果把正弦半波 n 等分，然后把一等分的正弦曲线与横轴所包围的面积用一个与此面积相等的矩形脉冲来代替，并且矩形脉冲的幅值保持不变，各脉冲的中点与正弦波的每一等分中点重合。这样由 n 个等幅不等宽的矩形脉冲所组成的波形就与正弦波的半波周期等效，称为 SPWM 波形。同样正弦波的负半周也可以采用同样的方法与一系列负脉冲波等效。这种正弦波正、负半周分别用正、负脉冲等效的 SPWM 波形称为单极 SPWM。产生单极 SPWM 电路如图 4-42 所示，波形如图 4-43 所示。

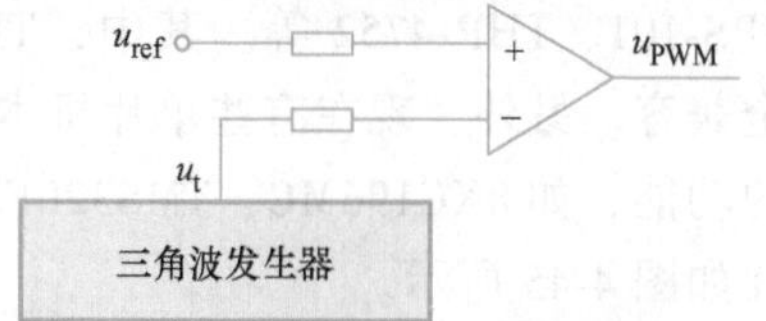

图 4-42 单极 SPWM 调制电路

图中由三角波 u_t 与正弦波 u_{ref} 一并送入电压比较器，输出即为 SPWM 调制波。

如果输出脉冲在“正”和“负”之间变化，这就得到双极 SPWM 波形。双极 SPWM 波形的调制方式和单极 SPWM 波形调制方式相似，只是输出脉冲电压的极性不同。三相双极 SPWM 调制电路及输出波形如图 4-44 所示。

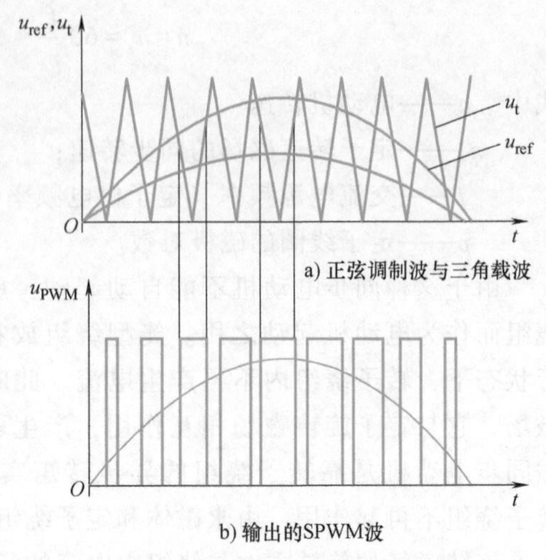

图 4-43　单极 SPWM 输出的波形

SPWM 技术是为克服直流脉宽调制（PWM）技术的缺点（其输出电压中含较大的谐波分量）而发展起来的。它从电动机的供电电源的角度出发，着眼于如何产生一个可调频、调压的三相正弦波电源。

2）专用 SPWM 集成电路。目前 SPWM 波形的生成和控制多用微机来实现，应用微机产生 SPWM 波形，其效果受到微机字长、指令功能、运算速度、存储容量等条件的限制，有时难以有很好的实时性，特别是在高频电力电子器件被广泛应用后，完全依靠软件生成 SPWM 波形的方法实际上很难适应高开关频率的要求。

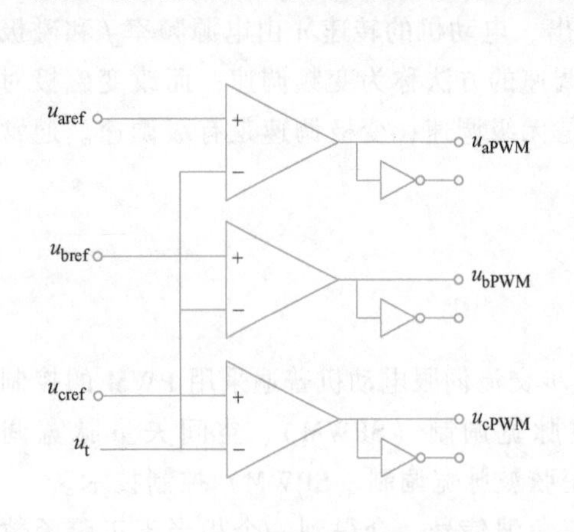

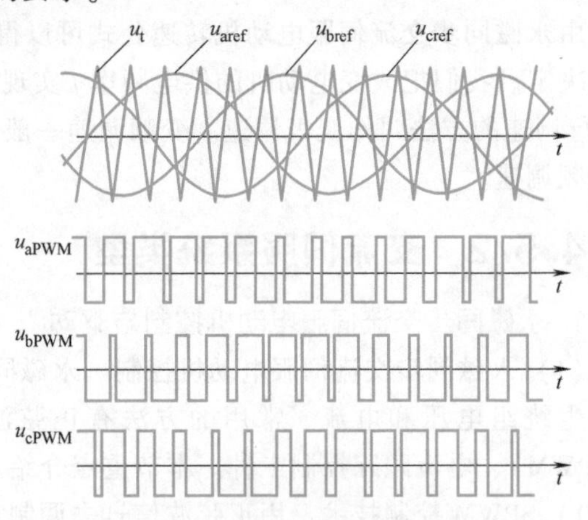

图 4-44　三相双极 SPWM 调制电路及输出波形

随着微电子技术的发展，开发出一些专门用来产生 SPWM 控制信号的集成电路芯片，应用这些芯片比用微机生成 SPWM 信号要方便得多。目前已投入市场的专用 SPWM 芯片有 Mullard 公司的 HEF4752、Siemens 公司的 SLE4520、Sanken 公司的 MB63H110，以及我国自行研制的 ZPS-101、THP-4752 等。其中，THP-4752 与 HEF4752 的功能完全兼容。另外，现在有些单片机本身就具有直接输出 SPWM 信号的功能，如 8XC196MC、TMS320F2812 等 。TMS320F2812 DSP 芯片如图 4-45 所示。

图 4-45　TMS320F2812 DSP 芯片

TMS320F2812 DSP 芯片基于高性能的 32 位 CPU，指令执行速率高达 150MIPS，具有强大的运算能力和控制功能，其功能组成框图如图 4-46 所示。芯片内集成了大容量 Flash 存储器、高速 SRAM 存储器、功能强大的事件管理器（EV）、高速 A-D 转换模块、增强型 CAN 总线通信模块、SCI 串行通信接口、SPI 串行外设接口、多通道缓冲串口、PLL 时钟模块、看门狗、定时器以及多达 56 个多路复用通用 I/O 等丰富、易用的高性能外设单元，适用于自动化设备控制、电动机数字控制、数字伺服系统控制等场合。

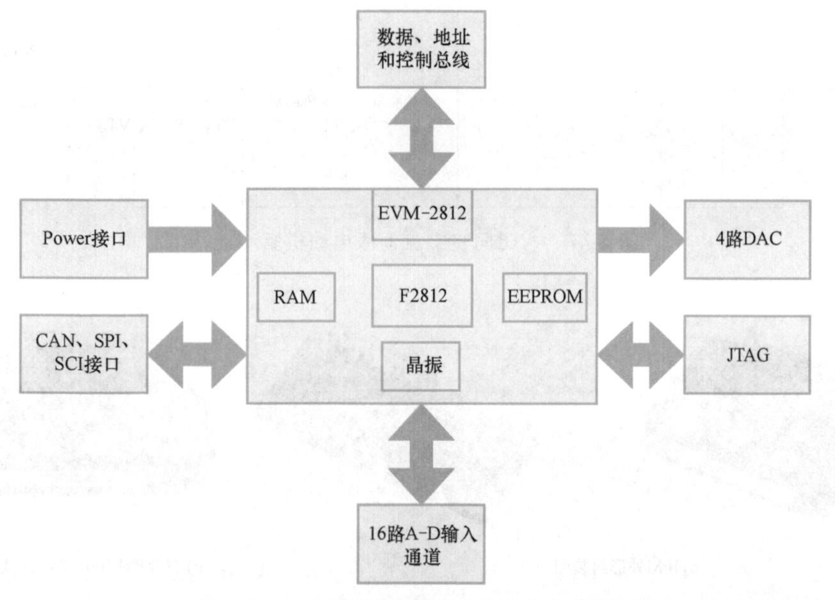

图 4-46 TMS320F2812 DSP 功能组成框图

（2）永磁同步交流伺服电动机驱动　在永磁同步交流伺服电动机中，为产生恒定的电磁转矩，一般采用 SPWM 信号驱动功率电路，在电动机三相绕组中产生正弦波的电流，从而形成连续旋转的定子圆形旋转磁场。

1）将三相双极 SPWM 电路输出双极性的信号 u_{aPWM}、u_{bPWM}、u_{cPWM} 加到逆变器的六个功放管上，就可在其输出端得到与此波形类似的三相脉冲电压信号。u_{aPWM} 输出高电平，$\overline{u}_{\mathrm{aPWM}}$ 输出低电平，则 $\mathrm{VT_1}$ 导通，$\mathrm{VT_2}$ 截止，逆变器桥臂 A 端输出$\frac{u_{\mathrm{s}}}{2}$的电压。$\mathrm{VT_1}$ 关断，$\mathrm{VT_2}$ 导通，A 端输出$-\frac{u_{\mathrm{s}}}{2}$的电压。随着 u_{aPWM} 的交替变化，a 端就会输出正负交替变化的脉冲序列。同理，在 u_{bPWM} 和 u_{cPWM} 的作用下，在逆变器 b 端和 c 端会输出基波电压相位与 A 端相差 120°和 240°的脉冲序列。这三个脉冲序列将在定子绕组中产生旋转磁场，使电动机旋转起来。其驱动电路如图 4-47 所示。

2）专用的智能功率模块 IPM。智能功率模块（Intelligent Power Module，IPM）不仅把功率器件和驱动电路集成在一起，而且内部还集成了过电压、过热、欠电压等故障监测电路，并可将监测信号送给控制电路。即使发生过载或是使用不当，也可保证 IPM 自身不受损坏。目前的 IPM 一般采用 IGBT 作为功率开关元件，并且还集成有各种传感器。IPM 正以其可靠性高、使用方便的特点赢得越来越大的市场，尤其适合制作驱动电动机的变频器，是一种较为理想的电力电子器件。其外形封装如图 4-48a 所示。常用的有日本三菱公司生产的

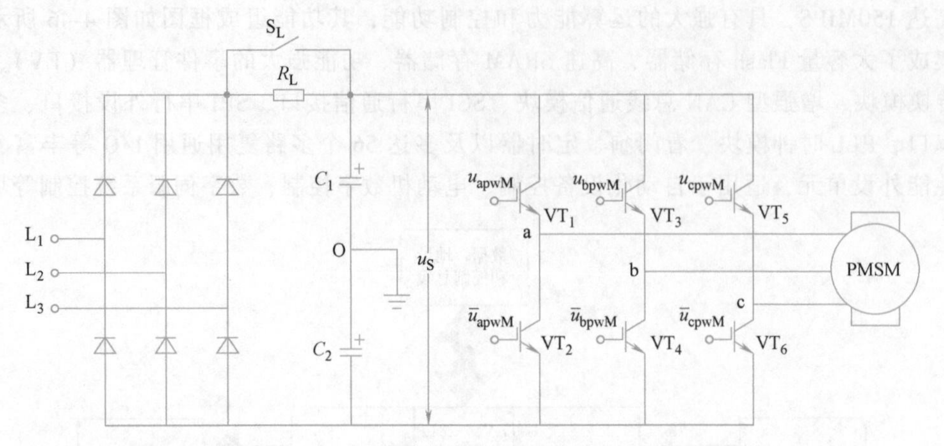

图 4-47 永磁同步交流伺服电动机驱动电路

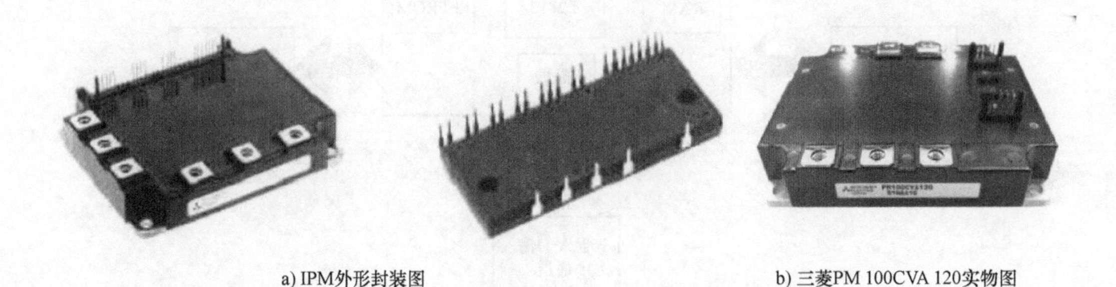

a) IPM外形封装图　　b) 三菱PM 100CVA 120实物图

图 4-48 IPM 实物图

IPM 模块系列，三菱 PM 100CVA 120 实物如图 4-48b 所示，富士 R 系列 IGBT-IPM 是应用较广泛的产品之一。

（3）交流永磁同步伺服电动机变频调速系统　系统采用的是自控式交直交电压型电动机控制方式，由整流、滤波、能耗、逆变、控制电路、三相交流永磁电动机和位置传感器 BQ 构成，其系统原理图如图 4-49 所示。

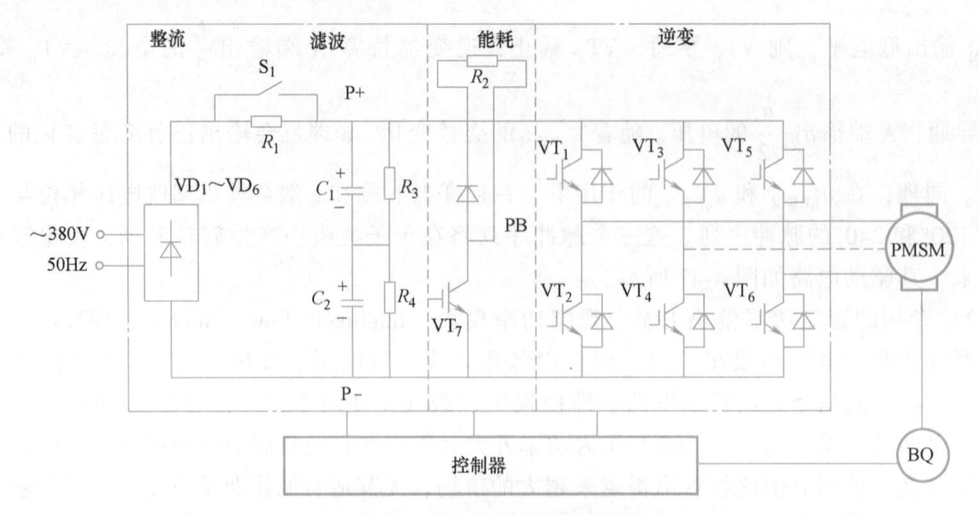

图 4-49 交流永磁同步伺服电动机变频调速系统

图中，50Hz 的市电经整流后，由三相逆变器给电动机的三相绕组供电，三相对称电流合成的旋转磁场与转子永久磁钢所产生的磁场相互作用产生转矩，拖动转子同步旋转，通过位置传感器实时读取转子磁钢位置，变换成电信号控制逆变器功率器件开关。调节电流频率和相位，使定子和转子磁动势保持稳定的位置关系，才能产生恒定的转矩。定子绕组中的电流大小是由负载决定的。定子绕组中三相电流的频率和相位随转子位置的变化而变化，使三相电流合成一个与转子同步的旋转磁场，通过电力电子器件构成的逆变电路的开关变化实现三相电流的换相，代替了机械换向器。

2. 全数字交流永磁同步伺服系统

交流伺服系统由交流伺服电动机及其驱动器组成，驱动器是系统核心部件，它直接决定整个交流伺服系统的功能和性能。相应地，在永磁交流伺服系统中，伺服电动机为正弦波永磁交流电动机。

（1）交流伺服驱动器　一个好的驱动器应该要有以下几个方面的功能和作用：能够很好地实现交流伺服系统位置、速度和转矩三种控制方式，并达到预定的输出效果，以保证系统具有较好的动、静态性能。驱动器工作原理示意图如图 4-50 所示。

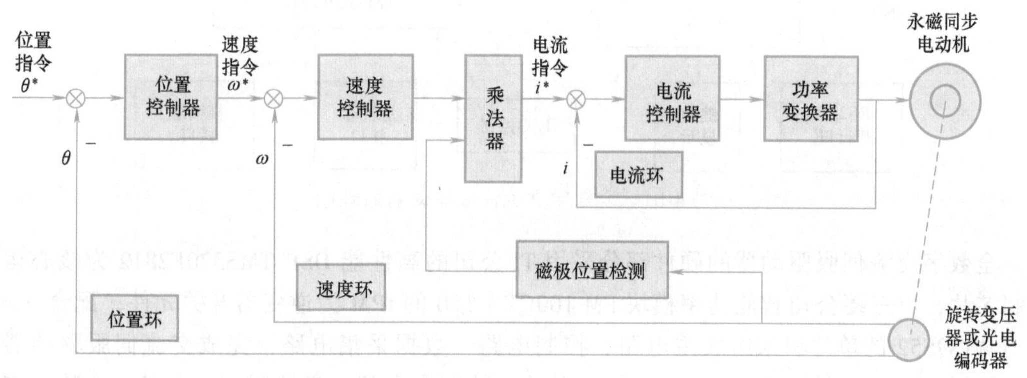

图 4-50　伺服驱动器工作原理示意图

速度指令和速度反馈信号在速度控制器的输入端进行比较，速度控制器输出电流指令信号，其表征是直流量，由于电动机为交流电动机，因此必须把该直流量交流化，同时使该交流指令的相位由转子磁极位置决定，电流指令的频率由转子磁极的旋转速度决定，并把电流指令矢量控制在与磁极产生的磁通正交的空间位置上，即可达到与直流伺服电动机相似的转矩控制。为此，将位置检测器输出的磁极位置信号，在乘法器中与直流电流指令值相乘，从而在乘法器的输出端可获得交流指令信号，交流指令信号与电流反馈信号相比较后，差值送入电流控制器，依靠电流控制回路的高速跟踪能力，使电动机定子电枢绕组中产生出波形与交流电流指令相似的正弦电流，该电流与永磁体相互作用产生电磁转矩，推动电动机运动。

功率变换器主要由整流器和逆变器两部分组成。整流器将输入的三相交流电整流成直流电，经过电容器滤波平滑后提供给逆变器作为它的直流输入电压。逆变器的作用是在脉宽调制控制信号的驱动下，将输入的直流电变成电压与频率可调的交流电，输入伺服电动机的电枢绕组中。脉宽调制回路以一定的频率产生出触发功率器件的控制信号，使功率逆变器的输出频率和电压保持协调关系，并使流入电枢绕组中的交流电流保持良好的正弦性。

（2）全数字交流伺服驱动器　全数字交流伺服驱动器不仅克服了模拟式伺服的分散性

大、零漂、低可靠性等缺点，还充分发挥了数字控制在控制精度上的优势和控制方法的灵活性。该驱动器能方便地调整和修改内部参数，改变其工作方式以期能在不同的工作环境下保持良好的工作状态；具有丰富的接口，能和其他设备或是上位机实行通信，能在现场进行调试和人机交互操作；保护设施齐全，对重要部件能实现双重和多重保护，并具有自我诊断和保护功能，一旦出现故障便能报警、停机并显示故障报告，保证系统有很高的稳定性。全数字交流伺服驱动器原理图如图 4-51 所示。

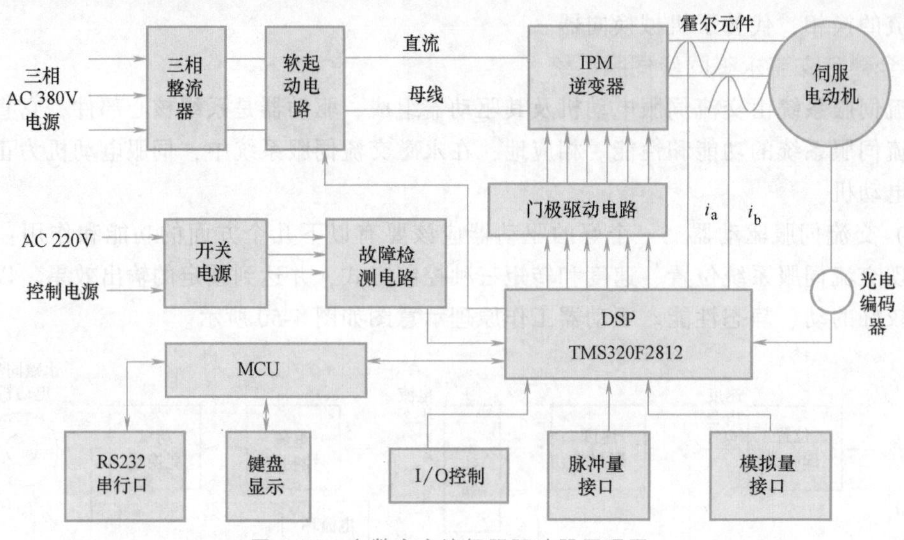

图 4-51　全数字交流伺服驱动器原理图

全数字交流伺服驱动器的硬件部分采用 TI 公司的高性能 DSP TMS320F2812 为核心运动控制芯片，以三菱公司智能功率模块 FM 100CVA 120 的 IPM 为逆变器开关元件，配合 Atrnel 公司 AT89S52 的单片机来组成主电路、控制电路、数据采集电路，完成交流伺服驱动器的位置控制、速度控制、转矩控制、JOG（点动）控制和内部速度控制、状态显示、数据交换等相关功能。

（3）全数字交流伺服系统　全数字交流伺服系统得益于 DSP 的强大的信号处理和数位运算能力。DSP 还提供了多种多样的接口电路，使驱动器的功能扩展变得十分简便，全数字交流伺服驱动器就实现了和计算机通信，方便调试程序、调整系统参数、监视系统运行情况以及故障处理。全数字交流伺服系统原理框图如图 4-52 所示。

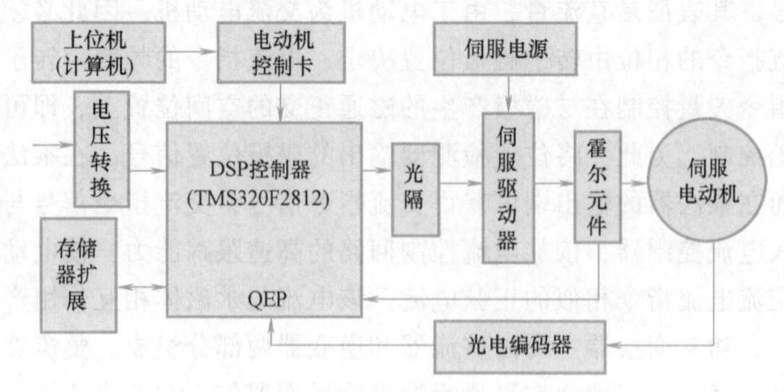

图 4-52　全数字交流伺服系统原理框图

（4）交流伺服系统的三种控制模式　交流伺服系统一共有三种控制模式，分别是位置控制模式、速度控制模式和转矩控制模式。使用较多的是位置控制模式，因为伺服一般用来做定位使用，上位机可以通过 PLC 发送 PLS（上升沿脉冲）进行控制。

1）位置控制模式。一般用于一些角度定位，或者长度定长控制场合。位置模式下，伺服接收的脉冲和伺服电动机旋转的角度成一一对应关系，上位机发送了一定数量的脉冲，就可以让伺服电动机旋转一定的圈数或者角度，而这个位置量经过传动机构就变成了对应长度。这种位置模式，实际上使用了电动机的编码器来实现速度上的闭环。

2）速度控制模式。速度环是位置环的内环，位置环的偏差可以作为速度环的给定值。它同样使用了电动机的编码器来实现速度上的闭环。速度环控制目标是伺服电动机的速度，通过上位机发来的模拟量来实现调速，也可以通过脉冲的频率来控制。

3）转矩控制模式。转矩控制方式实际就是控制电动机的电流。转矩环是速度环的内环，一般在一些需要精确控制力矩的场合才采用这种模式，比如一些卷绕和张力控制的环节，通过电流限位的模式来实现转矩控制。

4.6 伺服系统的动力方法设计

动力方法设计是在一般机械设计基础上进行的，其目的是确定伺服电动机的型号以及电动机与机械系统的参数相互匹配，但不计算控制器的参数和动态性能指标，因此这种方法属于静态设计范畴。对于电气式伺服系统来说，就是要根据伺服系统的负载情况，确定伺服电动机的型号。这就是伺服电动机与机械负载的匹配问题，即伺服系统的动力方法设计。

4.6.1 伺服系统的选型

在设计伺服系统时，当选定了伺服系统的类型以后，需要选定执行元件。

1. 伺服系统的选型步骤

1）确定机械规格：负载、刚性等参数。

2）确认动作参数：移动速度、行程、加减速时间、周期、精度等。

3）选择电动机惯量：负载惯量、电动机轴心转换惯量、转子惯量。

4）选择电动机回转速度。

5）选择电动机额定转矩：负载转矩、加减速转矩、瞬间最大转矩、实效转矩。

6）选择电动机机械位置解析度。

7）根据以上选择电动机型号。

2. 伺服电动机类型的选择

1）不需要调速的机械装置应优先选用笼型异步电动机。

2）对于负载周期性波动的长期工作机械，宜用绕线型异步电动机。

3）需要补偿电网功率因数及获得稳定的工作速度时，优先选用同步电动机。

4）只需要几种速度，但不要求调速时，宜选用多速异步电动机，采用转换开关等来切换所需要的工作速度。

5）需要大的起动转矩和恒功率调速的机械，宜选用直流电动机。

6）起、制动和调速要求较高的机械，可选用直流电动机或带调速装置的交流电动机。

3. 伺服电动机型号的选择

对于电气式伺服系统来说，就是要根据伺服系统的负载情况，确定伺服电动机的型号。这就是伺服电动机与机械负载的匹配问题，即伺服系统的动力方法设计。伺服电动机与机械负载的匹配主要是指惯量和负载转矩的匹配。

（1）惯量的匹配　在伺服系统选型时，需要先计算得知机械系统换算到电动机轴的惯量，再根据机械的实际动作要求及加工件质量要求来具体选择具有合适惯量大小的电动机。

等效负载惯量 J_L 的计算：旋转机械与直线运动的机械惯量，按照能量守恒定律，通过等效换算，均可用转动惯量来表示。转动惯量是指伺服系统中运动物体的惯量折算到驱动轴上的等效转动惯量。

1）联动回转体的转动惯量。在机电系统中，经常使用齿轮副、带轮及其他回转运动的零件来传动，传动时要进行加速、减速、停止等控制，在一般情况下，选用电动机轴为控制轴，因此，整个装置的转动惯量要换算到电动机轴上。当选用其他轴作为控制轴时，此时应对特定的轴求等效转动惯量，计算方法是相同的。

如图 4-53 所示，轴 1 为电动机轴，轴 2 为齿轮轴，它们的转速分别为 n_1 和 n_2，轴 1、小齿轮和电动机转子对轴 1 的转动惯量为 J_1，而轴 2 和大齿轮对轴 2 的转动惯量为 J_2。

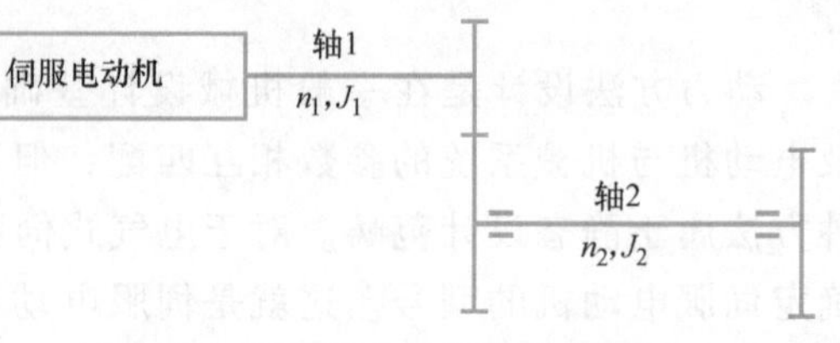

图 4-53　回转运动的等效转动惯量

回转运动的动能各为

$$E_1=\frac{1}{2}J_1\omega_1^2 \quad E_2=\frac{1}{2}J_2\omega_2^2 \tag{4-5}$$

现在的控制轴为轴 1，将轴 2 的转动惯量换算到对轴 1 的转动惯量时，根据能量守恒定理，转换时能量守恒，则

$$\frac{1}{2}J_2\omega_2^2=\frac{1}{2}[J_2]_1\omega_1^2 \quad [J_2]_1=J_2\left(\frac{\omega_2}{\omega_1}\right)^2=J_2\left(\frac{n_2}{n_1}\right)^2 \tag{4-6}$$

式中，$[J_2]_1$ 是轴 2 对轴 1 的等效转动惯量。

推广到一般多轴传动系统，设各轴的转速分别为 n_1、n_2、n_3、…、n_k，各轴的转动惯量分别为 J_1、J_2、J_3、…、J_k，所有的轴对轴 1 的等效转动惯量为

$$[J]_1=J_1+J_2\left(\frac{n_2}{n_1}\right)^2+J_3\left(\frac{n_2}{n_1}\right)^2+\cdots+J_k\left(\frac{n_k}{n_k}\right)^2=\sum_{j=1}^{k}J_j\left(\frac{n_j}{n_1}\right)^2 \tag{4-7}$$

2）直线运动物体的等效转动惯量。在机电系统中，机械装置不仅有做回转运动的部分，还有做直线运动的部分。转动惯量虽然是对回转运动提出的概念，但从本质上说它是表示惯性的一个量，线运动也是有惯性的，所以通过适当变换也可以借用转动惯量来表示它的惯性。

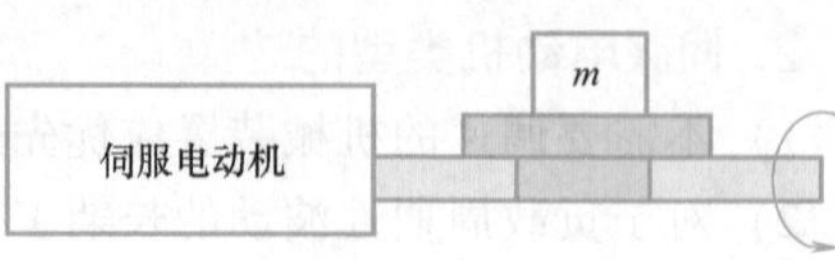

图 4-54　直线运动物体的等效转动惯量

图 4-54 表示伺服电动机通过丝杠驱动进给工作台，现在求该工作台对特定的控制轴（如电动机轴）的等效转动惯量。设 m 为工作台的质量，v 为工作台的移动速度，$[J_m]$ 为 m 对电动机轴的等效转动惯量，n 为电动机轴的转速（r/min）。直线运动工作台的动能为

$$E=\frac{1}{2}mv^2 \tag{4-8}$$

假设将此能量转换成电动机轴回转运动的能量，根据能量守恒定理得

$$E=\frac{1}{2}mv^2=\frac{1}{2}[J]_m\omega^2=\frac{1}{2}[J]_m\left(\frac{2\pi n}{60}\right)^2 \tag{4-9}$$

推广到一般情况，设有 k 个直线运动的物体，所以

$$[J]_m=\frac{900mv^2}{\pi^2 n^2} \tag{4-10}$$

由一个轴驱动，各物体的质量分别为 m_1、m_2、m_3、…、m_k，各物体的速度分别为 v_1、v_2、v_3、…、v_k，控制的转速为 n_1，则对控制轴的等效转动惯量为

$$[J]_1=\frac{900}{\pi^2}\left[m_1\left(\frac{v_1}{n_1}\right)^2+m_3\left(\frac{v_2}{n_1}\right)^2+\cdots+m_k\left(\frac{v_k}{n_1}\right)^2\right]=\frac{900}{\pi^2}\sum_{j=1}^{k}m_j\left(\frac{v_j}{n_1}\right)^2 \tag{4-11}$$

在有些机电系统中，既有做回转运动的部件，也有做直线运动的部件。综合以上两种情况就可以得到回转-直线运动装置的等效转动惯量。对特定的控制轴 1（例如电动机轴）的整个装置的等效转动惯量，按下式计算：

$$[J]_1=\sum_{j=1}^{k}J_j\left(\frac{n_j}{n_i}\right)^2+\frac{900}{\pi^2}\sum_{j=1}^{k'}m_j\left(\frac{v_j}{n_i}\right)^2 \tag{4-12}$$

式中 k——构成装置的回转轴的个数；

k'——构成装置的直线运动部件的个数；

n_i——特定控制轴 i 的转速；

n_j——任意回转轴 j 的转速；

v_j——任意直线运动部件 j 的移动速度；

J_j——对任意回转轴 j 的回转体的转动惯量；

m_j——任意直线运动部件的质量。

负载惯量 J_L 的大小对电动机的灵敏度、系统精度和动态性能有明显的影响，在一个伺服系统中，负载惯量 J_L 和电动机的惯量 J_m 必须合理匹配。

3）伺服电动机的惯量匹配原则。根据不同的电动机类型，匹配条件有所不同。

① 步进电动机由于步进电动机的起动矩频特性曲线是在空载下做出的，检查其起动能力时，应考虑惯性负载对起动频率的影响，即根据起动惯频特性曲线找出带惯性负载的起动频率，然后，再查其起动转矩和计算起动时间。当在起动惯矩特性曲线查不到带惯性负载时的最大起动频率时，可用下式近似计算：

$$f_L=\frac{f_m}{\sqrt{1+J_L/J_m}} \tag{4-13}$$

为了使步进电动机具有良好的起动能力及较快的响应速度，通常推荐

$$J_L/J_m\leqslant 4 \tag{4-14}$$

当 $J_L/J_m=3$ 时，$f_L=0.5f_m$

② 直流伺服电动机的惯量匹配与伺服电动机的种类及其应用场合有关，通常分两种情况：

ⅰ. 对于采用惯量较小的直流伺服电动机的伺服系统，通常推荐为 $J_L/J_m \leqslant 4$。

当 $J_L/J_m \geqslant 3$ 时，对电动机的灵敏度和响应时间有很大的影响，甚至使伺服放大器不能在正常调节范围内工作。

小惯量直流伺服电动机的惯量低，达 $J_m \approx 5\times10^{-3}\text{kg}\cdot\text{m}^2$，其特点是转矩-惯量比大，机械时间常数小，加速能力强，所以其动态性能好，响应快。但是，使用小惯量电动机时容易发生对电源频率的响应共振，当存在间隙、死区时容易造成振荡和蠕动，这才提出了“惯量匹配原则”，并在数控机床伺服进给系统中采用大惯量电动机。

ⅱ. 对于采用大惯量的直流伺服电动机的伺服系统，通常推荐为

$$0.25 \leqslant J_L/J_m \leqslant 4 \tag{4-15}$$

所谓大惯量是相对小惯量而言的，其数值 $J_m \approx 0.1 \sim 0.6\text{kg}\cdot\text{m}^2$。

大惯量宽调速直流伺服电动机的特点是惯量大、转矩大，且能在低速下提供额定转矩，常常不需要传动装置而与滚珠丝杠等直接相连，而且受惯性负载的影响小，调速范围大；热时间常数有的长达100min，比小惯量电动机的热时间常数2~3min长得多，并允许长时间的过载。其转矩-惯量比高于普通电动机而低于小惯量电动机，其快速性在使用上已经足够。

此外，由于其特殊构造使其转矩波动系数很小（2%），因此，采用这种电动机能获得优良低速范围的速度刚度和动态性能，因而在现代数控机床中应用较广。

交流伺服电动机的惯量匹配与直流电动机相似。

（2）负载转矩的匹配　在选择伺服电动机时，要根据电动机的负载大小确定伺服电动机的容量，即使电动机的额定转矩与被驱动的机械系统负载相匹配。若选择容量偏小的电动机，则可能在工作中出现带不动的现象，或电动机发热严重，导致电动机寿命减小；反之，若电动机容量过大，则浪费了电动机的“能力”，且相应提高了成本，这也是不可取的。在进行容量匹配时，对于不同种类的伺服电动机，其匹配方法也是不同的。

1）等效转矩的计算。在机械运动与控制中，根据转矩的性质将其分为驱动转矩 T_m、负载转矩 T_L、摩擦力矩 T_f 和动态转矩 T_a（惯性转矩），它们之间的关系为

$$T_m = T_L + T_a + T_f \tag{4-16}$$

在伺服系统的设计中，转矩的匹配都是对特定轴（一般都是电机轴）的。对特定轴的转矩称为等效转矩。如果力矩直接作用在控制轴上，就没有必要将其换算成等效力矩；否则，必须换算成等效力矩。

① 等效负载转矩 $[T_L]$ 的计算。负载转矩根据其特征可分为工作负载（由工艺条件决定）和制动转矩，它们一般由专业机械作为设计的依据提供。本书只讨论负载转矩换算成等效负载转矩的方法。如图4-55所示，轴2作用有负载转矩，将此转矩换算成对控制轴1的等效负载力矩。

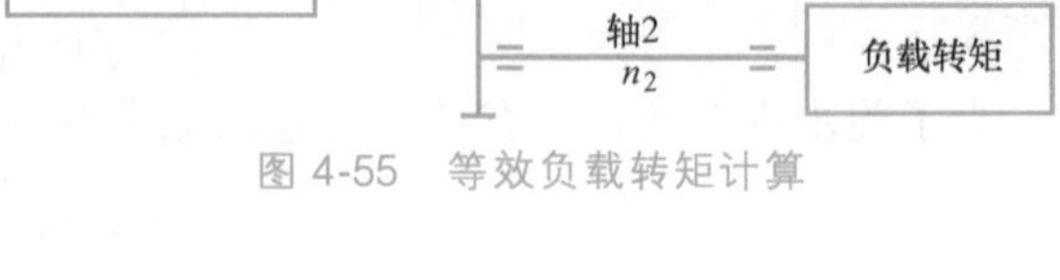

图4-55　等效负载转矩计算

根据能量守恒定理，单位时间内，轴2负载转矩所做的功与轴1等效负载转矩所做的功是相等的，所以

$$E = T\varphi = T_{L2}\frac{2\pi n_2}{60} = [T_{L2}]_1\frac{2\pi n_1}{60} \tag{4-17}$$

$$[T_{L2}]_1 = T_{L2}\left(\frac{n_2}{n_1}\right) \tag{4-18}$$

有些机械装置中有负载作用的轴不止一个，这时等效负载转矩的求法如下：

设 T_{Lj} 为任意轴 j 上的负载转矩，$[T_L]_i$ 为对控制轴 i 上的等效转矩，n_j 和 n_i 分别为任意轴 j 和控制轴 i 上的转速，k 为负载轴的个数，则有

$$[T_L]_i = T_{L1}\left(\frac{n_1}{n_i}\right) + T_{L2}\left(\frac{n_2}{n_i}\right) + \cdots + T_{Lk}\left(\frac{n_k}{n_i}\right) = \sum_{j=1}^{k} T_{Lj}\left(\frac{n_j}{n_i}\right) \tag{4-19}$$

② 等效摩擦转矩 $[T_f]$ 的计算。理论上等效摩擦转矩可以做比较精确的计算，但由于摩擦转矩的计算比较复杂（摩擦转矩与摩擦系数有关，而且在不同的条件下，摩擦系数不为常值，表现出一定的非线性，往往是估算出来的），所以在实践中等效摩擦转矩常根据机械效率做近似的估算，其基本理论依据是机械装置大部分所损失的功率都是因为克服摩擦力做功。

估算的方法是：在控制精度要求不高，或者调整部分有裕度时，可根据类似机构的数据估算机械效率 η，由此机械效率推算等效摩擦转矩。

$$\eta = \frac{[T_L]_i}{T_i} = \frac{T_1 - [T_f]_i}{T_1} \tag{4-20}$$

$$[T_f]_i = [T_L]_i\left[\frac{1}{\eta} - 1\right] \tag{4-21}$$

③ 等效惯性转矩 $[T_a]$ 的计算。电动机在变速时，需要一定的加速转矩，加速转矩的计算与电动机的加速形式有关，$[T_a]$ 的计算方法为

$$[T_a] = J_L\frac{d\omega}{dt} \tag{4-22}$$

2）伺服电动机的容量匹配原则。在进行容量匹配时，对于不同种类的伺服电动机，匹配方法也不同。

① 步进电动机的容量匹配。步进电动机的容量匹配比较简单，通常推荐为

$$T_L / T_{max} \leqslant 4 \tag{4-23}$$

式中 T_L——工作过程中电动机轴所受的最大等效负载转矩；

T_{max}——步进电动机的最大静转矩。

② 交、直流伺服电动机的容量匹配。直流伺服电动机的转矩-速度特性曲线分成连续工作区、断续工作区和加/减速工作区。直流伺服电动机的转矩-速度特性曲线如图 4-56 所示。

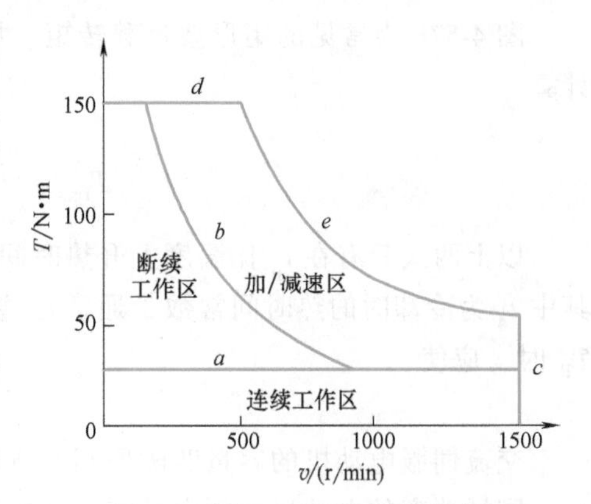

图 4-56 FB-15 型直流伺服电动机的转矩-速度特性曲线

图中 a、b、c、d、e 五条曲线组成了电动机的三个区域，描述了电动机输出转矩和速度之间的关系。在规定的连续工作区内，速度和转矩的任何组合都可长时间连续工作。而在断续工作区内，电动机只允许短时间工作或周期性间歇工作，即工作一段时间、停歇一段时间，间歇循环允许工作时间的长短因载荷大小而异。加/减速区的意思

是指电动机在该区域中供加/减速期间工作。

曲线 a 为电动机温度限制线，在此曲线上电动机达到绝缘所允许的极限值，故只允许电动机在此曲线内长时间连续运行。曲线 c 为电动机最高转速限制线，随着转速上升，电枢电压升高，换向器片间电压加大，超过一定值时有发生起火的危险。

曲线 d 中最大转矩主要受永磁材料的去磁特性所限制，当去磁超过某值后，铁氧体磁性发生变化。

由于这三个工作区的用途不同，电动机转矩的选择方法也应不同。但工程上常根据电动机发热条件的等效原则，将重复短时工作制等效于连续工作制的电动机来选择。

其基本方法是：计算在一个负载工作周期内，所需电动机转矩的均方根值及等效转矩，并使此值小于连续额定转矩，就可确定电动机的型号和规格。

常见的变转矩-加/减速控制的两种计算模型如图 4-57 所示。

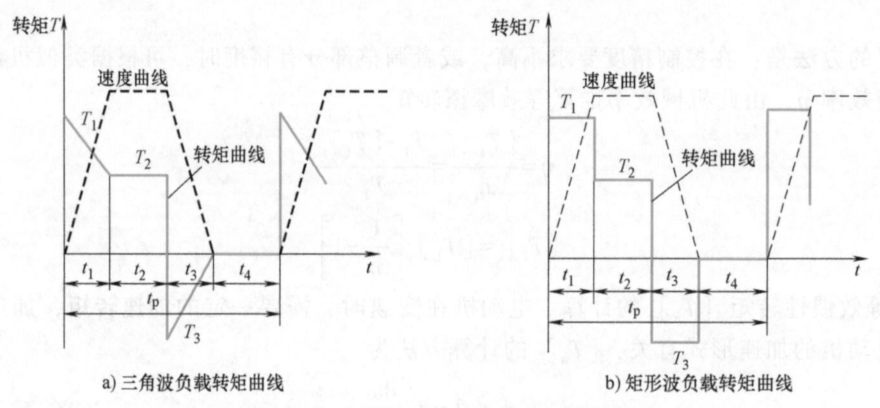

图 4-57　变转矩-加/减速控制计算模型

图 4-57a 为一般伺服系统的计算模型。根据电动机发热条件的等效原则，这种三角形转矩波在加/减速时的均方根转矩（N · m）由下式近似计算：

$$T_{\mathrm{rms}} = \sqrt{\frac{1}{t_{\mathrm{p}}}\int_0^{t_{\mathrm{p}}} T^2 \mathrm{d}t} \approx \sqrt{\frac{T_1^2 t_1 + 3T_2^2 t_2 + T_3^2 t_3}{3t_{\mathrm{p}}}} \tag{4-24}$$

式中　t_{p}——一个负载工作周期的时间，即 $t_{\mathrm{p}} = t_1 + t_2 + t_3 + t_4$。

图 4-57b 为常见的矩形波负载转矩、加/减速计算模型，其均方根转矩（N · m）由下式计算：

$$T_{\mathrm{rms}} = \sqrt{\frac{T_1^2 t_1 + 3T_2^2 t_2 + T_3^2 t_3}{t_1 + t_2 + t_3 + t_4}} \tag{4-25}$$

以上两式只有在 t_{p} 比温度上升热时间常数 t_{th} 小得多（$t_{\mathrm{p}} \leqslant t_{\mathrm{th}}/4$）且 $t_{\mathrm{p}} = t_{\mathrm{g}}$ 时才能成立，其中 t_{g} 为冷却时的热时间常数，通常这些条件均能满足。所以选择伺服电动机的额定转矩 T_{R} 时，应使

$$T_{\mathrm{R}} > T_{\mathrm{rms}} \tag{4-26}$$

交流伺服电动机的容量匹配原则及方法与直流电动机相同。

同样功率的电动机，额定转速高则电动机尺寸小，重量轻；另外，根据等效转动惯量计算公式（4-12）和等效负载的计算公式（4-19）可以得知

$$[J]_1 = \sum_{j=1}^{k} J_j\left(\frac{n_j}{n_i}\right)^2 + \frac{900}{\pi^2}\sum_{j=1}^{k'} m_j\left(\frac{v_j}{n_i}\right)^2$$

$$[T_L]_i = T_{L1}\left(\frac{n_1}{n_i}\right) + T_{L2}\left(\frac{n_2}{n_i}\right) + \cdots + T_{Lk}\left(\frac{n_k}{n_i}\right) = \sum_{j=1}^{k} T_{Lj}\left(\frac{n_j}{n_i}\right)$$

电动机转速越高，传动比就会越大，这对于减小伺服电动机的等效转动惯量，提高电动机的负载能力有利。因此，在实际应用中，电动机常工作在高转速、低转矩状态。

但是，一般机电系统的机械装置工作在低转速、高转矩状态，所以在伺服电动机与机械装置之间需要减速器匹配，从某种程度上讲，伺服电动机与机械负载的速度匹配就是减速器的设计问题。

减速器的减速比不可过大也不能太小。若减速比太小，则对于减小伺服电动机的等效转动惯量，有效提高电动机的负载能力不利；若减速比过大，则减速器的齿隙、弹性变形、传动误差等势必影响系统的性能，精密减速器的制造成本也较高。

因此，应根据系统的实际情况，在对负载分析的基础上合理地选择减速器的减速比。有关减速器的设计可参考有关资料。

4.6.2 电动机驱动器的选择

伺服驱动器是伺服系统中的核心组件之一，伺服系统的性能，不但取决于电动机自身的性能，也取决于电动机驱动器的优劣。合理选择驱动器才能提高电动机的动态转矩性能，从而提高控制系统精度。

1. 伺服电动机驱动器的选择

伺服驱动器属于伺服系统的一部分，用来控制伺服电动机，其作用类似于变频器作用于普通交流电动机，主要应用于高精度的定位系统。一般是通过位置、速度和力矩三种方式对伺服电动机进行控制，实现高精度的传动系统定位，目前是传动技术的高端产品。

选择一款合适的伺服驱动器需要考虑到各个方面，这主要根据系统的要求来选择，在选型之前，首先分析以下系统需求，比如尺寸、供电、功率、控制方式等，为选型定下方向。下面来看一下伺服驱动器的各方面参数。

1）持续电流、峰值电流。

2）供电电压、控制部分供电电压。

3）支持的电动机类型、反馈类型。

4）控制模式、接受命令的形式。

5）通信协议。

6）数字 I/O。

根据这些信息大致能选出与电动机匹配的伺服驱动器。除此之外，还要注意工作环境、温湿度情况、安装时尺寸是否合适等。

选择驱动器时不仅要考虑驱动器是否与电动机匹配，还要考虑控制方式等。伺服驱动器有三种控制方式：位置、速度、力矩模式。力矩模式和速度可以通过外界的模拟量输入或者通信命令设定，位置模式则是通过脉冲的频率和个数来确定运动的速度和运动长度。力矩模式下电动机输出一个固定的力矩，对位置、速度无法控制。位置模式对速度和位置有很严格的控制，一般用于定位装置。可根据系统的需求和上位控制类型选择合适的控制方式。

现在伺服驱动器越来越智能化，不仅支持各种类型的伺服电动机，还兼容多种类型的反馈，可接收模拟量、PWM、脉冲+方向和软件命令，通信支持CANopen、EtherCAT等；提供三环控制和换向功能、一键式调谐等；使用十分方便，有较高控制精度，使系统的性能有大幅提升，能为开发人员节省大量的时间。

2. 步进电动机驱动器的选择

步进驱动器通常根据步进电动机的电流、细分和供电电压等方面进行选择。

（1）驱动器的电流　电流是判断驱动器能力的大小和选择驱动器的重要指标之一，通常驱动器的最大电流要略大于步进电动机标称电流，通常，驱动器有2.0A、3.5A、6.0A、8.0A等规格。

（2）驱动器供电电压　供电电压是判断驱动器升速能力的标志，常规电压供给有DC24V、DC40V、DC80V、AC110V等。

（3）驱动器的细分　细分是控制精度的标志，通过增大细分能改善精度。细分能增加电动机平稳性，通常步进电动机都有低频振动的特点，通过加大细分可以改善，使电动机运行非常平稳。

习题与思考题

1. 伺服控制系统由哪几部分组成？各部分的作用是什么？
2. 工程上对伺服系统的技术要求有哪几个方面？
3. 电气伺服系统对控制电动机的要求有哪些？
4. 简述步进电动机的分类与特点。
5. 简述直流伺服电动机的分类与特点。
6. 简述交流流伺服电动机的分类与特点。
7. 简述步进电动机的工作原理。
8. 步进电动机伺服系统由哪几部分组成？各部分的作用是什么？
9. 直流伺服电动机的控制方式有哪两种？控制原理是什么？
10. 交流伺服系统的三种控制模式是什么？各有什么特点？
11. 如何选择伺服电动机驱动器？
12. 如何选择步进电动机驱动器？

第5章 CHAPTER 5 计算机控制及接口技术

主要内容

本章明确了计算机控制系统相关技术，着重阐述了计算机控制技术、计算机控制算法、接口技术及组态软件等相关知识。

重点知识

1）计算机控制技术。

2）计算机控制算法、模拟装置数字化方法及数字 PID 调节器设计。

3）接口技术的相关知识。

4）组态软件的认知。

5.1 计算机控制技术

随着自动控制技术和计算机技术的发展，计算机在工业控制方面获得了越来越广泛的应用。目前在机电一体化系统中多数是以微型计算机为核心构成的计算机控制系统。通过计算机控制，可以有效地提高产品的产量和质量，减少原材料和能源消耗，还可以实现数据统计、工况优化和控制与管理一体化，从而明显地提高企业的经济效益和自动化水平。

5.1.1 计算机控制系统认知

1. 计算机控制系统的一般概念

计算机控制系统是在自动控制技术和计算机技术的基础上产生的。没有采用计算机控制的系统一般为连续控制系统，其典型结构框图如图 5-1 所示，图中各处的信号均为模拟信号。为了对被控对象施行控制，由检测装置测得被控参数，并将此参数转换成一定形式的电信号反馈到输入端，与给定值比较后产生偏差作为控制器的输入信号，控制器按某种控制规律进行调节计算，产生控制信号驱动执行机构动作，使被控量向着减小或消除偏差的方向变化，这就是一个负反馈闭环连续控制系统的控制过程。

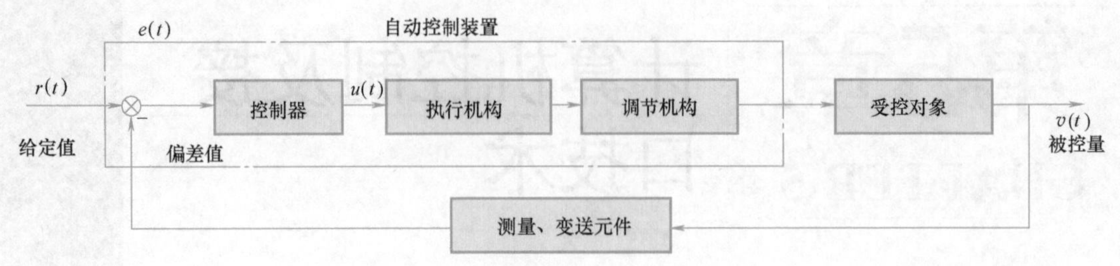

图 5-1 连续控制系统典型结构框图

如果将连续控制系统的控制器用计算机来实现，就构成了计算机控制系统，其基本框图如图 5-2 所示。由于计算机只能处理数字量，其输入和输出都是数字信号，因此要加入模-数（A-D）转换器和数-模（D-A）转换器，实现模拟信号和数字信号之间的相互转换。

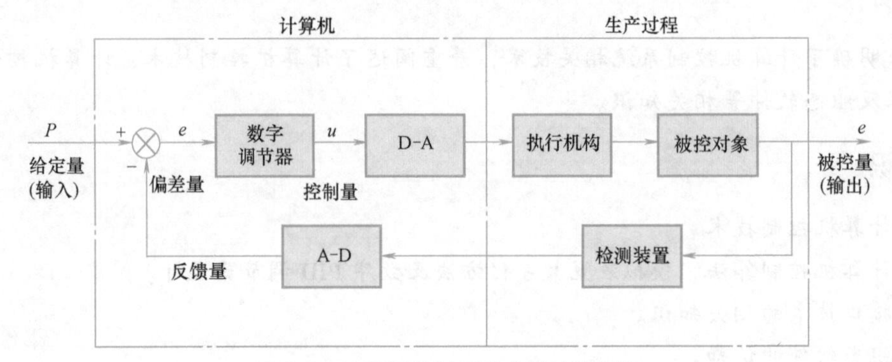

图 5-2 计算机控制系统典型结构框图

计算机控制系统的控制过程可以归纳为以下三个步骤：

1）数据采集：对被控量进行采样测量，形成反馈信号。

2）计算控制量：根据反馈信号和给定信号，按一定的控制规律，计算出控制量。

3）输出控制信号：向执行机构发出控制信号，实现控制作用。

上述三个步骤不断地重复进行，计算机控制系统便能按一定的品质指标完成控制任务，上述过程是“实时”进行的，即信号的输入、计算和输出都是在一定时间范围内即时完成的，超出这个时间就会失去控制时机，控制也就失去了意义。

在计算机控制系统中，如果生产过程中设备直接与计算机连接，生产过程直接受计算机的控制，就叫作“联机”方式或“在线”方式；反之，若生产过程中设备不直接与计算机相连接，而是通过中间记录介质，再由人进行相应的操作，则叫作“脱机”方式或“离线”方式。离线方式不能实时地对系统进行控制，一个在线控制系统不一定是实时系统，但实时控制系统必定是在线系统。

2. 计算机控制系统的组成

计算机控制系统由计算机系统和生产过程两大部分组成。计算机系统包括硬件和软件。其中硬件指计算机本身及其输入/输出通道和外部设备，是计算机系统的物质基础；软件指管理计算机的程序及系统控制程序等，是计算机系统的灵魂。生产过程包括被控对象、测量变送单元、执行机构、电气开关等装置。

（1）计算机控制系统的硬件组成　硬件是看得见摸得着的各部分器件和部件的总称。计算机控制系统的硬件包括计算机系统硬件和生产过程各部分的装置。图5-3给出了计算机控制系统的硬件组成框图。

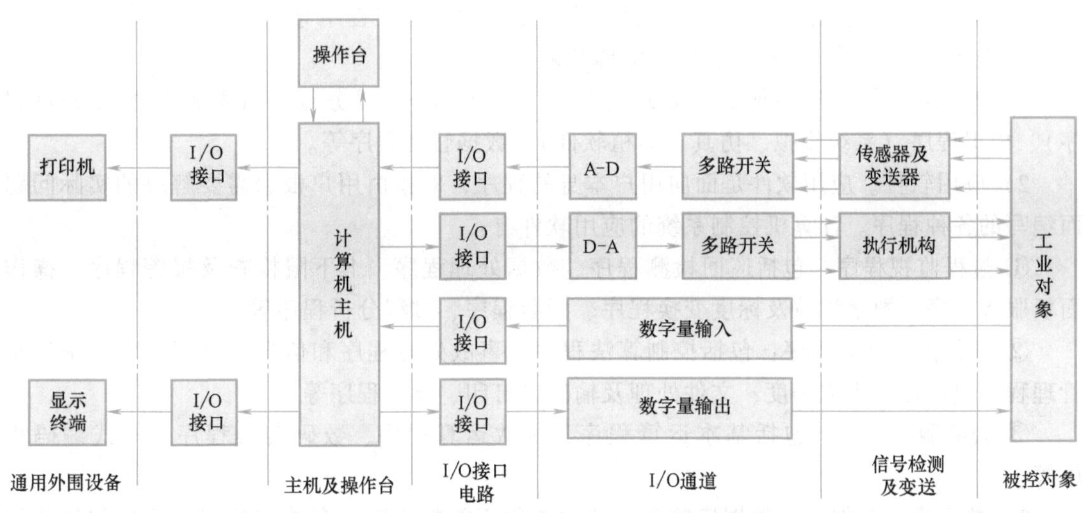

图5-3　计算机控制系统的硬件组成框图

1）计算机系统硬件，包括主机、输入/输出通道和外部设备。

① 主机：计算机控制系统的核心。主机通过接口向系统的各个部分发出各种命令，对被控对象进行检测和控制。

② 输入/输出通道：计算机和生产对象之间进行信息交换的桥梁和纽带。过程输入通道把生产对象的被控参数转换成计算机可以接收的数字信号，过程输出通道把计算机输出的控制命令和数据，转换成可以对生产对象进行控制的信号。过程输入/输出通道包括模拟量输入/输出通道和数字量输入/输出通道。

③ 外部设备：实现计算机和外界进行信息交换的设备，简称外设。包括人机联系设备（操作台）、输入/输出设备（磁盘驱动器、键盘、打印机、显示终端等）和外存储器等。

其中操作台应具备显示功能，即根据操作人员的要求，能立即显示所要求的内容，还应有按钮或开关，完成系统的启、停等功能；操作台还要保证即使操作错误也不会造成恶劣后果，即应有保护功能。

2）生产过程装置，包括测量变送单元、执行机构和被控对象。

① 测量变送单元：为了测量各种参数而采用的相应的检测元件及变送器，绝大多数情况下，被检测参数都是非电量，例如温度、压力等，需要由检测元件在测量的同时转换成电量，再经变送器转换成统一的标准电平信号，以便送入计算机处理。

② 执行机构：要控制生产过程，必须有执行机构，它是计算机控制系统中的重要部件，其功能是根据计算机输出的控制信号，产生相应的控制动作，使被控对象按要求运行，常用的执行机构有电动、液动或气动阀门，伺服电动机，步进电动机及晶闸管器件等。

（2）计算机控制系统的软件组成　软件是指能够完成各种功能的计算机程序的总和。整个计算机系统的动作，都是在软件的指挥下协调进行的，因此可以说软件是计算机系统的中枢神经。就功能来分，软件应分为系统软件、应用软件及数据库。

1）系统软件。系统软件是由计算机生产厂家提供的专门用来使用和管理计算机的程序。对于用户来说，系统软件只是作为开发应用软件的工具，不需要自己设计。系统软件包括：

① 操作系统：包括管理程序、磁盘操作系统程序、监控程序等。

② 诊断系统：指的是调试程序及故障诊断程序。

③ 开发系统：包括各种语言处理程序（编译程序）、服务程序（装配程序和编辑程序）、模拟程序（系统模拟、仿真、移植软件）、数据管理程序等。

2）应用软件。应用软件是面向用户本身的程序，即指由用户根据需要解决的实际问题而编写的各种程序。计算机控制系统的应用软件有：

① 过程监视程序：包括巡回检测程序、数据处理程序、上下限检查及报警程序、操作面板服务程序、数字滤波及标度变换程序、判断程序、过程分析程序等。

② 过程控制计算程序：包括控制算法程序、事故处理程序和信息管理程序，其中信息管理程序包括信息生成调度、文件处理及输出、打印、显示程序等。

③ 公共服务程序：包括基本运算程序、函数运算程序、数码转换程序、格式编码程序等。

3）数据库。数据库及数据库管理系统主要用于资料管理、存档和检索。相应的软件设计指如何建立数据库以及如何查询、显示、调用和修改数据等。

3. 工业控制计算机系统的基本要求

由于工业控制计算机面向机电一体化系统的工业现场，因此它的结构及工作性能与普通计算机有所不同，其基本要求如下。

（1）具有完善的过程输入/输出功能　要使计算机能控制机电一体化系统的正常运行，它必须具有丰富的模拟量和数字量输入/输出通道，以便使计算机能实现各种形式的数据采集、过程联控信息变换等，这是计算机能否投入机电一体化系统运行的重要条件。

（2）具有实时控制功能　工业控制计算机应具有时间驱动和事件驱动的能力。要能对生产的工况变化实时地进行监视和控制，当过程参数出现偏差甚至故障时能迅速响应并及时处理，为此需配有实时操作系统及过程中断系统。

（3）具有可靠性　机电一体化设备通常是昼夜连续工作，控制计算机又兼有系统故障诊断的任务，这就要求工业控制计算机系统具有非常高的可靠性。

（4）具有较强的环境适应性和抗干扰能力　在工业环境中，电磁干扰严重，供电条件不良，工业控制计算机必须具有极高的电磁兼容性，要有高抗干扰能力和共模抑制能力。此外，系统还应适应高温、高湿、振动冲击、灰尘等恶劣的工作环境。

（5）具有丰富的软件　要配备丰富的调控应用软件，建立能正确反映生产过程规律的数学模型，建立标准控制算式及控制程序。

5.1.2　工业控制计算机

在设计机电一体化系统时，必须根据控制方案、体系结构、复杂程度、系统功能等，正确地选用工业控制计算机系统。根据计算机系统软硬件及其应用特点，常用的工业控制计算机有可编程序控制器、单回路调节器、总线式工业控制计算机、分布式计算机控制系统以及单片微计算机等。

1. 可编程序控制器

可编程序控制器（Programmable Logic Controller，PLC）是从早期的继电器逻辑控制系统与微型计算机技术相结合而发展起来的。它的低端即为继电器逻辑控制的代用品，而其高端实际上是一种高性能的计算机实用控制系统。

PLC是以微处理器为主的工业控制器，处理器以扫描方式采集来自工业现场的信号。PLC的典型结构如图5-4所示。

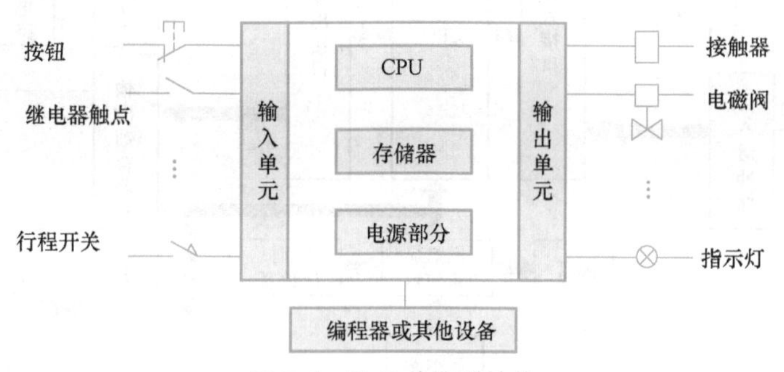

图5-4 PLC的典型结构

PLC的主要功能有条件控制即逻辑运算功能，定时控制，计数控制，步进控制，A-D、D-A转换，数据处理，级间通信等。

PLC主要有以下特点。

1）工作可靠。

2）可与工业现场信号直接连接。

3）积木式组合。

4）编程操作容易。

5）易于安装及维修。

目前微处理器的发展大大提高了PLC的性能，特别是在运行速度方面的提高，不但拉大了与继电器控制的距离，也缩小了与微型计算机功能的差别。

2. 单回路调节器

单回路调节器的结构如图5-5所示。它要处理数字和模拟两种基本信号，检测通道的模拟通入信号AI_i经A-D转换成数字信号后，存入RAM备用。输入开关量信号，通过光隔离器经PIA（Peripheral Interface Adapter，外部接口衔接器）进入RAM备用。CPU将存入RAM的各种参数和EPROM中的各种算法程序，按照系统工艺流程进行运算处理，其结果经D-A转换器、多路输出切换开关、模拟保持器和V-I转换器，最后输出至执行器。输出开关信号通过PIA及继电器隔离输出。现场整定参数、操作参数可通过侧面显示和键盘进行人-机对话，并可显示各种复杂的程序设定。

单回路调节器多用于过程控制系统，其控制算法多采用PID算法，可取代模拟控制仪表。单回路调节器的应用使一个大系统，即有多个调节回路的系统分解成若干个子系统。子系统之间可以是相互独立的，也可有一定的耦合关系。复杂的系统可由上位计算机统一管理，组成分布式计算机控制系统。

单回路调节器的主要特点如下。

1）实现了仪表和微机一体化。

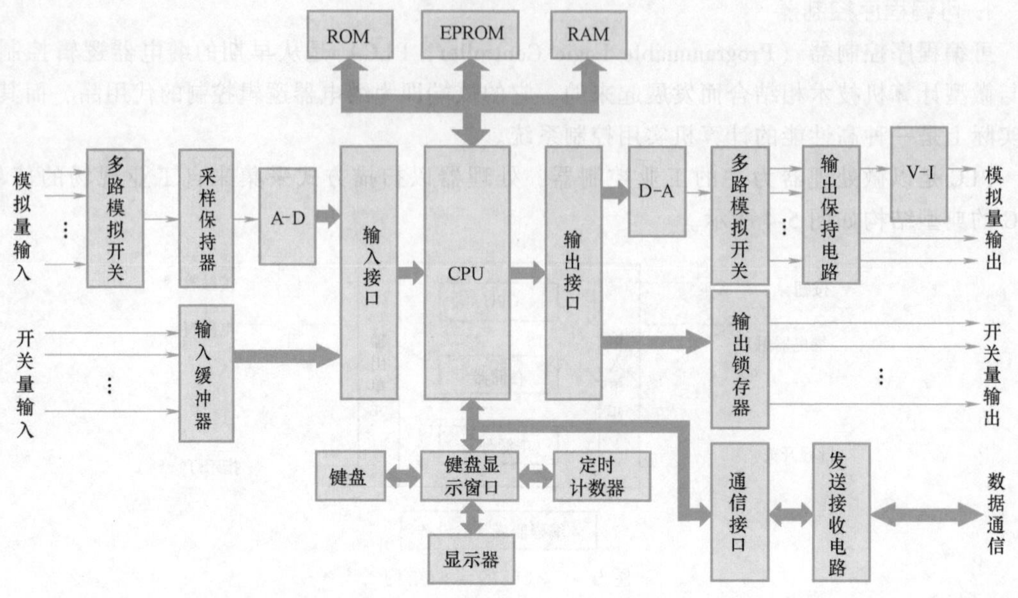

图 5-5　单回路调节器的结构

2）具有丰富的运算和控制功能。

3）有专用的系统组态器。

4）人-机接口灵活。

5）便于级间通信。

6）有继电保护和自诊断功能。

目前，单回路调节器在控制算法上实现了自适应、自校正、自学习、自诊断和智能控制等控制方式，提高性能，加速了仪表的更新换代，已成功地应用到各种过程控制领域。

3. 总线式工业控制计算机

总线式工业控制计算机即是依赖于某种标准总线，按工业化标准设计，包括主机在内的各种 I/O 接口功能模板而组成的计算机。例如，PC 总线工业控制计算机，STD 总线工业控制计算机以及 Q-BUS、Multibus、VME bus 等。总线式工业控制计算机的典型结构如图 5-6 所示。

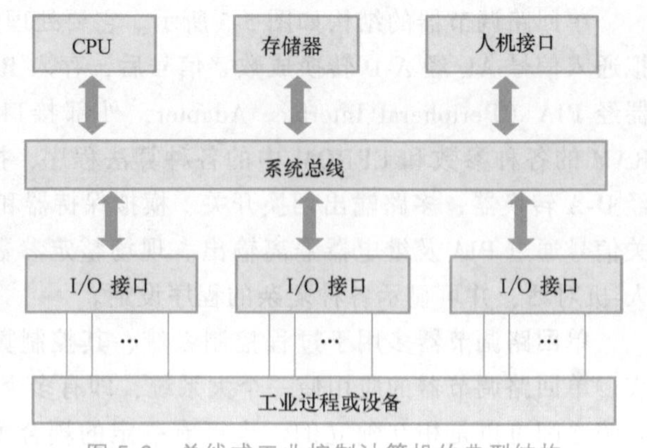

图 5-6　总线式工业控制计算机的典型结构

总线式工业控制计算机与通用的商业化计算机比较，优点是：取消了计算机系统母板；采用开放式总线结构；各种 I/O 功能模板可直接插在总线槽上；选用工业化电源；可按控制系统的要求配置相应的模板；便于实现最小系统。

目前，这类工业控制机应用较为广泛，如在过程控制、电力传动、数控机床、过程监控等方面，STD 总线工控机及 PC 总线工业控制机都有成功的经验。

特别要指出的是，总线式工业控制计算机的软件极为丰富，如 PC 总线工业控制机上可运行各种 IBM-PC 软件，STD 总线工业控制机如选择 8088 芯片的主机板，在固化 MS-DOS 及 BIOS 的支持下，也可以用 IBM-PC 的软件资源。这给程序编制、复杂控制算法等的实现创造了方便的条件。

4. 分布式计算机控制系统

分布式计算机控制系统也称为集散型计算机控制系统，简称为集散控制系统（DCS）。它实际上是利用计算机技术对生产过程进行集中监视、操作、管理和分散控制。它是由计算机技术、信号处理技术、检测技术、控制技术、通信技术和人机接口技术相互发展、渗透而产生的新型工业计算机控制系统。

集散控制系统是采用标准化、模块化和系列化设计，由过程控制级、控制管理级和生产管理级组成，以通信网络为纽带，采用集中显示操作管理、控制相对分散的多级计算机网络系统结构。它具有配置灵活、组态方便等优点。典型的具有三层结构模式的集散型控制系统如图 5-7 所示。

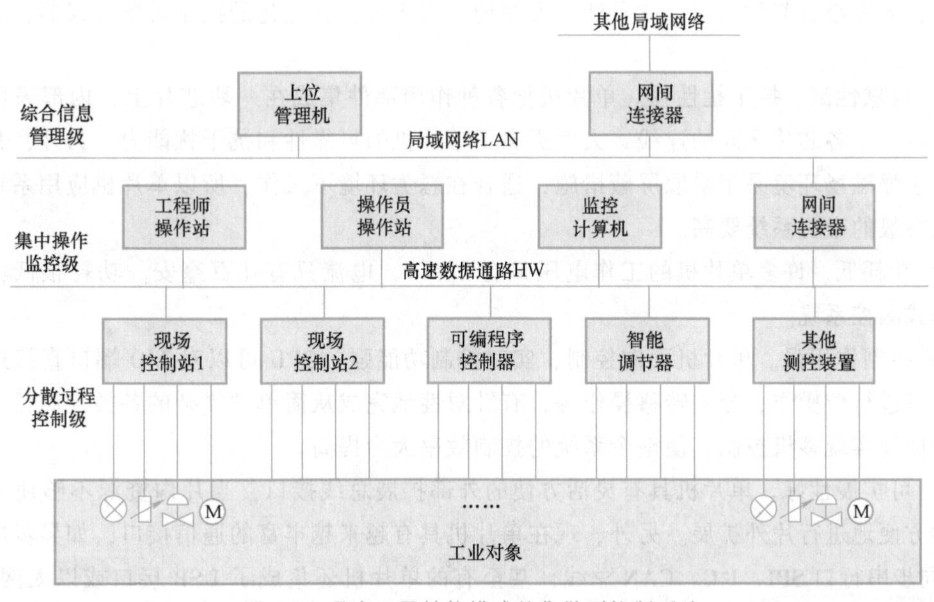

图 5-7 具有三层结构模式的集散型控制系统

集散型控制系统目前已形成产业，国外的一些厂家已生产出许多型号的产品，如霍尼韦尔（Honeywell）公司的 TDC300/PM、福克斯波罗（Foxboro）公司的 Spctrum 等。近些年，国内的一些厂家通过合资，引进联合生产出许多集散型控制系统的产品。如上海福克斯波罗有限公司的 Spectrum、I/D Series，西安横河控制有限公司的 YEWPAK，北京贝利控制有限公司的 N-90、INFI-90 等。

集散型控制系统目前已广泛地应用于大型工业生产过程控制及监测系统中，特别是在大型钢铁厂、电站、机械生产、石油化工过程控制中，都有成功应用的实例。随着工业自动化水平的提高及大规模集成电路集成度的提高和成本的不断降低，将会推动集散型控制系统的应用及技术水平的提高。它将会成为工业控制计算机的一个主要的家族成员。

5. 单片微计算机

单片微计算机是制作在一块集成电路芯片上的计算机，简称单片机。它包括中央处理器（CPU），用 RAM 构成的数据存储器，用 ROM 构成的程序存储器，定时/计数器，各种输入/输出（I/O）接口和时钟电路。它可独立地进行工作。单片机分为 4 位机（1974 年推出）、8 位机（1976 年推出）、16 位机（1982 年推出）和数字信号处理专用单片机。单片机结构框图如图 5-8 所示。

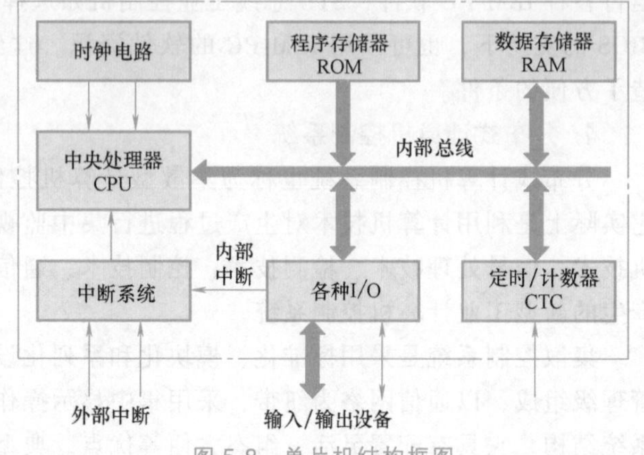

图 5-8 单片机结构框图

单片机主要有以下特点。

1）集成度高、体积小。单片机将 CPU、存储器、I/O 接口、定时器/计数器等各种作用部件集成在一块晶体芯片上，体积小、节省空间，能灵活、方便地应用于各种智能化的控制设备和仪器，实现机电一体化。

2）可靠性高，抗干扰性强。单片机把各种作用部件集成在一块芯片上，内部采用总线结构，减少了各芯片之间的连线，大大提高了单片机的可靠性和抗干扰能力。另外，其体积小，对于强磁场环境易于采取屏蔽措施，适合在恶劣环境下工作，所以单片机应用系统的可靠性比一般的微机系统要高。

3）功耗低。许多单片机的工作电压只有 2~4V，电流只有几百毫安。功耗很低，适用于便携式测控系统。

4）控制作用强。单片机面向控制，实时控制功能强，CPU 可以对 I/O 端口直接进行操作，可以进行位操作、分支转移操作等，有针对性地完成从简单到复杂的各类控制任务，同时能方便地实现多机控制，使整个系统的控制效率大为提高。

5）可扩展性好。单片机具有灵活方便的外部扩展总线接口，当片内资源不够使用时可以非常方便地进行片外扩展。另外，现在单片机具有越来越丰富的通信接口，如异步串行口 SCI、同步串行口 SPI、I^2C、CAN 总线，甚至有的单片机还集成了 USB 接口或以太网接口，这些丰富的通信接口使得单片机系统和外部计算机系统的通信变得非常容易。

6）性价比高。为了提高速度和运行效率，单片机已开始使用 RISC 流水线和 DSP 等技术。单片机的寻址能力也已突破 64KB 的限制，有的已可达到 1MB 和 16MB，片内的 ROM 容量可达 62MB，RAM 容量则可达 2MB。由于单片机的广泛使用，因而销量极大，各大公司的商业竞争更使其价格十分低廉，其性能价格比优异。

工业控制机的发展为从事机电一体化领域工作的工程技术人员提供了有力的硬件支持。如何更灵活、有效地使用工业控制机，以最好的功能、最低的成本、最可靠的工作完成机电一体化系统的设计，选择合适的工业控制机及配置是非常重要的。因此，工程技术人员应及时了解、掌握工业控制机发展的动态及产品的更新换代。表 5-1 列出了三种常用工业控制机的性能对比。

表 5-1 三种常用工业控制机的性能对比

性能指标 \ 控制装置	普通微机系统		工业控制机		可编程序控制器	
	单片(单板)系统	PC 扩展系统	STD 总线系统	工业 PC 系统	小型 PLC (256 点以内)	大型 PLC
控制系统组成	自行研制(非标准化)	配置各类功能接口板	选购标准化 STD 模板	整机已成系统,外部另行配置	按照使用要求选购相应的产品	
系统功能	简单的逻辑控制或模拟量控制	数据处理功能强,可组成功能完整的控制系统	可组成从简单到复杂的各类测控系统	本身已具备完整的控制功能,软件丰富,执行速度快	逻辑控制为主,也可组成模拟量控制系统	大型复杂的多点控制系统
通信功能	按需自行配置	已备 1 个串行口,再多,可另行配置	选用通信模板	产品已提供串行口	选用 RS232C 通信模块	选取相应的模块
硬件制作工作量	多	稍多	少	少	很少	很少
程序语言	汇编语言	汇编和高级语言均可	汇编语言和高级语言均可	高级语言为主	梯形图编程为主	多种高级语言
软件开发工作量	很多	多	较多	较多	很少	较多
执行速度	快	很快	快	很快	稍慢	很快
输出带负载能力	差	较差	较强	较强	强	强
抗电磁干扰能力	较差	较差	好	好	很好	很好
可靠性	较差	较差	好	好	很好	很好
环境适应性	较差	差	较好	一般	很好	很好
应用场合	智能仪器,单机简单控制	实验室环境的信号采集及控制	一般工业现场控制	较大规模工业现场控制	一般规模的工业现场控制	大规模工业现场控制,可组成监控网络
价格	最低	较高	稍高	高	高	很高

5.2 计算机控制算法

5.2.1 计算机控制算法认知

计算机控制系统的典型结构如图 5-9 所示。要解决的问题是根据已知的被控对象传递函数，以及给定闭环系统的性能指标设计数字调节器 $D(z)$。

设计数字调节器 $D(z)$ 有几种方法。从设计思路来看，可归纳为连续化设计法和离散化设计法。连续化设计法又称间接设计法。这种方法形成了一套系统的、成熟的、实用的设计方法，并在控制领域已被人们所熟知和掌握。因此，在设计计算机控制系统时，仍然经常使用连续系统的设计方法。首先设计出连续系统的调节器 $D(s)$，再将 $D(s)$ 所描述的连续调节规律，通过某种规则（即数字化方法），变为计算机能够实现的数字调

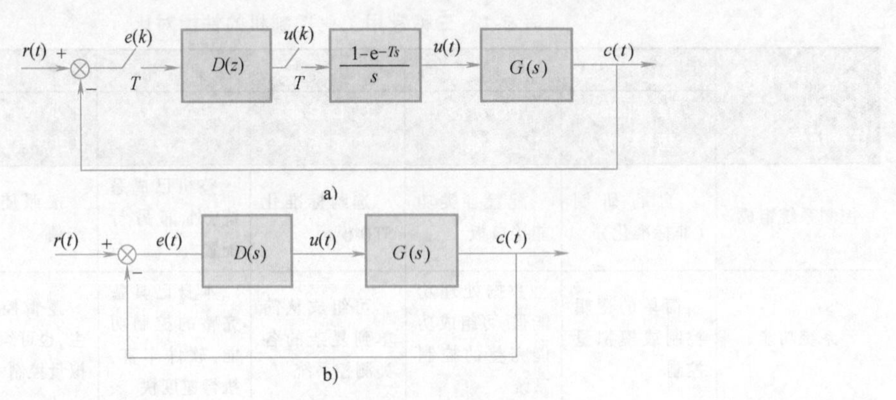

图 5-9　计算机控制系统的典型结构

节规律 $D(z)$。

离散化设计法又称直接设计法。这种方法可直接在离散域用 z 域根轨迹设计法、w 域频率特性设计法和解析设计法等设计数字调节器 $D(z)$。本节主要介绍连续化设计法，并对广泛应用的 PID（比例、积分、微分）控制算法进行讨论。

5.2.2　模拟装置数字化方法

1. 直接差分法

直接差分法是一种简单、直观的数字化方法，常用于低阶（一阶或二阶）连续装置的数字化，它可以将连续装置的微分方程近似地用差分方程表示出来，直接差分法有两种：一种是向前差分法，另一种是向后差分法。

（1）向前差分法　设某一装置的输入 $e(t)$ 与输出 $u(t)$ 可以用一阶微分方程来表示，即

$$u(t)=\frac{\mathrm{d}e(t)}{\mathrm{d}t} \tag{5-1}$$

向前差分，可将其表示为一阶差分方程，即

$$u(k)=\frac{e(k+1)-e(k)}{T} \tag{5-2}$$

其中，T 为系统对 $e(t)$ 进行采样的周期、$e(k)$、$e(k+1)$ 分别为第 k 个采样时刻和第 $k+1$ 个采样时刻的输入值，$u(k)$ 为第 k 个采样时刻的输出值。

由式（5-2）可见，式（5-1）所示的微分关系经过直接差分以后，变成了一种简单的减法和乘法（乘以 $1/T$）的关系。这样的表达式特别适合计算机处理。当然，式（5-2）是式（5-1）的一种近似表达式，其近似的程度取决于采样周期 T。T 越小，两者就越接近。类似地，二阶微分方程为

$$u(t)=\frac{\mathrm{d}^2e(t)}{\mathrm{d}t^2} \tag{5-3}$$

也可以用二阶差分方程

$$u(k)=\frac{\frac{1}{T}[e(k+1+1)-e(k+1)]-[e(k+1)-e(k)]}{T}=\frac{e(k+2)-2e(k+1)+e(k)}{T^2} \tag{5-4}$$

来表示，式（5-4）表明原来二阶微分的关系，变成了加法、减法和乘法的关系。这是直接差分法的优点。但更高阶（三阶或三阶以上）的直接差分法，出于精度较低，运算次数增多，实际中不便采用。

将式（5-2）两端进行 z 变换，可以得到

$$U(z)=\frac{1}{T}E(z)(z-1) \tag{5-5}$$

或

$$D(z)=\frac{U(z)}{E(z)}=\frac{z-1}{T} \tag{5-6}$$

而式（5-1）的拉普拉斯变换式为

$$D(s)=\frac{U(s)}{E(s)}=s \tag{5-7}$$

比较式（5-6）与式（5-7）可知，当用向前差分法将连续装置 $D(s)$ 数字化，求其相应的脉冲传递函数 $D(z)$ 时，可将 $D(s)$ 中的因子 s 直接变为 $(z-1)/T$，即

$$D(z)=D(s)\big|_{s=\frac{z-1}{T}} \tag{5-8}$$

例 1：设有一惯性环节 $D(s)=\dfrac{U(s)}{E(s)}=\dfrac{1}{T_a s+1}$，用向前差分法将其数字化。

解：根据式（5-8）的关系可得

$$D(z)=D(s)\big|_{s=\frac{z-1}{T}}=\frac{1}{T_a\dfrac{z-1}{T}+1}=\frac{T/T_a}{z-(1-T/T_a)}$$

向前差分法使差分方程与微分方程有一一对应的关系。但在实际使用当中，有时不能实现。例如式（5-2）所示的关系，要计算当前时刻的输出 $u(k)$，不仅需要知道当前时刻的输入 $e(k)$，还要知道未来时刻的输入 $e(k+1)$，这在实际应用中是无法实现的。

（2）向后差分法　向后差分法可将式（5-1）所示的微分方程近似地表示为一阶差分方程，即

$$u(k)=\frac{e(k)-e(k-1)}{T} \tag{5-9}$$

与向前差分法不同的是，这种表达关系虽然不能与原来的一阶差分方程严格对应，但式（5-9）的右端不再含有未来时刻的输入，所以在使用中是可以实现的，至于它逼近于式（5-1）的程度，仍然取决于采样周期 T，通过选择适当的 T，可以使式（5-9）具有足够高的精度。

类似地，用二阶向后差分法也可将二阶微分方程 $u(t)=\dfrac{\mathrm{d}^2e(t)}{\mathrm{d}t^2}$

表示为

$$u(k)=\frac{1}{T}\frac{[e(k)-e(k-1)]-[e(k-1)-e(k-2)]}{T}=\frac{e(k)-2e(k-1)+e(k-2)}{T^2} \tag{5-10}$$

式（5-9）两端进行 z 变换有

$$U(z)=E(z)\frac{1-z^{-1}}{T} \tag{5-11}$$

或
$$D(z)=\frac{U(z)}{E(z)}=\frac{1-z^{-1}}{T} \tag{5-12}$$

比较式（5-12）与式（5-7）所知，当用向后差分法将连续装置 $D(s)$ 数字化，求其相应的脉冲传递函数 $D(z)$ 时，可将 $D(s)$ 中的因子 s 直接用 $(1-z^{-1})/T$ 代替，即

$$D(z)=D(s)\Big|_{s=\frac{1-z^{-1}}{T}} \tag{5-13}$$

这里 $s=(1-z^{-1})/T$ 正好滞后于向前差分法的 $s=(z-1)/T$ 一个采样周期。

当连续装置的输入 $e(t)$ 与输出 $u(t)$ 具有如下关系

$$u(t)=\int_0^t e(t)\,\mathrm{d}t \tag{5-14}$$

时，可用矩形积分法将其数字化为

$$u(k)=\sum_{i=0}^{k}e(i)T=\sum_{i=0}^{k-1}e(i)T+Te(k)=u(k-1)+Te(k) \tag{5-15}$$

将式（5-15）两端进行 z 变换有

$$U(z)=z^{-1}U(z)+TE(z)$$

或
$$D(z)=\frac{U(z)}{E(z)}=\frac{T}{1-z^{-1}} \tag{5-16}$$

而式（5-14）的拉普拉斯变换式为

$$D(s)=\frac{U(s)}{E(s)}=\frac{1}{s} \tag{5-17}$$

比较式（5-16）与式（5-17），仍有

$$D(z)=D(s)\Big|_{s=\frac{1-z^{-1}}{T}} \tag{5-18}$$

而式（5-18）说明，矩形积分法与后向差分法有相同的映射关系。

例 2：设有一装置的输入 $e(t)$，输出 $u(t)$ 满足微分方程

$$u(t)=K_{\mathrm{P}}\left[e(k)+\frac{1}{T_{\mathrm{I}}}\int_0^t e(t)\,\mathrm{d}t+T_{\mathrm{D}}\frac{\mathrm{d}e(t)}{\mathrm{d}t}\right]$$

将其数字化。

解：用向后差分法和矩形积分法有

$$u(t)=K_{\mathrm{P}}\left[e(k)+\frac{1}{T_{\mathrm{I}}}\sum_{i=0}^{k}e(i)T+T_{\mathrm{D}}\frac{e(k)-e(k-1)}{T}\right]$$

$$=K_{\mathrm{P}}e(k)+\frac{K_{\mathrm{P}}T}{T_{\mathrm{I}}}\sum_{i=0}^{k}e(i)+\frac{K_{\mathrm{P}}T_{\mathrm{D}}}{T}[e(k)-e(k-1)]$$

2. 匹配 z 变换法

匹配 z 变换法是从 z 域与 s 域的映射关系出发，将［s］平面上的零、极点 $s=a$ 直接映射为 z 域上的零、极点 $z=\mathrm{e}^{aT}$，其中 T 为采样周期，这种直接映射关系可以表示为

$$D(z)=D(s)\Big|_{(s-a)=(1-z^{-1}\mathrm{e}^{aT})} \tag{5-19}$$

对于共轭复数零、极点，式（5-19）的映射关系变成

$$(s-a-\mathrm{j}b)(s-a+\mathrm{j}b)\to(1-z^{-1}\mathrm{e}^{aT}\mathrm{e}^{\mathrm{j}bT})(1-z^{-1}\mathrm{e}^{aT}\mathrm{e}^{-\mathrm{j}bT})$$
$$=1-2z^{-1}\mathrm{e}^{aT}\cos(bT)+z^{-2}\mathrm{e}^{2aT} \tag{5-20}$$

匹配 z 变换法的这种映射关系还应保证映射前后的增益相等，设

$$D(s)=\frac{K_s(s-a_1)\cdots(s-a_m)}{(s-b_1)\cdots(s-b_n)} \tag{5-21}$$

映射后

$$D(z)=\frac{K_z(1-z^{-1}\mathrm{e}^{a_1T})\cdots(1-z^{-1}\mathrm{e}^{a_mT})}{(1-z^{-1}\mathrm{e}^{b_1T})\cdots(1-z^{-1}\mathrm{e}^{b_nT})} \tag{5-22}$$

映射后应使

$$\lim_{z\to1}D(z)=\lim_{s\to0}D(s)$$

即

$$K_z=\lim_{s\to0}D(s)\lim_{z\to1}\frac{(1-z^{-1}\mathrm{e}^{b_1t})\cdots(1-z^{-1}\mathrm{e}^{b_nt})}{(1-z^{-1}\mathrm{e}^{a_1t})\cdots(1-z^{-1}\mathrm{e}^{a_mt})} \tag{5-23}$$

这种离散化方法应用于具有因式分解形式的传递函数时，比较方便。

例 3：设一连续装置的传递函数为 $D(s)=\dfrac{(s+4)(s+1.5)}{(s+10)}$，当采样周期 $T=0.01\mathrm{s}$ 时，用匹配 z 变换法将其离散化。

解：由式（5-22）有

$$D(z)=\frac{K_z(1-z^{-1}\mathrm{e}^{-4\times0.01})(1-z^{-1}\mathrm{e}^{-1.5\times0.01})}{(1-z^{-1}\mathrm{e}^{-10\times0.01})}$$
$$=\frac{K_z(1-0.96z^{-1})(1-0.985z^{-1})}{1-0.9z^{-1}}$$
$$K_z=\lim_{s\to0}D(s)\lim_{z\to1}\frac{1-0.9z^{-1}}{(1-0.96z^{-1})(1-0.985z^{-1})}$$
$$=0.6\times\frac{1}{6\times10^{-3}}=100$$

最后得

$$D(z)=\frac{100(1-0.96z^{-1})(1-0.985z^{-1})}{1-0.9z^{-1}}$$

3. 双线性变换法

双线性变换法也称突斯汀（Tustin）法，是实际控制系统中比较常用的一种离散化方法，根据 z 变换定义得

$$z=\mathrm{e}^{Ts}=\mathrm{e}^{\frac{Ts}{2}}/\mathrm{e}^{-\frac{Ts}{2}} \tag{5-24}$$

将 $\mathrm{e}^{\frac{Ts}{2}}$ 和 $\mathrm{e}^{-\frac{Ts}{2}}$ 展成泰勒级数，并取前两项有

$$\mathrm{e}^{\frac{Ts}{2}}\approx1+\frac{Ts}{2},\mathrm{e}^{-\frac{Ts}{2}}\approx1-\frac{Ts}{2}$$

于是可得

$$z=\frac{1+\frac{Ts}{2}}{1-\frac{Ts}{2}} \tag{5-25}$$

从中解出 s，得双线性变换的近似表达式为

$$s=\frac{2}{T}\frac{1-z^{-1}}{1+z^{-1}} \tag{5-26}$$

根据式（5-26）的变换关系，如果连续装置的传递函数为 $D(s)$，则其离散化后的脉冲传递函数为

$$D(z)=D(s)\bigg|_{s=\frac{2}{T}\frac{1-z^{-1}}{1+z^{-1}}} \tag{5-27}$$

式（5-27）表明，当

$$D(s)=\frac{U(s)}{E(s)}=s \tag{5-28}$$

时，则

$$D(z)=\frac{U(z)}{E(z)}=\frac{2}{T}\frac{1-z^{-1}}{1+z^{-1}} \tag{5-29}$$

或

$$\frac{U(z)+z^{-1}U(z)}{2}=\frac{E(z)-z^{-1}E(z)}{T} \tag{5-30}$$

与其相应的差分方程为

$$\frac{u(k)+u(k-1)}{2}=\frac{e(k)-e(k-1)}{T} \tag{5-31}$$

将式（5-31）与式（5-9）的向后差分法比较可知，在双线性变换中，用 $u(k)$ 和 $u(k-1)$ 两点的平均值代替了向后差分法中的 $u(k)$。所以双线性变换法比直接差分法具有更高的精度，但在使用中比直接差分法繁杂一些。

例 4：用双线性变换法求

$$D(s)=\frac{T_1s+1}{s(T_2s+1)}$$

的离散化模型。

解：将式（5-26）的变换关系代入 $D(s)$ 有

$$D(s)=\frac{T_1\frac{2}{T}\frac{1-z^{-1}}{1+z^{-1}}+1}{T_2\left(\frac{2}{T}\frac{1-z^{-1}}{1+z^{-1}}\right)^2+\frac{2}{T}\frac{1-z^{-1}}{1+z^{-1}}}=\frac{2T_1T(1-z^{-2})+T^2(1-z^{-1})^2}{4T_2(1-z^{-1})^2+2T(1-z^{-2})}$$

$$=\frac{(2T_1T+T^2)+2T^2z^{-1}+(T^2-2T_1T)z^{-2}}{(4T_2+2T)-8T_2z^{-1}+(4T_2-2T)z^{-2}}$$

4. 连续化设计方法的一般步骤

图 5-9 所示为典型的计算机控制系统的框图。为了应用连续系统的设计方法，首先对

图 5-9a 所示系统按照连续系统（图 5-9b）的设计方法进行设计。

利用设计连续系统所熟知的方法，如频率特性法、根轨迹法等，首先设计出假想的连续调节器的传递函数 $D(s)$，然后利用模拟装置的数字化方法，求出近似的、等效的脉冲传递函数 $D(z)$，最后根据 $D(z)$ 得到数字调节器的差分方程，编制成计算机程序由计算机实现。

在使用连续系统的设计方法时，没有考虑到实际计算机控制系统中存在的零阶保持器的影响，如果系统的采样周期为 T，那么零阶保持器的影响大体上相当于在系统中附加一个 $T/2$ 的滞后环节。因此，这种设计方法只适合于系统的采样周期相对于系统时间常数较小的情况，否则，实际系统的特性与设计要求相比将明显变差。下面，通过一个例子来说明这种方法的设计过程。

已知某伺服系统被控对象的传递函数为

$$G(s)=\frac{1}{s(10s+1)} \tag{5-32}$$

要求满足的性能指标为

1）速度品质系数

$$K_v \geqslant 1$$

2）过渡过程时间

$$t_s \leqslant 10\text{s}$$

3）阶跃响应超调量

$$M_p\% \leqslant 25\% \tag{5-33}$$

要求设计满足上述要求的数字控制器 $D(z)$。

第一步：设计连续调节器 $D(s)$。根据被控对象传递函数式（5-32）及性能指标式（5-33），利用熟知的连续控制系统的设计方法不难设计出能够满足要求的连续调节器的传递函数 $D(s)$。例如求得

$$D(s)=\frac{10s+1}{s+1} \tag{5-34}$$

这是典型的超前-滞后校正。根据 $D(s)$ 可以求得系统的闭环传递函数

$$\Phi(s)=\frac{D(s)G(s)}{1+D(s)G(s)}=\frac{1}{s^2+s+1} \tag{5-35}$$

不难验证，闭环连续系统满足式（5-32）的性能指标。

第二步：选择采样周期 T。由于实际的校正装置由计算机实现，式（5-32）只是校正装置的连续形式。为便于计算机实现，需将 $D(s)$ 离散化为 $D(z)$，为此，首先需要确定采样周期 T。采样周期对于控制系统有着明显的、直接的影响，在计算机控制系统中是一个重要的控制参数。但是，它与其他参数之间又没有一个确定的、简单的解析关系，所以，实际设计过程中需要根据对象的情况和设计要求以及以往的经验进行选择，并且一般要经过不止一次的修正才能最后确定。采样周期的初步选择可以根据经验公式

$$\omega_s=\frac{2\pi}{T}\geqslant(10\sim15)\omega_c \tag{5-36}$$

确定。其中，ω_s 是采样角频率，ω_c 是校正以后系统（开环）的剪切频率。在本例

中，由

$$D(s)G(s)=\frac{1}{s(s+1)} \tag{5-37}$$

可知，校正后开环系统的剪切频率为

$$\omega_c=1 \tag{5-38}$$

因此可取

$$T\leqslant\frac{2\pi}{15} \tag{5-39}$$

考虑到 $D(z)$ 后面的零阶保持器的影响，这里取 $T=0.2\text{s}$。

第三步：计算脉冲传递函数 $D(z)$。利用匹配 z 变换法可求得

$$D(z)=D(s)\big|_{(s-a)=(1-z^{-1}e^{aT})}=\frac{K_z(1-z^{-1}e^{-0.1T})}{(1-z^{-1}e^{-T})} \tag{5-40}$$

$$=K_z\frac{(1-z^{-1}e^{-0.1\times0.2})}{(1-z^{-1}e^{-0.2})}=K_z\frac{(z-0.98)}{(z-0.82)}$$

再根据增益不变的原则，应有

$$\lim_{z\to1}D(z)=\lim_{s\to0}D(s) \tag{5-41}$$

从而有

$$K_z=\lim_{s\to0}D(s)\lim_{z\to1}\frac{(z-0.82)}{(z-0.98)}=9 \tag{5-42}$$

将 $K_z=9$ 代入式（5-40）有

$$D(z)=9\frac{(z-0.98)}{(z-0.82)} \tag{5-43}$$

第四步：将数字调节器的脉冲传递函数

$$D(z)=\frac{U(z)}{E(z)}=\frac{9(z-0.98)}{(z-0.82)} \tag{5-44}$$

化为差分方程，有

$$u(k)=0.82u(k-1)+9e(k)-8.82e(k-1) \tag{5-45}$$

式（5-45）即为计算机控制中，数字调节器的输入/输出表达式。可根据这个表达式编制程序对被控制对象 $G(s)$ 进行控制。

第五步：校核、设计完成后，要对整个闭环系统进行校核。有条件时，可用计算机进行数字仿真。本例的仿真结果是

$$M_p\%=20.6\%,t_s=5.35\text{s}$$

5.2.3 数字 PID 调节器设计

1. 基本数字 PID 调节器

PID 调节器由于能够较好地兼顾系统动态控制性能的稳态性能，因此在工程中得到了很普通的应用。PID 调节器的控制机理已为控制系统领域的人们所熟悉，将传统的 PID 调节器用计算机予以实现，是设计计算机控制系统的一种简便、常用的方法。

在连续系统中，模拟 PID 调节器输入/输出之间的关系可用微分方程表示为

$$u(t)=K_P\left[e(t)+\frac{1}{T_I}\int_0^t e(t)\,dt+T_D\frac{de(t)}{dt}\right] \tag{5-46}$$

式中 $e(t)$——调节器的输入，即系统的偏差；

$u(t)$——调节器的输出；

T_I——积分时间常数；

T_D——微分时间常数；

K_P——比例系数。

设计数字 PID 调节器，首先应把式（5-46）数字化，设 T 为采样周期，并且它的值相对于被采样信号 $e(t)$ 的变化周期是很短的。这样，就可以用前面所讲的离散化方法，在式（5-46）中，用矩形积分代替连续积分，用后向差分代替微分，于是式（5-46）可以写成

$$u(k)=K_P\left[e(k)+\frac{1}{T_I}\sum_{i=0}^{k}e(i)T+T_D\frac{e(k)-e(k-1)}{T}\right] \tag{5-47}$$

$$=K_Pe(k)+K_I\sum_{i=0}^{k}e(i)+K_D[e(k)-e(k-1)]$$

式中 $K_I=\frac{K_PT}{T_I}$——积分系数；

$K_D=\frac{K_PT_D}{T}$——微分系数；

T——采样周期；

$e(k)$——第 k 个采样时刻的输入值；

$e(k-1)$——第 k-1 个采样时刻的输入值；

$u(k)$——第 k 个采样时刻的输出值。

式（5-47）中，令

$$u_I(k)=K_I\sum_{i=0}^{k}e(i),u_I(k-1)=K_I\sum_{i=0}^{k-1}e(i)$$

则式（5-47）还可写成

$$u(k)=K_Pe(k)+K_I\sum_{i=0}^{k-1}e(i)+K_Ie(k)+T_D[e(k)-e(k-1)]$$

$$=K_Pe(k)+u_I(k-1)+K_Ie(k)+T_D[e(k)-e(k-1)] \tag{5-48}$$

式（5-48）称为位置式 PID 控制算式。计算机按该式算出的是控制全量，也即对应于执行机构每次所达到的位置，通过保持器加在被控对象 $G(s)$ 的输入端，如图 5-10 所示。式（5-48）的 $u_I(k-1)$ 为第 $k-1$ 个采样时刻积分器的输出值，它是从 $i=0$ 一直到 $i=k-1$ 所有 $K_Ie(i)$ 的累加值，是通过积分作用的逐步累加得到的，并且当 $k<0$ 时

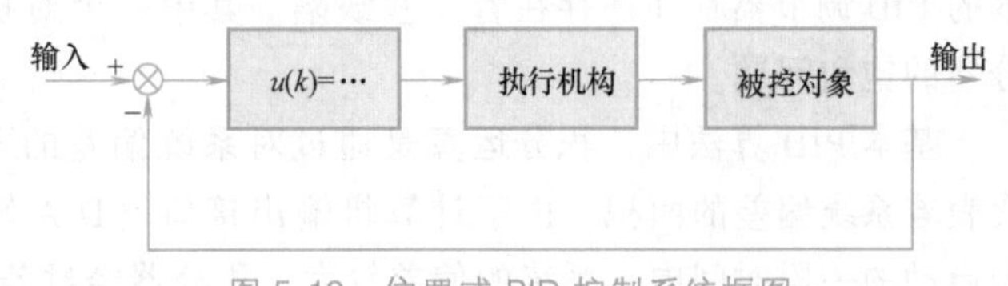

图 5-10 位置式 PID 控制系统框图

$$u_I(k-1)=0 \tag{5-49}$$

尽管在式（5-48）的右端，第一项、第三项和第四项中都存在着同类项 $e(k)$，但在实际处理时，一般并不能将它们合并。这是因为在实际运行中，数字 PID 调节器的控制参数

K_P、K_I、K_D 都应能够分别进行调整，以方便现场调试。除此之外，由于积分器往往需要加入积分限幅环节，这时也不允许将 $e(k)$ 与其他项合并。

式（5-48）实际系统常用的位置式 PID 算式，控制机理明确，算法简捷，只需三次乘法、三次加法和一次减法。并且只要将其中的一个或两个参数置 0，就可获得 P、I、D、Pl、PD、PID 等不同的控制方式，也可以对其中任何一种调节器的输入/输出特性进行单独测试，以观察它的控制作用，这些都大大地方便了调节器的设计和现场调试过程。所以式（5-48）在实际中得到了普遍的应用。

有些被控制对象带有积分性质的执行机构（如步进电动机等），这时数字调节器就不能使用式（5-48）所表示的位置式算法，而应使用增量式算法。

根据式（5-48）的递推关系，可以写出

$$u(k-1)=K_P e(k-1)+K_I\sum_{i=0}^{k-1}e(i)T+T_D[e(k-1)-e(k-2)] \tag{5-50}$$

用式（5-48）减去式（5-50），有

$$\begin{aligned}\Delta u(k)&=u(k)-u(k-1)\\&=K_P[e(k)-e(k-1)]+K_I e(k)+T_D[e(k)-2e(k-1)+e(k-2)]\end{aligned} \tag{5-51}$$

式（5-51）就是 PID 调节器的增量式算法，与其相应的控制系统如图 5-11 所示。由式（5-51）可见，增量式 PID 算法不会出现积分饱和问题，因为积分项的值为 $e(k)$，始终为一有限值，与位置式算法相比，这是它的一个优点。

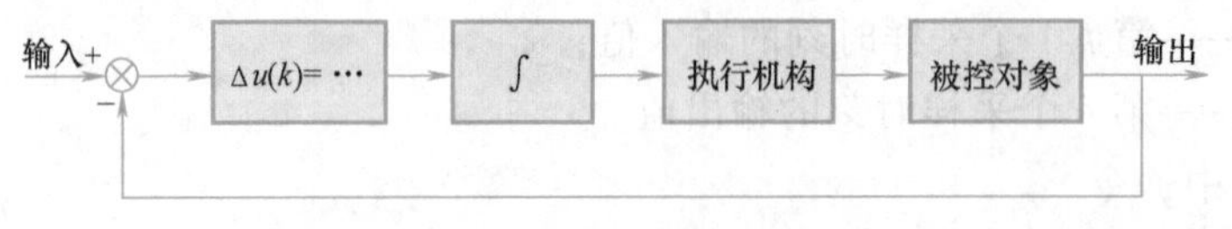

图 5-11　增量式 PID 控制系统的框图

应当指出，数字 PID 调节器的设计，是采用位置式算法还是增量式算法，应根据被控对象的要求而定。当被控对象要求调节器输出位置量时，就采用位置式算法，当被控对象要求调节器输出位置的增量时，应采用增量式算法。

2. 数字 PID 调节器的改进

（1）积分算法的改进　在上面叙述了基本 PID 调节器的形式。在实际使用中，这种基本的 PID 调节器往往还存在着一些缺陷。其中一个对控制系统的影响比较大的问题就是积分器的饱和问题。

基本 PID 算法中，积分运算是通过对系统偏差的不断累加而实现的，积分器的积分值代表着系统偏差的面积。由于计算机输出接口（D-A 转换器）的字长是有限的，当系统在刚启动的一段时间内，系统的偏差较大，积分器经过若干个采样周期的积分运算以后，其积分结果就会超过计算机输出接口所能表示的最大数值，从而使调节器从线性工作区进入饱和区。进入饱和区以后，调节器便失去了调节能力，系统在调节器饱和输出值的作用下，以最大的加速度运动，一直到系统出现较大幅度的，并且持续时间较长的超调以后，在较大的负偏差的作用下，才能将积分器从饱和区拉到线性区，这就是积分饱和问题。被控对象的惯性越大，这种积分饱和现象就越严重。为使数字调节器尽可能工作在线性区，可以采用积分分离的方法。积分分离的基本思路是：设置一个积分分离阈值 ε（$\varepsilon>0$），在系统的给定值画出一条带域，其宽度为 2ε。当被调量与设定值偏差较大时，取消积分作用，以免由于积分作用使系统的稳定性降低，超调量增大；当被控量接近给定值时，引入积分控制，以便消除静差，提高控制精度。积分分离 PID 切换原理如图 5-12 所示。

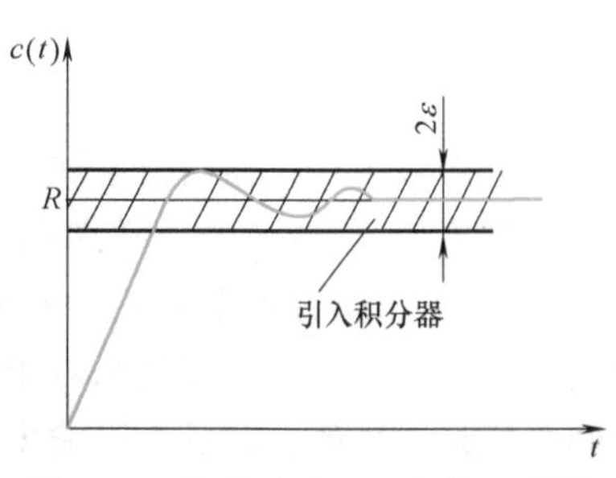

图 5-12　积分分离 PID 切换原理图

在系统启动初期，系统的偏差较大时，暂时切除积分器（将积分系数 K_I 置 0）；当系统的输出接近给定值（进入到带域之内）时，再将积分器投入，即

$$
\begin{cases}
u(k)=K_Pe(k)+K_D[e(k)-e(k-1)] & |e(k)|>\varepsilon \\
u(k)=K_Pe(k)+K_I\sum_{i=0}^{k}e(i)+K_D[e(k)-e(k-1)] & |e(k)|\leqslant\varepsilon
\end{cases}
\tag{5-52}
$$

积分器分离值可作为积分分离 PID 调节器的一个设计参数，算法程序将系统的偏差 $e(k)$ 的绝对值与 ε 进行比较，然后根据式（5-52）做出使用 PID 调节器还是 PD 调节器的决策。由于 ε 与系统其他参数之间没有简单的解析关系，所以 ε 的值要在调试过程中根据系统的具体情况而定。由式（5-52）可见，当 ε 的值很大时，调节器将失去积分分离的作用。积分分离 PID 调节器的结构图如图 5-13 所示。

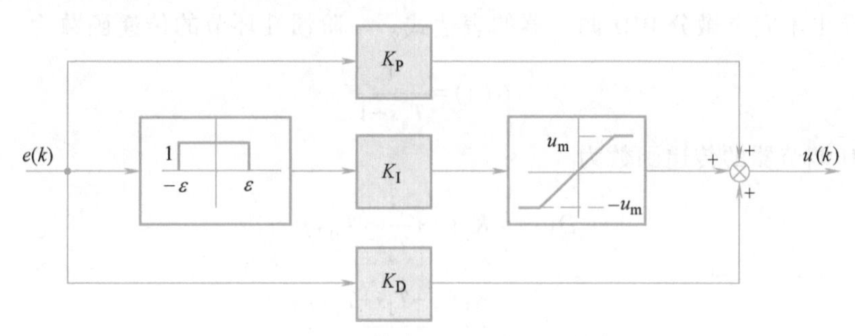

图 5-13　积分分离 PID 调节器的结构图

（2）微分算法的改进　PID 调节器的微分作用对于克服系统的惯性、减小超调、抑制振荡起着重要的作用，但在数字 PID 调节器中，微分部分的调节作用并不很明显，甚至没有什么调节作用，这可以从以下的分析中看出。

在式（5-48）中，微分部分的输出为

$$u_D(k)=K_D[e(k)-e(k-1)] \tag{5-53}$$

两端进行 z 变换得

$$U_D(z)=K_DE(z)(1-z^{-1}) \tag{5-54}$$

当调节器的输入信号 $e(k)$ 为阶跃信号时，则

$$E(z)=\frac{1}{1-z^{-1}} \tag{5-55}$$

从而得到微分部分的输出序列为

$$u_D(0)=K_D$$
$$u_D(1)=0$$

$$u_D(2)=0$$

$$\cdots$$

微分部分的输入输出关系如图 5-14 所示。由图可见，在第一个采样周期之内，微分器输出为常值 K_D，第一个采样周期以后，$u_D(k)$ 一直为 0。由此可见，微分控制作用的持续时间只有一个采样周期。通常，一个采样周期相对于控制系统的过渡过程时间来说是很短的，并且由于输出装置受到驱动能力的限制，所以输出的幅度不会无限大。因此微分作用的控制能量（阴影部分的面积）往往是很小的，不足以克服系统的惯性，而且对系统的控制作用也是很不明显的。数字微分器的控制作用与连续微分调节器的控制作用相比相差甚远，达不到期望的控制效果。相反，对于频率较高的干扰信号又比较敏感，使系统极易受到噪声信号的干扰。因此，对于基本数字 PID 调节器中的微分作用进行改进是非常必要的。

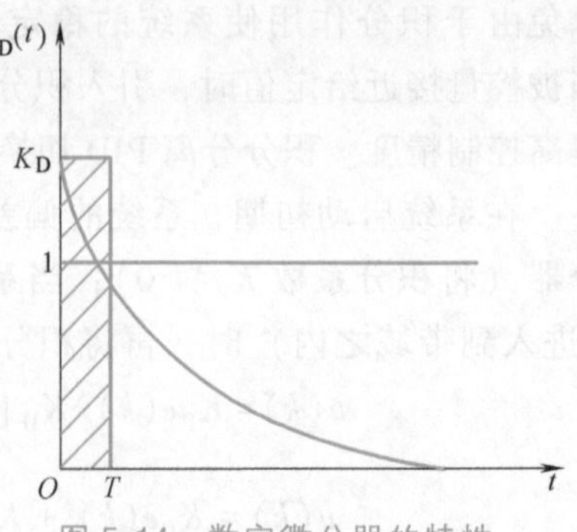

图 5-14　数字微分器的特性

改进微分作用常用的方法有两种：一种是采用微分平滑的方法，即取四点输入信号的微分加权平均值为微分器的实际输出；另一种是采用不完全微分 PID 的方法，不完全微分 PID 调节器是在一般 PID 调节器串入一个一阶惯性环节而构成。

下面来导出不完全微分 PID 调节器的表达式。一阶惯性环节的传递函数为

$$G(s)=\frac{1}{T_a s+1} \tag{5-56}$$

常规 PID 调节器的传递函数为

$$\begin{aligned}D(s)&=K_P\left(1+\frac{1}{T_I s}+T_D s\right)\\&=\frac{K_P(1+T_I s+T_I T_D s^2)}{T_I s}\\&=\frac{K_1(T_1 s+1)+(T_2 s+1)}{T_1 s}\end{aligned} \tag{5-57}$$

式中，$T_I=T_1+T_2$，$T_D=\dfrac{T_1T_2}{T_1+T_2}$，$K_P=K_1\dfrac{T_I}{T_1}$

将 $G_a(s)$ 与 $D(s)$ 相串联，并设 $T_a=\beta T_2$，得到不完全微分 PID 调节器的传递函数为

$$\begin{aligned}D_a(s)=G_a(s)D(s)&=\frac{K_1(T_1 s+1)(T_2 s+1)}{T_1(T_a s+1)}\\&=\frac{T_2 s+1}{\beta T_2 s+1}K_1\left(1+\frac{1}{T_1 s}\right)\end{aligned} \tag{5-58}$$

式中 $\beta>0$，为不完全微分系数，调节 β 的值，可以调节微分作用的持续时间。$K_1=K_P T_1/T_I$ 为比例系数。T_1 为积分时间常数，T_2 为微分时间常数。

与式（5-57）对应的不完全微分 PID 调节器的原理图如图 5-15 所示。

下面讨论不完全微分 PID 调节器的实现过程。由图 5-15 可以得到

$$T_2\frac{\mathrm{d}e(t)}{\mathrm{d}t}+e(t)=\beta T_2\frac{\mathrm{d}m(t)}{\mathrm{d}t}+m(t) \tag{5-59}$$

设系统的采样周期为 T，化成差分方程为

$$(T+\beta T_2)m(k)-\beta T_2 m(k-1)=(T_2+T)e(k)-T_2 e(k-1) \tag{5-60}$$

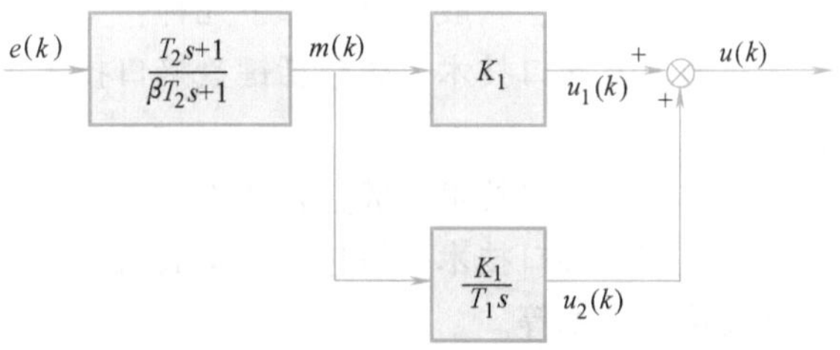

图 5-15　不完全微分 PID 调节器框图

整理得微分部分的输出为

$$m(k)=\frac{\beta T_2}{T+\beta T_2}m(k-1)+\frac{T_2+T}{T+\beta T_2}e(k)-\frac{T_2}{T+\beta T_2}e(k-1) \tag{5-61}$$

比例部分的输出为

$$u_1(k)=K_1 m(k) \tag{5-62}$$

积分部分的输出为

$$u_2(k)=\frac{K_1}{T_1}\sum_{i=0}^{k}m(i)T=\frac{K_1}{T_1}\sum_{i=0}^{k-1}m(i)T+\frac{K_1}{T_1}m(k)T$$

$$=u_2(k-1)+\frac{K_1}{T_1}m(k)T \tag{5-63}$$

最后得到不完全微分 PID 调节器的输出为

$$u(k)=u_1(k)+u_2(k) \tag{5-64}$$

当调节器参数 K_P、T_1、T_D、β 及采样周期 T 确定以后，即可按式（5-61）、式（5-62）、式（5-63）、式（5-64）计算出调节器的输出 $u(k)$。不完全微分调节器的阶跃响应如图 5-16 所示。

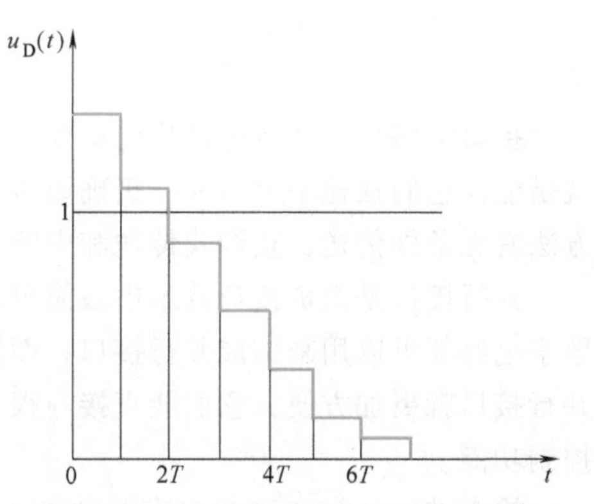

图 5-16　不完全微分调节器的阶跃响应

5.3　接口技术

5.3.1　接口技术认知

在计算机控制系统中，从计算机的角度来看，除主机外的硬设备，统称为外围设备。接口技术是研究主机与外围设备交换的技术，它在计算机控制系统中占有相当重要的地位。外界的信息是多种多样的，有电压、电流、压力、速度、频率、温度、湿度等各种物理量，计算机控制系统在实际工作时，通过检测通道的接口对这些量加以检测，经过计算机及判断后，将计算结果及控制信号输出到控制通道的接口，对被控对象加以控制。此外，为了方便操作人员与计算机的联系，并及时了解系统输出及输入的工作状态，接口技术中还应包括人机通道的接口。对于多台计算机同时工作的计算机控制系统，为了便于整体控制及资源共享，各个系统间应当有系统间通道接口，接口有通用和专用之分，外部信息的不同，所采用

的接口方式也不同，一般可分为如下几种：

人机通道及接口技术一般包括键盘接口技术、显示接口技术、打印接口技术、软磁盘接口技术等。

检测通道及接口技术一般包括 A-D 转换接口技术、V-F 转换接口技术等。

控制通道及接口技术一般包括 F-V 转换接口技术、D-A 转换接口技术、光电隔离接口技术、开关接口技术等。

系统间通道及接口技术一般包括：公用 RAM 区接口技术，串行口技术等。

由于篇幅限制，本节只介绍并行输入/输出接口、D-A 转换接口和 A-D 转换接口等。

5.3.2 并行输入/输出接口

并行接口传输的是数字量和开关量。数字量一般指以 8 位二进制形式所表示的数字信号，例如来自数字电压表的数据。开关量指只有两个状态的信号，如开关的合与断。开关量只用一位二进制（0 或 1）就可表示，字长 8 位的微机一次可以输入/输出 8 个这样的开关量。

接口电路处于运行速度快的微处理器与运行速度比较慢的外设之间，它的一个重要功能就是能使它们在速率上匹配，正确地传送数据。有多种方法可以解决这个问题，通常使用的方法有无条件传送、查询式传送和中断传送。

并行接口是微机接口技术中最简单，也是最基本的一种方式，如三态缓冲器、锁存器等数字电路都可以用来构成并行接口。而用可编程的 8255、PIO 这类大规模集成电路芯片组成并行接口就更加方便，它们能直接与很多外设相连而无须附加任何逻辑电路，并且具有中断控制功能。

输入/输出（I/O）接口有两种寻址方式：存储器寻址方式和输入/输出口寻址方式。在存储器寻址方式中，接口和存储器统一编址，是将 I/O 接口当作存储单元一样，赋给它存储地址，这些地址是存储器地址的一部分。这样，访问存储器的指令也能访问接口了。在输入/输出口寻址方式中，采用 I/O 独立编址方式，用专门的 I/O 指令来对接口地址进行操作。这种寻址方式的优点是不占用存储器地址，因而不会减小存储器容量。由于有专门的 IN（INPUT）和 OUT（OUTPUT）指令，因此比用存储器读写指令执行速度快。

1. 无条件传送

在微机应用中，有些场合，微机与外设间几乎不需有任何的同步，即输出口永远可以立即发送微机送来的信息，可以随时通过输入口读取外设的信息。这种场合可采用无条件传送，输入/输出接口电路示意图如图 5-17 所示。它由输入缓冲器、输出锁存器和译码电路三部分组成。

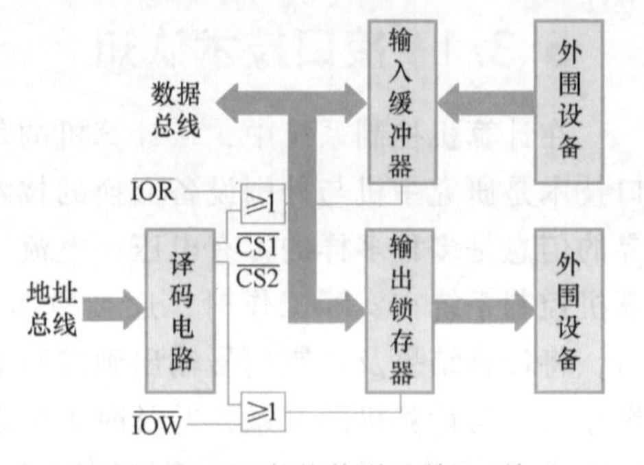

图 5-17　无条件传送的输入/输出接口电路示意图

输入缓冲器在外设信息与数据总线之间起隔离缓冲作用。在执行 IN 指令周期时，产生 $\overline{IOR}$ 及片选信号 $\overline{CS1}$，则被测外设的信息通过缓冲器（三态门）送到微机的数据总线，然后装入 AL 寄存器。设片选口地址为 Port1，可用如下指令来完成取数：

```
MOV    DX, Port1
IN     AL, DX
```

输出锁存器锁存 CPU 送来的信息。驱动此电路可用如下指令：

```
MOV    AL, DATA
MOV    DX, Port2
OUT    DX, AL
```

DATA 表示要输出的量。

2. 查询式传送

不是所有的输入/输出设备随时都可以同计算机进行输入或输出操作，为了取得协调，经常采用微机查询输入/输出设备的某种标志，如代表忙或不忙，准备好或未准备好等信息，以决定是否进行数据传输。图 5-18 表示了一种标志位，微机读取输入设备的 READY/$\overline{\text{BUSY}}$ 信号，当 $D_0=1$ 时，便可以打开三态门缓冲器，将数据取走，并同时用使三态门输出允许的信号将外设 READY/$\overline{\text{BUSY}}$ 信号清零，以使其再一次准备数据，重复上述过程。

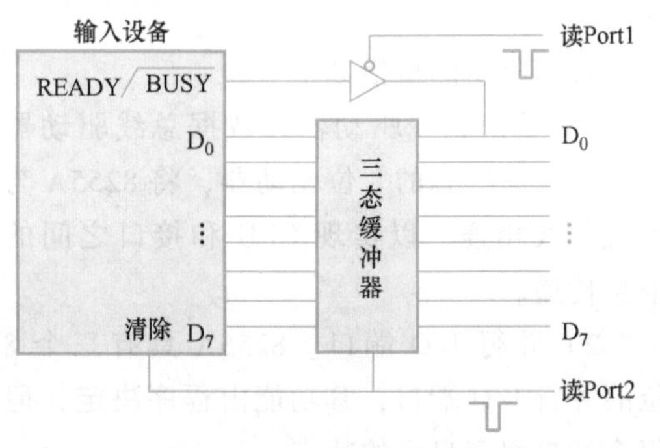

图 5-18 查询式传送

简单的测试程序如下：

```
LOOP: MOV   DX, Port1
IN     AL, DX
TEST   AL, 01H
JNZ    RECEIVE
JMP    LOOP
RECEIVE: MOV   DX, Port2
IN     AL, DX
MOV    BUFFER, AL
```

BUFEER 表示缓冲寄存器。

3. 中断式传送

查询式传送浪费微机的时间，为提高微机的运行效率，可用中断式传送。当外设准备好时，产生中断请求信号，微机响应后，马上去接收其输出的数据。图 5-19 示出了这种线路，其中 U_2 为允许中断寄存器，当微机允许外设中断时，可用 OUT 指令将其置成“1”状态，这样外设准备好信号的前沿将把 U_1 置成 1，并通过打开的三态门，成为中断请求信号，以产生硬中断，准备好信号的后

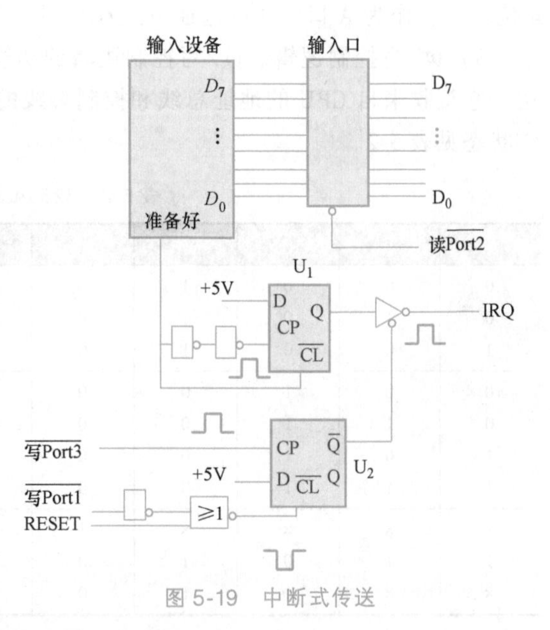

图 5-19 中断式传送

沿将 U_1 置成 0，以准备下次再产生中断。

4. 8255A 可编程并行接口芯片

（1）8255A 内部结构　8255A 是 Intel 公司生产的可编程序并行输入/输出接口芯片，它具有 3 个 8 位的并行 I/O 端口，通过程序可设定三种工作方式，使用灵活方便，通用性强；可作为计算机系统总线与外围设备连接的中间接口电路。8255A 的内部结构框图如图 5-20 所示，其中包括三个并行数据输入/输出端口，两个工作方式控制电路，一个读/写控制逻辑电路和 8 位数据总线驱动器。

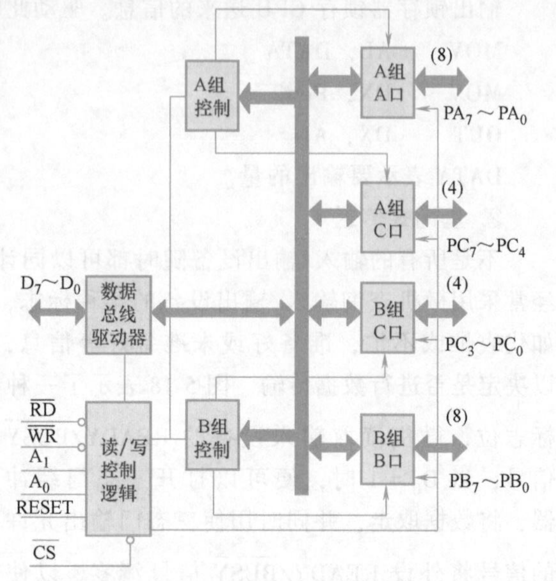

图 5-20　8255A 内部结构框图

各部分功能概括如下：

1）数据总线驱动器。数据总线驱动器是一个双向三态的 8 位驱动器，将 8255A 与系统总线相连，以实现 CPU 和接口之间的信息传递。

2）并行 I/O 端口。8255A 具有三个 8 位的并行 I/O 端口，其功能由程序决定，但每个端口都有自己的特点。

① A 口：具有一个 8 位数据输出锁存/缓冲器和一个 8 位数据输入锁存器。

② B 口：具有一个 8 位数据输出锁存/缓冲器和一个不带锁存器的 8 位数据输入缓冲器。

③ C 口：具有一个 8 位数据输出锁存/缓冲器和一个不带锁存器的 8 位数据输入缓冲器。

通常情况下，A 口和 B 口作为数据输入/输出端口，C 口在方式字控制下，可分为两个 4 位端口，作为 A 口、B 口选通方式操作时的状态控制信号。

3）读/写控制逻辑。读/写控制逻辑的功能用于管理所有的数据、控制字或状态字的传送。它接收来自 CPU 的地址总线和控制总线的输入，控制 A 组和 B 组。8255A 的各端口操作状态见表 5-2。

表 5-2　8255A 的端口操作状态

A_1	A_0	$\overline{RD}$	$\overline{WR}$	$\overline{CS}$	所选端口	操作状态
0	0	0	1	0	A 口	A 口数据→数据总线
0	1	0	1	0	B 口	B 口数据→数据总线
1	0	0	1	0	C 口	C 口数据→数据总线
0	0	1	0	0	A 口	数据总线→A 口
0	1	1	0	0	B 口	数据总线→B 口
1	0	1	0	0	C 口	数据总线→C 口
1	1	1	0	0	控制字寄存器	数据总线→控制字寄存器
×	×	×	×	1	未选通	数据总线→三态
1	1	0	1	0	非法	非法状态
×	×	1	1	0	非法	非法状态

4）A 组和 B 组控制。每个控制块接收来自读/写控制逻辑的命令和内部数据总线的控制字，并向对应端口发出适当的命令。

A 组控制——控制端口 A 及端口 C 的高 4 位。

B 组控制——控制端口 B 及端口 C 的低 4 位。

（2）8255A 的工作方式　8255A 有三种工作方式，即方式 0、方式 1 和方式 2。图 5-21 是三种工作方式的示意图。

1）方式 0——基本输入/输出方式。在这种方式下，A、B、C 三个口中的任何一个都可提供简单的输入和输出操作，不需要应答式联络信号，数据只是简单地写入指定的端口，或从端口读出。当数据输出时，可被锁存；当数据输入时，不能锁存。

2）方式 1——选通输入/输出方式。这是一种能够借助于选通或应答式联络信号，把 I/O 数据发送给指定的端口或从该端口接收 I/O 数据的工作方式。在这种方式中，端口 A 和端口 B 的输入数据和输出数据都被锁存。

3）方式 2——带选通双向总线 I/O 方式。这种方式下，端口 A 为 8 位双向总线端口，端口 C 的 $PC_7 \sim PC_3$，用来作为输入/输出的控制同步信号。应该注意的是，只有端口 A 允许作为双向总线口使用，此时端口 B 和 $PC_2 \sim PC_0$ 则以可编程方式 0 或方式 1 工作。

（3）8255A 编程　8255A 的编程是通过对控制端输入控制字的方式实现的。当 CPU 通过输出指令将控制字送入 8255A 内部的控制字寄存器时，各个端口的工作方式便确定了，如需要改变端口的工作方式，则需重新送入控制字，控制字由 8 位组成，有方式选择控制字和 C 口置/复位控制字。

1）方式选择控制字：方式选择控制字的格式如图 5-22 所示。

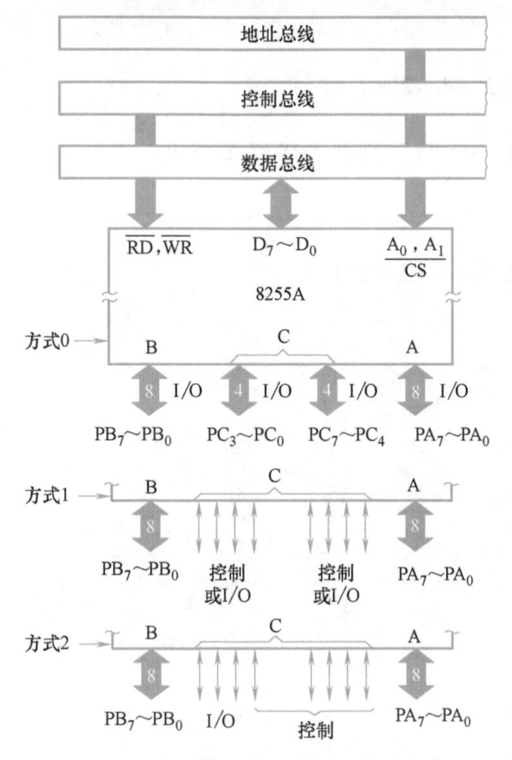

图 5-21　8255A 三种工作方式示意图

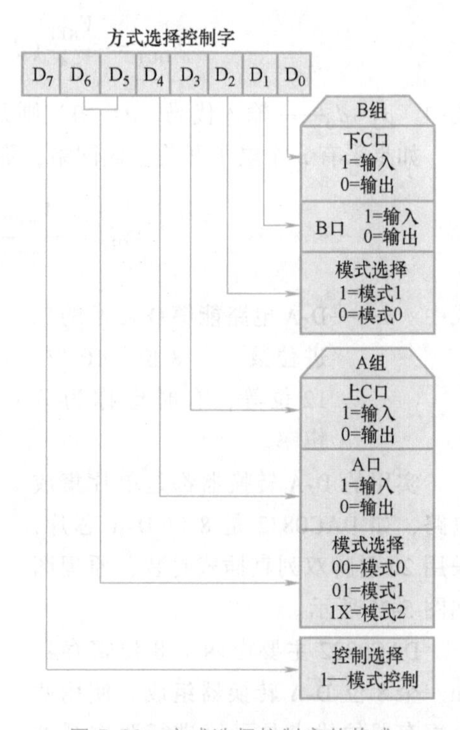

图 5-22　方式选择控制字的格式

例如，输入方式选择控制字 95H（10010101B），可将 8255A 编程为端口 A 方式 0 输入，端口 B 方式 1 输出，端口 C 的上半部分（$PC_7 \sim PC_4$）输出，端口 C 的下半部分（$PC_3 \sim PC_0$）输入。

2）C 口置/复位控制字：C 口置/复位控制字的格式如图 5-23 所示。

例如，输入 C 口置/复位控制字 05H（00000101B），可将 8255A 的 PC_2 置 1，输入 C 口置/复位控制字 06H（00000110B），可将 8255A 的 PC_3 复位至 0。

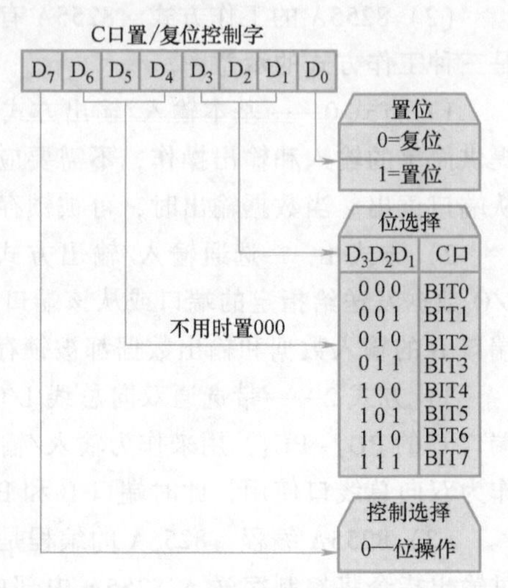

图 5-23　C 口置/复位控制字的格式

5.3.3　数-模（D-A）转换接口

在微机控制系统中，很多被检测和控制的对象用的是模拟量，而微机只能输入/输出数字量，这就存在一个数-模（D-A）转换和模-数（A-D）转换问题。

D-A 转换器是指将数字量转换成模拟量的电路，它由权电阻网络、参考电压、电子开关等组成，典型的 R-$2R$ 网络 D-A 原理图如图 5-24 所示。从图中可见，不管电子开关接在 Σ 点还是接地，流过每个支路的 $2R$ 上的电流都是固定不变的，从电压端看的输入电阻为 R，从参考电源取的总电流为 I，则支路（流经 $2R$ 电阻）的电流依次为 $I/2$、$I/4$、$I/8$、$I/16$，而 $I=V_{REF}/R$。故输出电压为

$$V_{OUT}=-\frac{V_{REF}}{2^4}(d_3\times2^3+d_2\times2^2+d_1\times2^1+d_0\times2^0)$$

式中　$d_3 \sim d_0$——输入代码，d=“0”则开关接地；d=“1”则开关接到 Σ 点上。

如果采有 n 个电子开关组成网络，那么

$$V_{OUT}=-\frac{V_{REF}}{2^n}(d_{n-1}\times2^{n-1}+\cdots+d_0\times2^0)$$

式中　n——D-A 电路能够被转换的二进位数，有 8 位、10 位、12 位等，有时也称为分辨率。

实用的 D-A 转换器都是单片集成电路，如 DAC0832 是 8 位 D-A 芯片，采用 20 引脚双列直插式封装，原理图如图 5-25 所示。

DAC0832 主要由两个 8 位寄存器和一个 8 位 D-A 转换器组成。使用两个寄存器的优点是可以进行两次缓冲

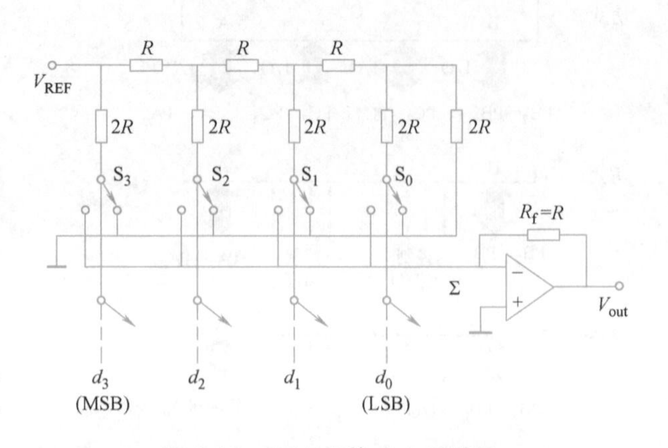

图 5-24　R-$2R$ 网络 D-A 原理图

操作，使该器件的应用有更大的灵活性。

DAC0832 各引脚含义如下：$\overline{CS}$ 为片选信号，ILE 为输入寄存器锁存允许信号，一般设为“1”。当 $\overline{CS}$ 为低，$\overline{WR_1}$ 为低，ILE 为高时，才能将 CPU 送来的数字量锁存到 8 位输入寄存器中。$\overline{XFER}$ 为转换控制信号，$\overline{WR_2}$ 与 $\overline{XFER}$ 同时有效时，才能将输入寄存器数字量再传送到 8 位 DAC 寄存器，同时 D-A 转换器开始工作。I_{OUT1} 和 I_{OUT2} 为输出电流，被转换为 FFH 时，I_{OUT1} 取大；被转换为 00H 时，I_{OUT1} 为 0，I_{OUT2} 最大。AGND 和 DGND 称为模拟地和数字地，它们只允许在此片上共地。V_{REF} 为参考电压，可在−10～+10V 范围内选择。V_{CC} 为电源，可在+5～15V 间选择。

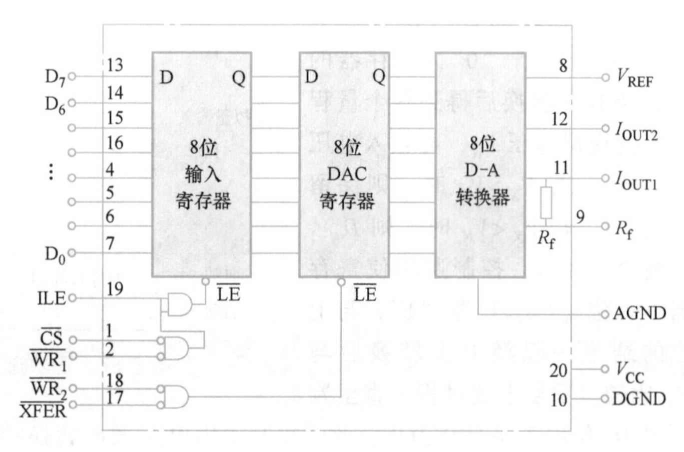

图 5-25 DAC0832 原理图

图 5-26 为 DAC0832 与微机的连接图。这里让 $\overline{WR_2}$ 和 $\overline{XFER}$ 接地，因此 DAC 寄存器时刻有效，输入寄存器具有缓冲锁存作用。设译码后地址为 Port，则 D-A 转换程序为

```
MOV DX, Port
MOV AL, n
OUT DX, AL
HLT
```

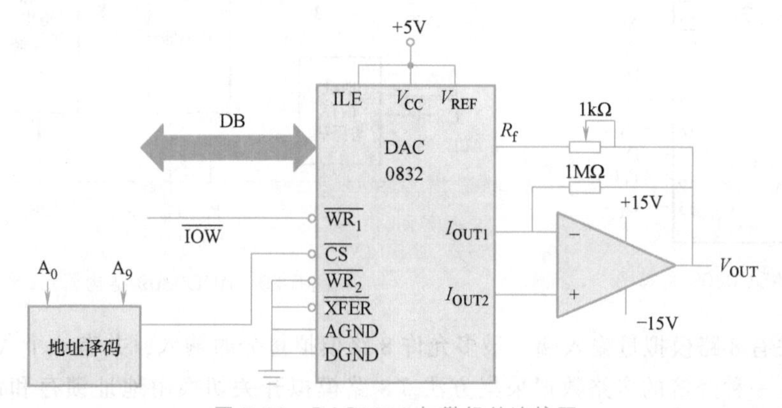

图 5-26 DAC0832 与微机的连接图

5.3.4 模-数（A-D）转换接口

A-D 转换器是将模拟电压转换成数字量的器件，它的实现方法有多种，常用的有逐次逼近法、双积分法。图 5-27 所示是逐次逼近法 A-D 转换器的原理图。它由 N 位寄存器、D-A 转换器和控制逻辑部分组成。N 位寄存器代表 N 位二进制数码。

当模拟量 V_X 送入比较器后，启动信号通过控制逻辑电路启动 A-D，开始转换，首先置

N位寄存器最高位（D_{N-1}）为“1”，其余位清“0”，寄存器的内容经D-A转换后得到整个量程一半的模拟电压V_N，与输入电压V_X比较。若$V_X>V_N$时，则保留$D_{N-1}=1$；若$V_X<V_N$时，则D_{N-1}位清0。然后，控制逻辑使寄存器下一位（D_{N-2}）置“1”，与上次的结果一起经D-A转换后与V_X比较。重复上述过程，直至判别出D_0位取1不是0为止，此时控制逻辑电路发出转换结束信号DONE。这样经过N次比较后，N位寄存器的内容是转换后的数字量数据经输出缓冲器读出。整个转换过程就是这样一个逐次逼近的过程。

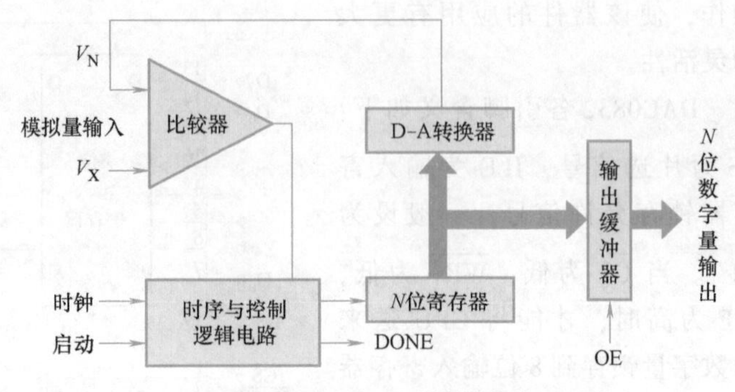

图5-27　逐次逼近法A-D转换器的原理图

常用的逐次逼近法A-D器件有ADC0809、ADC574A等，下面介绍ADC0809原理与应用。

ADC0809是一种8路模拟输入8位数字输出的逐次逼近法A-D器件，其引脚和内部逻辑框图分别如图5-28和图5-29所示。它内部除A-D转换部分外，还有模拟开关部分。

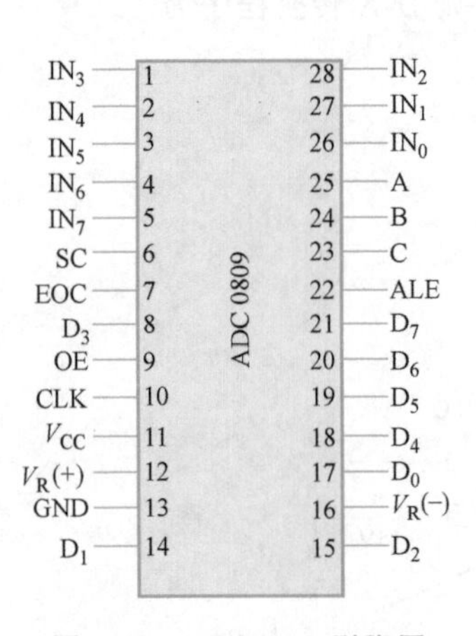

图5-28　ADC0809引脚图

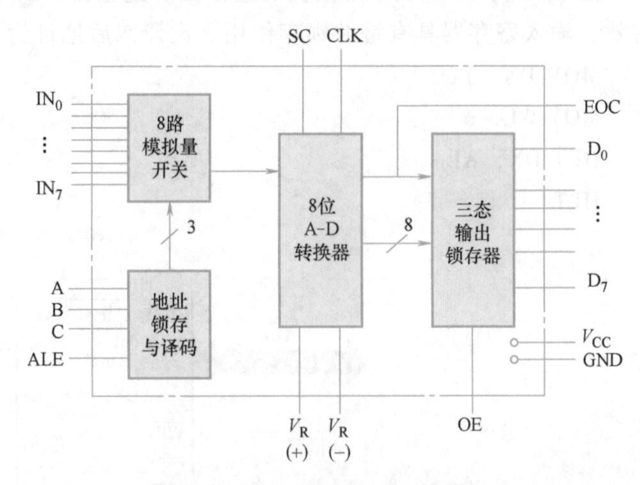

图5-29　ADC0809结构框图

多路开关有8路模拟量输入端，最多允许8路模拟量分时输入，共有一个A-D转换器进行转换，这是一种经济的多路数据采集方法。8路模拟开关切换由地址锁存和译码控制，3根地址线与A、B、C引脚直接相连，通过ALE锁存。改变不同的地址，可以切换8路模拟通道，选择不同的模拟量输入。其通道选择的地址编码见表5-3。

A-D转换结果通过三态输出锁存器输出，所以在系统连接时，允许直接与系统数据总线相连。OE为输出允许信号，可与系统读选通信号$\overline{RD}$相连。EOC为转换结束信号，表示一次A-D转换已完成，可作为中断请求信号，也可用查询的方法检测转换是否结束。

V_R（+）和V_R（−）是基准参考电压，决定了输入模拟量的量程范围。CLK为时钟信号输入端，决定A-D转换的速度，转换一次占64个时钟周期。SC为启动转换信号，通常与系统$\overline{WR}$信号相连，控制启动 A-D 转换。

表 5-3 通道地址表

地址编码			被选中的通道	地址编码			被选中的通道
C	B	A		C	B	A	
0	0	0	IN_0	1	0	0	IN_4
0	0	1	IN_1	1	0	1	IN_5
0	1	0	IN_2	1	1	0	IN_6
0	1	1	IN_3	1	1	1	IN_7

图 5-30 是 ADC0809 与 8031 的连接方法，此线路为 8 路模拟量输入，输入模拟量变化范围是 0~5V。ADC0809 的 EOC 用作外部中断请求源，用中断方式读取 A-D 转换结果。8031 通过地址线 $P_{2.0}$ 和读写线 $\overline{RD}$、$\overline{WR}$ 来控制转换器的模拟输入通道地址锁存、启动和输出允许。模拟输入通道地址的译码输入 A、B、C 由 $P_{0.0}$~$P_{0.2}$ 提供，因 ADC0809 具有地址锁存功能，故 $P_{0.0}$~$P_{0.2}$ 也可不经锁存器直接与 A、B、C 相接。

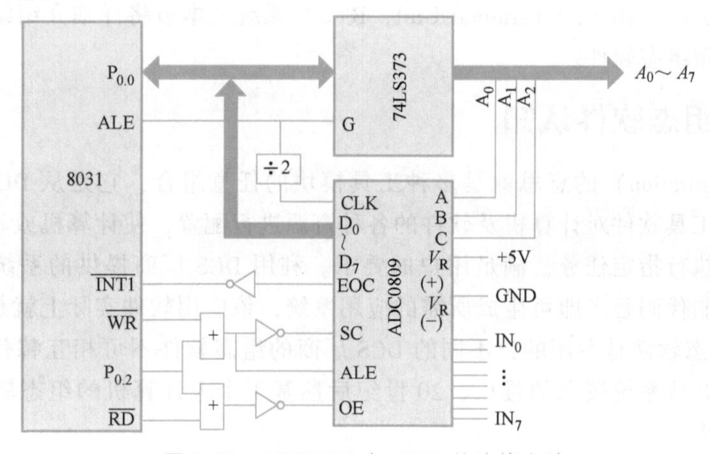

图 5-30 ADC0809 与 8031 的连接方法

设在一个控制系统中，巡回检测一遍 8 路模拟量输入，将读数依次存放在片外数据存储器 A0H~A7H 单元，其初始化程序和中断服务程序如下：

初始化程序

```
MOV   R0, #0A0H;              数据暂存区首址
MOV   R2, #08H;               8 路计数初值
SETB  IT1;                    置脉冲触发方式
SETB  EA;                     CPU 开中断
SETB  EX1;                    允许申请中断
MOV   DPTR, #0FEF8H;          指向 ADC0809 首地址
READ1: MOV  @DPTR, A;         启动 A-D 转换
HERE:    SJMP HERE;           等中断
DJNZ R2, READ1;               巡回未完继续
⋮
```

```
中断服务程序
MOVX A，QDPTR;          读数
MOVX @R0，A;            存数
INC  DPTR;              更新通道
INC  R0;                更新暂存单元
RETI
```

5.4 组态软件

组态软件，又称监控组态软件，译自英文 SCADA（Supervision Control and Data Acquisition，数据采集与监视控制）。组态软件的应用领域很广，它可以应用于电力系统、给水系统、石油、化工等领域的数据采集与监视控制以及过程控制等诸多领域。在电力系统以及电气化铁道上又称远动（Remote Terminal Unit，RTU）系统。本节将详细介绍组态软件的基本概念、功能和常用组态软件。

5.4.1 组态软件认知

组态（Configuration）的意思就是多种工具模块的任意组合，它是从 DCS 发展而来的，它的含义是使用工具软件对计算机及软件的各种资源进行配置，使计算机或软件按照预先设置的指令，自动执行指定任务，满足用户的要求。利用 DCS 厂商提供的系统软件和应用软件，用户不需编制代码程序即可生成所需的应用系统，该应用软件实际上就是组态软件。早期 DCS 厂商的组态软件是专用的，不同的 DCS 厂商的组态软件不可相互替代。但随着个人计算机的普及和开放系统概念的推广，20 世纪后期基于个人计算机的组态软件开始走入市场并迅速发展起来。

1. 组态软件概述

组态软件就是指一些数据采集与过程控制的专用软件，它们是在自动控制系统监控层一级的软件平台和开发环境，可使用灵活的组态方式，为用户提供快速构建工业自动控制系统监控功能的、通用层次的软件工具。世界上第一个商品化组态软件是 20 世纪 80 年代由美国的 Wonderware 公司研制的 InTouch，随后又出现了 InTellution 公司的 Fix 系统，通用电气的 Cimplicity，以及德国西门子的 WinCC 等；在国内主要有北京亚控科技发展有限公司的 KingView 组态王，昆仑公司的 MCGS，大庆三维公司的力控，太力公司的 Synall 等。它们的应用把用户从繁重的编程工作中解脱出来，以最轻松便捷的方式构建一套适合自己的应用系统。一般来说，采用 IPC（工业控制计算机）并选择通用的接口模板，再加上组态软件，就可构成一个基于组态技术的计算机控制系统。这种计算机控制系统不需要单独进行硬件电路设计，既节省了硬件开发时间，更增强了工业控制系统的可靠性，而且在软件设计上甚至都不需要掌握编程语言技术，只根据组态软件这个平台就可以设计完成一个复杂工程所要求的全部功能，大大地缩短了软件研发周期。

组态软件主要用于上位机的开发，即针对不同的应用对象和具体应用的要求，组态生成

不同的数据实体，并进行各种与实际应用有关的系统配置及实时数据库、历史数据库、控制算法、图形、报表等的定义，使生成的系统满足应用设计的要求。而且随着它的快速发展，实时控制、SCADA、通信及联网、开放数据接口及对 I/O 设备的广泛支持已成为它的主要方向。另外，现场总线技术的成熟更促进了组态软件的应用。因为现场总线的网络系统具备 OSI 协议，因此可以认为它与普通网络系统具有相同的属性，这为组态软件的发展提供了更多机遇。所以，将来它的发展方向就是兼容多操作系统平台，支持各种工控设备和常见的通信协议，提供分布式数据管理和网络功能，对应于原有的 HMI（Human Machine Interface，人机接口），可以作为一个使用户能够快速建立自己的 HMI 的软件工具或开发环境。

作为计算机控制系统的重要组成，组态软件技术是计算机控制技术综合发展的结果，是技术成熟化的标志。正是组态软件技术的介入，计算机控制系统的应用速度大大加快了。随着技术的不断发展，组态软件将会不断被赋予新的内容。

2. 组态软件的功能和图形开发环境

组态软件是计算机控制中监控系统的核心，它的生成是整个系统的重要技术。一般来说，软件组态要求具有实时多任务、接口开放、使用灵活、运行可靠的特点，其中最突出的特点是实时多任务性，因此组态软件要有如下几方面的功能。

1）硬件配置组态功能：主要是指站内的 I/O 配置、各现场 I/O 控制站的站号、网络节点号及网络参数定义等。

2）数据库组态功能：主要是指数据库各点属性（如名称、最大值、工程量转换系数、报警特性、报警条件等）和历史数据库各个进入历史库的点的保存周期的定义等。

3）控制回路组态功能：主要是指各个控制回路的控制算法、调节周期、参数以及某些系数等的定义。

4）逻辑控制及批控制组态功能：主要是指对确定的处理过程的预先定义。

5）显示图形生成功能：即在 CRT 屏幕上以人机交互方式作图生成显示画面，并且通过对画面上对象的操作，监视生产状况、控制生产过程。

6）报警画面生成功能：根据报警功能生成三级报警画面，即报警概况画面、报警信息画面、报警画面。其中报警概况画面用于记录系统中所有报警点的名称和报警次数，报警信息画面用于记录报警时间、消警时间、报警原因等，而报警画面则可反映各报警点相应的显示画面，如总貌画面、回路画面等。

7）趋势曲线生成功能：生成数据变化趋势曲线，对全面观察实时显示数据的变化和掌握历史数据的走向，以及对整个系统整体性的把握都具有非常重要的实际意义。

8）报表画面生成功能：类似于显示图形生成，也是利用屏幕以人机交互方式定制报表，如设计表格形式和各个表项中所包含的实时、历史数据以及报表打印格式和时间特性等。

尽管上述介绍的组态功能差异很大，但在设计中技术人员只需利用组态软件提供的事先设计好的表格填写一些根据实际需要所要的参数和程序，再利用其图形功能将被控对象（例如反应罐、指示灯、锅炉、趋势曲线、报表等）绘制在指定的位置，通过内部数据变量将被控对象的属性与 I/O 设备的实时数据进行逻辑连接即可完成不同的组态功能了。当由组态软件生成的应用程序投入运行，与被控对象相连的 I/O 设备数据发生变化时，被控对象的属性也随之发生变化，在界面上即可实现实时数据的在线监测和数据越限报警等任务。

自动化工程的所有操作画面，包括流程画面都是在图形开发环境下制作、生成的，工程设计人员使用最频繁的组态软件组件是图形开发环境。组态王的图形开发环境是 Touchmak，力控软件中的图形开发环境是 Draw，InTouch 的图形开发环境是 WindowMaker。图形开发环境是目标应用系统的主要生成工具之一，它依照操作系统的图形标准，采用面向对象的图形技术，为使用者提供丰富强大的绘图编辑、动画连接和脚本工具，提供右键菜单功能，帮助使用者简化操作。

3. 几种工业组态软件简介

目前的组态软件图形开发环境使用起来十分方便，各组态软件的图形开发环境大同小异，现介绍几种常用的工业组态软件。

(1) InTouch　Wonderware 的 InTouch 软件是最早进入我国的组态软件。在 20 世纪 80 年代末、90 年代初，基于 Windows 3.1 的 InTouch 软件曾让人耳目一新，并且 InTouch 软件提供了丰富的图库。但是，早期的 InTouch 软件采用 DDE 方式与驱动程序通信，性能较差，最新的 InTouch 7.0 版已经完全基于 32 位的 Windows 平台，并且提供了 OPC 支持。

(2) Fix　美国 Intellution 公司以 Fix 组态软件起家，1995 年被爱默生集团收购，现在是爱默生集团的全资子公司，Fix6.x 软件提供工控人员熟悉的概念和操作界面，并提供完备的驱动程序（需单独购买）。Intellution 公司将自己最新的产品系列命名为 Ifix，该产品具有强大的组态功能，但新版本与以往的 6.x 版本并不完全兼容。

(3) Citech　CIT 公司的 Citech 软件也是较早进入中国市场的产品。Citech 软件具有简洁的操作方式，但其操作方式更多的是面向程序员，而不是工控用户。Citech 软件提供了类似 C 语言的脚本语言进行二次开发，但与 Ifix 软件不同的是，Citech 软件的脚本语言并非是面向对象的，而是类似于 C 语言，这无疑为用户进行二次开发增加了难度。

(4) WinCC　德国西门子公司的 WinCC 软件也是一套完备的组态开发环境，德国西门子公司提供类似 C 语言的脚本，包括一个调试环境。WinCC 软件内嵌 OPC 支持，并可对分布式系统进行组态。但 WinCC 软件的结构较复杂，用户最好经过德国西门子公司的培训以掌握 WinCC 软件的应用。

(5) 组态王　组态王是国内较有影响的组态软件（更早的品牌多数已经湮灭）。组态王提供了资源管理器式的操作主界面，并且提供了以汉字作为关键字的脚本语言支持。组态王也提供了多种硬件驱动程序。

(6) 力控　大庆三维公司的力控是国内较早研发的组态软件。随着 Windows3.1 的流行，又开发出了 16 位 Windows 版的力控，但直至 Windows95 版本的力控诞生之前，它主要用于公司内部的一些项目。32 位下的 1.0 版的力控，在体系结构上就已经具备了较为明显的先进性，其最大的特征之一就是其基于真正意义的分布式实时数据库的三层结构，而且其实时数据库结构为可组态的活结构。在 1999~2000 年期间，力控得到了长足的发展，最新推出的 2.0 版在功能的丰富性、易用性、开放性和 I/O 驱动数量方面，都得到了很大的提高。

5.4.2　组态王（Kingview）简介

组态王 6.5 是北京亚控科技发展有限公司继组态王 6.0 系列产品成功应用后，推出的最新版本组态软件。该产品以搭建战略性工业应用服务平台为目标，集成了对亚控科技自主研发的工业实时数据库（KingHistorian）的支持，可以为企业提供一个对整个生产流程进行数据汇总、分析及管理的有效平台，使企业能够及时有效地获取信息，及时地做出反应，以获得最优化的结果。

1. 组态王的特点

组态王 6.5 保持了组态王早期版本运行稳定、使用方便的特点，并根据国内众多用户的反馈及意见，对一些功能进行了完善和扩充。该款产品的历史曲线、温控曲线以及配方功能进行了大幅提升与改进，软件的功能性和可用性有了很大的提高。它不仅增强了软件的易用性、稳定性，还改善和新增了很多功能，其主要特点有：

1）真正的 32 位程序，支持多任务、多线程，可运行于 Windows 2000/NT/XP 简体中文版平台下，全中文可视化组态软件，简洁、大方，使用方便灵活。

2）免费支持 500 多种国内最流行的硬件，并且具有自动配置向导连接硬件设备。可提供近百种绘图工具和基本图符，上千个精美的图库元件，可进行渐进色、旋转动画、透明位图、流动块等多种动画方式设置，保证快速构建精美的图形界面和动画效果，大画面技术和导航图，更使复杂流程图的制作不再受限。

3）新增了全方位的变量替换功能，并可通过菜单项查看变量的使用情况。采用全新的、高性能的历史数据库，高效的数据压缩技术，精确到毫秒级的高速数据记录，全面提升数据查询、访问速度。

4）支持分布式报警和多种工控曲线，如实时曲线、历史曲线、温控曲线、XY 曲线等。报表系统全面更新，内嵌式报表系统，可以任意组态成日报表、月报表和年报表，并且具有丰富的报表函数，支持报表模板。

5）全面支持 ActiveX 控件，可插入任意的标准 Windows ActiveX 可视控件或用户自己编写的控件。允许多个人同时开发一个工程，利用“导入”功能可实现多个工程的合并将工程加入到工程管理器中，用工程管理器的搜索功能即可。

6）支持 OPC 标准，既可作 OPC 服务器，也可作为 OPC 客户端，同时支持定义多个 OPC 设备。完善的网络体系结构，可以支持最新流行的各种通信方式，包括电话通信网、宽带通信网、ISDN 通信网、GPRS 通信网和无线通信网等。

2. 组态王的基本概念

（1）窗口　窗口是组态软件的目的操作界面，绝大部分的操作都是在窗口上设计完成的。

（2）I/O 设备　为实现 I/O 功能，计算机配置了大量外部 I/O 板卡类设备，它们直接插在“组态王计算机”的扩展槽内，由 RS232 串行通信电缆连接到“组态王计算机”的串口。“组态王计算机”通过访问板卡的 I/O 地址直接与其进行数据交换，实现串行数据通信。

（3）变量　变量是联系计算机和现场、上位机和下位机的桥梁，通过它可将工业现场的生产状况以动画的形式反映在屏幕上，并将工程人员在计算机前发布的指令迅速送达生产现场。组态王中变量的定义与一般程序设计语言中变量的定义相似，它可分成基本类型变量（如内存离散、内存实型、内存长整数、内存字符串、I/O 离散、I/O 实型、I/O 长整数和 I/O 字符串）和特殊类型变量两大类。

（4）图形对象　图形对象也称图素，是组态软件中的基本元素之一。窗口中的绝大部分内容都是由一些简单的或复杂的图形对象构成的。简单的如文本、按钮、线等，通常是组态软件系统自身提供的，称为标准图素；复杂的如各种报警、事件、报表及第三方开发的图素等。

（5）命令语句　命令语句是一段类似于 C 语言的程序，利用它驱动图形对象和 I/O 设备运行。组态王的命令语句包括应用程序命令语言、热键命令语言、事件命令语言、数据改变命令语言、自定义函数命令语言、动画连接命令语言和画面属性命令语言等。各类命令语言通过“命令语言”对话框编辑输入，在运行系统中被编译执行。

（6）外部对象　外部对象是指由其他 Windows 应用程序生成的图形或数据对象，例如 Active 控件、Excel 表格、Word 文档等 OLE 对象。

3. 组态王的图形开发环境

组态王图形开发环境由工程管理器、工程浏览器、画面开发系统、画面运行系统和信息窗口组成。

（1）工程管理器　工程管理器的作用是管理本机中的所有组态王工程，其主要功能包括新建工程、搜索工程、工程备份和恢复、修改工程属性、删除工程、变量导入导出、切换到组态王开发或运行环境等。工程管理器由菜单栏、工具栏、工程信息显示区及状态栏等组成，如图 5-31 所示。

（2）工程浏览器　工程浏览器是组态王软件的核心部分，它具有集成开发系统的功能，是一个类似于 Windows 资源管理器的窗口。在这里可以浏览所建工程的所有组成部分，包括 Web、文件、命令语言、数据库、数据词典、设备、系统配置、SQL 访问管理器等。工程浏览器如图 5-32 所示，它由菜单栏、工具栏、工程目录显示区（左边窗格）、目录内容显示区（右边窗格）及状态栏组成。

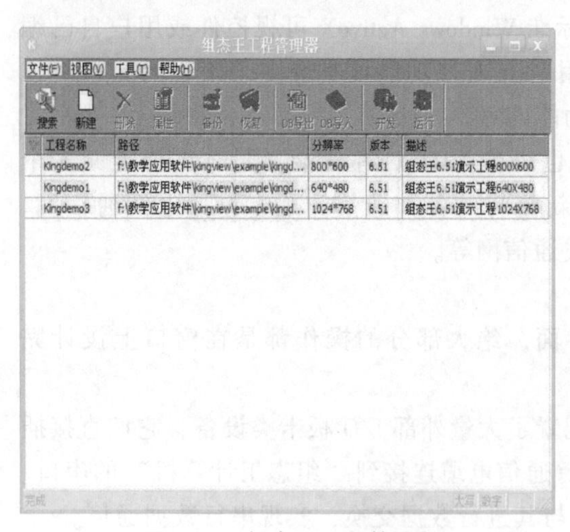

图 5-31　组态王工程管理器

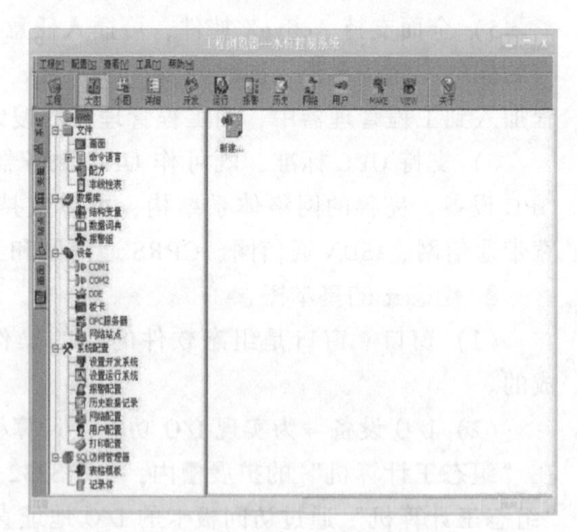

图 5-32　组态王工程浏览器

（3）画面开发系统　画面开发系统是用来绘制组态王画面的，常用图形和绘图工具放在图形编辑工具箱中，如图 5-33 所示。当画面打开时，工具箱自动加载，如果没有显示，选择菜单栏“工具”菜单下的“显示工具箱”命令或按 F10 快捷键即可，工具箱中各基本工具的使用方法和 Windows 中“画笔”的使用类似。

另外，图库管理器也存放了很多标准图素组态对象，如图 5-34 所示，用户可根据设计需要，找到对应图素双击，即可放到组态界面中。这不仅减低了设计界面的难度，缩短了开发周期，而且应用也非常灵活、方便，工程人员还可以生成自己的图库对象。

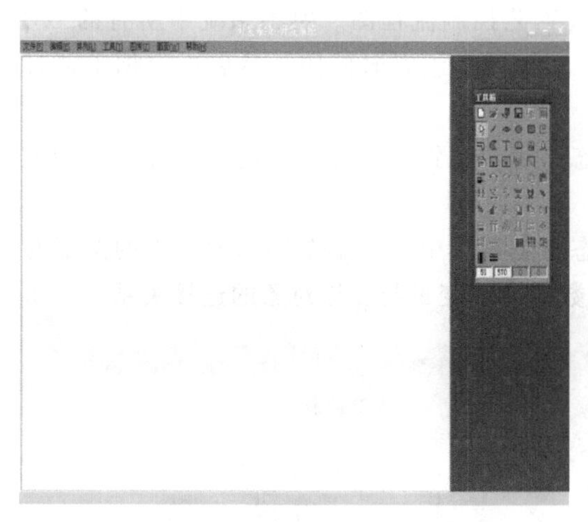

图 5-33 组态王画面开发系统

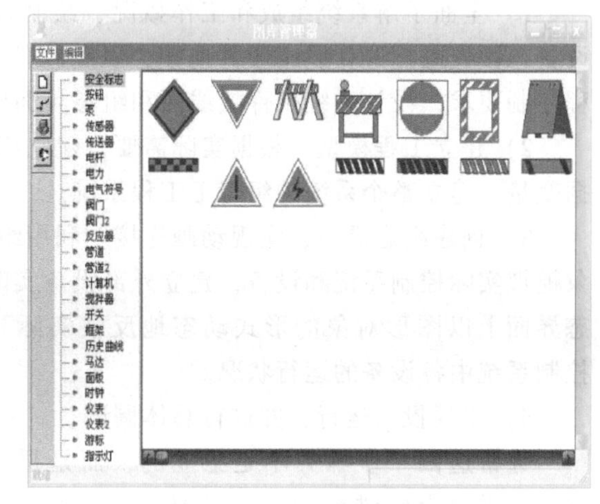

图 5-34 组态王图库管理器

（4）画面运行系统　画面运行系统是组态王工程的运行界面，如图 5-35 所示。在组态王工程浏览器中选择菜单栏中“配置”菜单下的“运行系统”命令或单击“启动”按钮，配置好系统运行主画面后，再单击“VIEW”按钮，即可进入组态王运行系统。在运行系统中，组态王工程主画面将动态显示系统运行情况。

（5）信息窗口　信息窗口是用来显示组态王工作状况的，如图 5-36 所示。

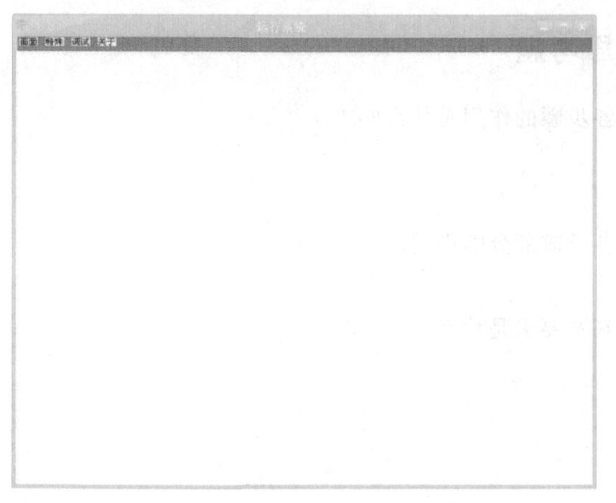

图 5-35 组态王画面运行系统

图 5-36 组态王信息窗口

4. 组态王工程的设计步骤

在自动控制系统中，投入运行的组态软件是整个系统的数据收集处理中心、远程监视中心和数据转发中心，它与各种检测、控制设备（如 PLC、智能仪表、DCS 等）共同构成快速响应的控制系统。系统具体的控制方案和算法可组态到设备上并执行，也可组态在 PC 上，然后下载到设备中执行。

工程运行时，组态软件通过 I/O 驱动程序从现场 I/O 设备获得实时数据，对数据进行必要的加工后，一方面以图形方式动态直观地显示在计算机屏幕上；另一方面按照组态要求和操作人员的指令将控制数据送给 I/O 设备，对执行机构调整控制参数实施驱动。

下面就以组态王 6.5 设计监控系统的步骤介绍如下。

1）全面了解系统组成和工作概况，绘制系统工艺控制流程图。熟悉系统中所有的 I/O 设备，预先进行 I/O 设备硬件连接，以备软件组态和 PLC 组态时使用，然后再根据工艺过程控制要求，设计系统硬件接线图和组态界面图。

2）建立工程模型。根据实际需要，建立组态工程，配置 I/O 接口，定义外部设备和数据变量，建立整个系统的组态王工程系统。

3）创建组态界面，实现动画连接。利用组态王工具箱中的基本图形和图库中的图形对象模拟实际控制系统和设备，建立外部设备实时数据库中变量与图形对象的连接关系，在组态界面上以图形对象的形式动态地反映实际控制系统中各设备的运行状况。

4）工程投入运行，并进行总体调试。

通常这四个步骤并不是独立的，而是根据实际需要交错进行的。一般而言，在组态设计上只进行一次是很难开发出令人满意的界面的，所以在使用组态软件开发后，必须经过反复的调试修改之后才能达到理想的效果。在完成设计后，就可以与实际的设备通信实现需要的监控。图 5-37 所示为用组态王开发的一个水位控制系统。

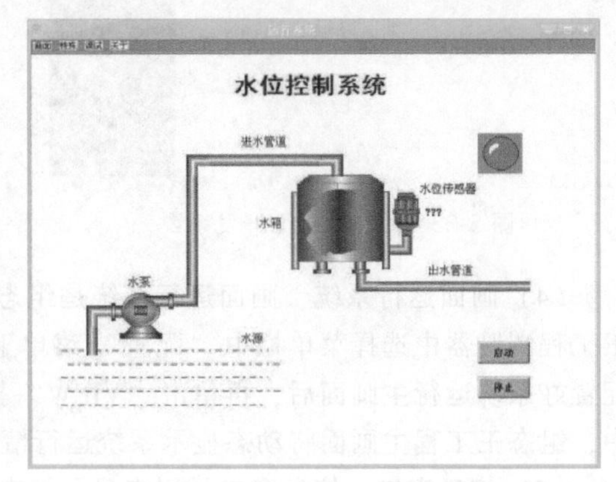

图 5-37　组态王开发的水位控制系统

习题与思考题

1. 计算机控制系统的控制过程分为哪几个步骤？各步骤的作用是什么？
2. 常用的工业控制机可分为哪几种典型类型？
3. 简述计算机控制系统的组成。
4. 画出计算机控制系统的硬件组成框图，并说明各组成部分的作用。
5. 简述计算机控制系统的软件组成。
6. 面向机电一体化系统的工业控制计算机系统的基本要求是什么？
7. 常用的工业控制计算机有哪些？
8. 简述连续化设计方法的一般步骤。
9. 接口传送数据的方法有哪些？特点是什么？
10. 简述国内外组态软件现状。
11. 组态王变量的主要类型有哪些？
12. 简述组态王工程的设计步骤。

第三部分

应 用 篇

第6章 CHAPTER 6 典型机电一体化系统

主要内容

本章明确了典型机电一体化系统的结构、工作原理、应用方法及机电一体化系统的前沿知识、新设备应用。

重点知识

1）3D打印机的工作原理及应用。
2）激光切割机的工作原理及应用。
3）三坐标测量机的原理及应用。
4）自动化立体仓库的组成及应用。

6.1 3D打印机

3D打印的概念胚芽起源于18世纪西欧的雕塑艺术，但是限于当时的科技手段，该技术一直没能成功，直到20世纪随着计算机和网络的发展，3D打印技术才真正得到实现与发展。英国《The Economist》杂志《The Third Industrial Revolution》一文中，将3D打印技术作为第三次工业革命的重要标志之一。随着智能制造的进一步发展成熟，3D打印技术在打印材料、精度、速度等方面都有了较大幅度的提高，新的信息技术、控制技术、材料技术等被不断运用于其中，使得3D打印技术在制造领域的应用越来越广泛。

6.1.1 3D打印机技术认知

1. 3D打印技术的概念及原理

3D打印（3D printing）是快速成型技术的一种。它是一种以数字模型文件为基础，运用粉末状金属或塑料等可黏合材料，通过逐层打印的方式来构造物体的技术。

传统数控制造主要是“去除型”，即在原材料基础上，使用切割、磨削、腐蚀、熔融等办法，去除多余部分，得到零部件，再以拼装、焊接等方法组合成最终产品，而3D打印则颠覆了这一观念，无需原坯和模具，就能直接根据计算机图形数据，通过层层增加材料的方法直接造出任何形状的物体，这不仅缩短了产品研制周期，简化了产品的制造程序，提高了效率，而且大大降低了成本，因此被称为“增材制造”。

3D 打印是增材制造概念的延伸。所谓增材制造（Additive Manufacturing，AM），是相对于车、铣、刨、磨等减材制造，以及铸造、锻压等制造工艺而提出的逐渐增加材料而构造实体的一类工艺技术的总称。3D 打印是通过三维建模并切片后，利用 3D 打印机逐层制造出产品的加工制造方法，也叫作快速原型技术（Rapid Prototyping，RP）。

3D 打印的原理：首先由设计者在计算机上设计并绘制出所制零件的三维模型图样，然后用切片软件按一定的厚度在其制造方向上进行切片处理，得到各层截面的二维轮廓数据，根据这些二维截面数据，设备成型头通过扫描并喷涂一层层热熔材料或黏结剂（或选择性地固化一层层液态树脂，或烧结一层层粉末材料等），形成各层截面轮廓并逐层叠加成所制三维制件。3D 打印原理如图 6-1 所示。

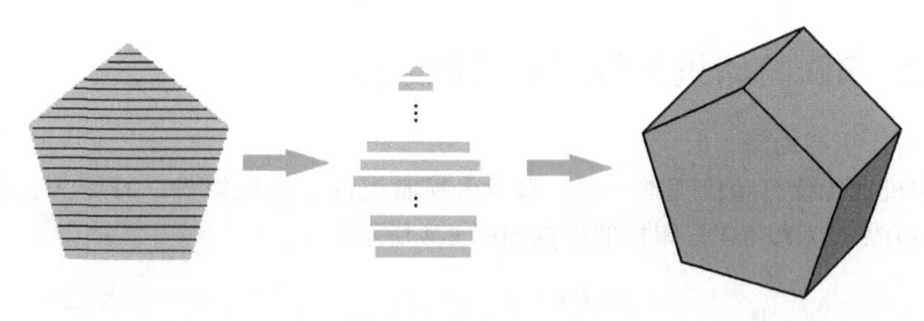

图 6-1　3D 打印原理

3D 打印领域的开山鼻祖特里 · 沃勒斯认为“由于复合材料可以制造任何形状，‘为制造而设计’，会变成过眼云烟，我们将很有可能看到以前很难或者不可能制造的产品被制造出来”。图 6-2 所示为用 3D 打印机打印出的各种形状的物体。

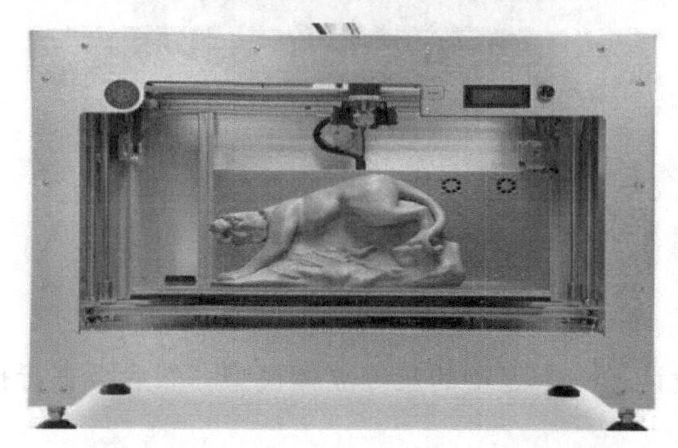

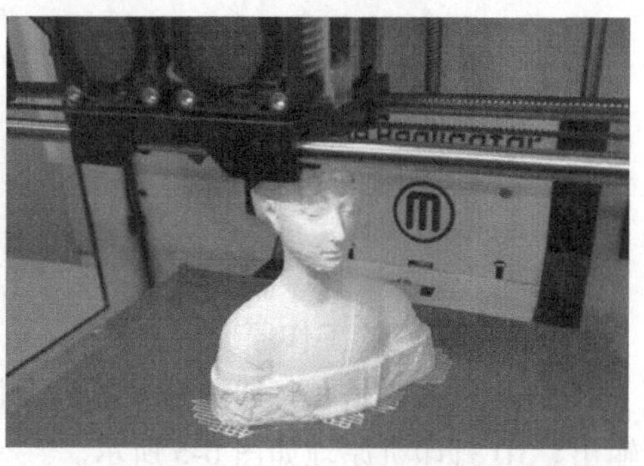

图 6-2　3D 打印机打印出的各种形状的物体

2. 3D 打印机的定义

3D 打印机又称三维打印机，是一种累积制造技术，通过打印一层层的黏合材料来制造三维的物体，从而制造出产品。3D 打印机就是可以“打印”出真实 3D 物体的一种设备，功能上与激光成型技术一样，采用分层加工、叠加成型，即通过逐层增加材料来生成 3D 实体，与传统的去除材料加工技术完全不同。称之为“打印机”是参照了其技术原理，因为分层加工的过程与喷墨打印十分相似。随着这项技术的不断进步，人们已经能够生产出与原型的外观、感觉和功能极为接近的3D模型。3D打印机的实物图如图6-3所示。

图6-3　3D打印机的实物图

6.1.2　3D打印机的组成及工作原理

1. 3D打印机的组成

3D打印机和传统打印机基本一样，都是由控制组件、机械组件、打印头、耗材和介质等组成的。FDM桌面级3D打印机的组成如图6-4所示。

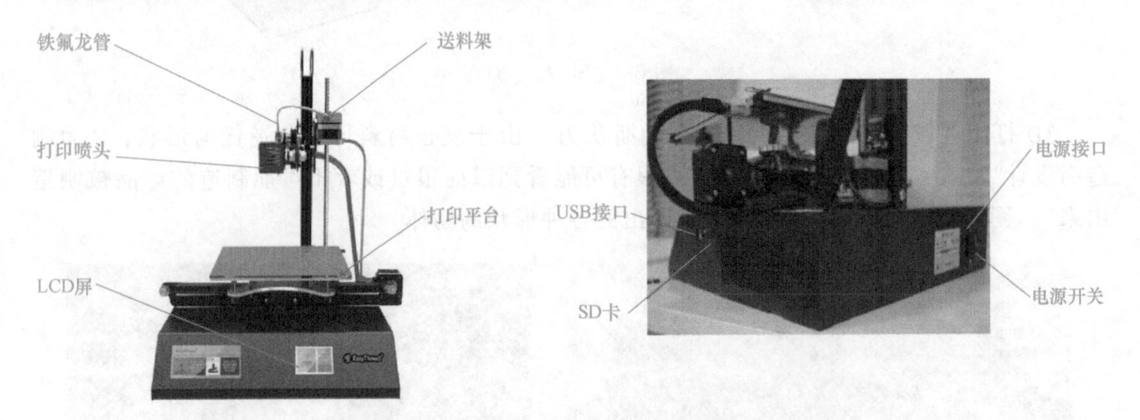

图6-4　FDM桌面级3D打印机的组成

2. 3D打印机的工作原理

3D打印机主要是在打印前在计算机上设计了一个完整的三维立体模型，然后再进行打印输出。3D打印机原理如图6-5所示。

3. 3D打印文件处理流程

3D打印文件的处理主要分为两个步骤：一是三维建模的处理阶段，二是打印数据的处理阶段。3D打印文件处理的主要步骤如图6-6所示。

（1）三维模型建模　利用三维建模软件（常见的有SolidWorks Pro/E、CAD等）或者扫描仪得到三维模型。这一个步骤可以表现出设计的个性化，设计人员可以根据自己的需要，设计出合适的三维模型；或者可以用扫描仪来采集数据，得到符合设计者意愿的三维模型。

（2）中间格式转换　当前，3D打印的主流文件格式为STL。因此，在三维建模软件中

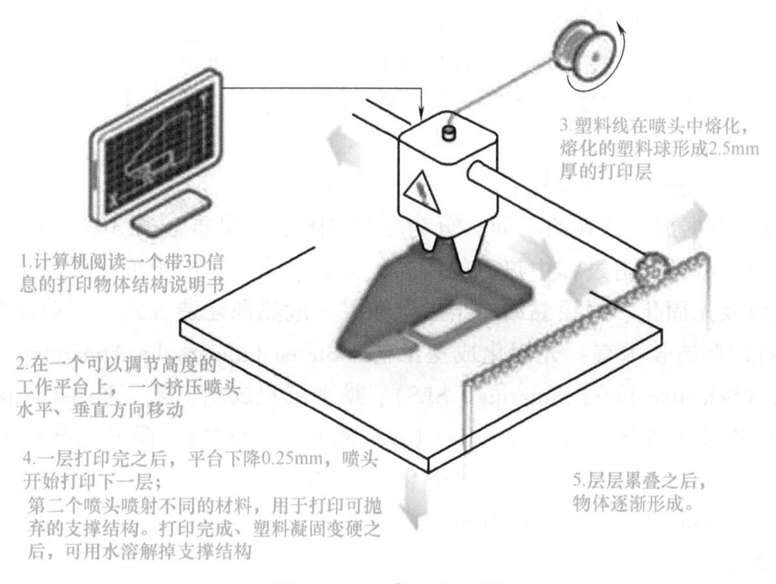

图 6-5 3D 打印机原理

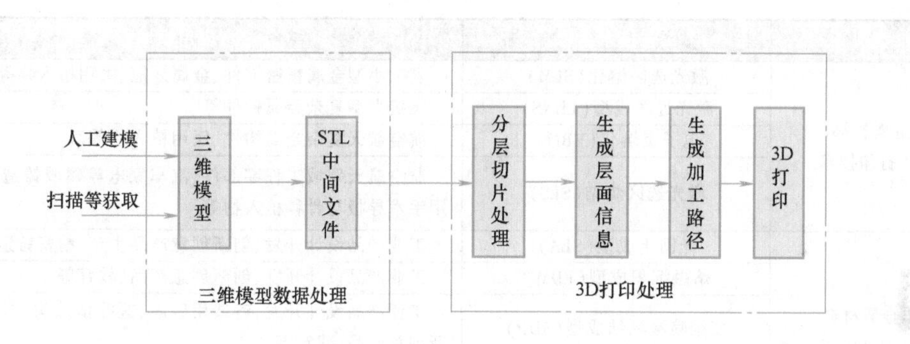

图 6-6 3D 打印文件处理的主要步骤

得到想要的模型后，还需要将三维模型文件转换成 STL 格式的文件。这一步，在三维建模软件中进行另存操作即可。

（3）分层切片处理 因为 3D 打印是逐层打印的，所以在得到 STL 文件之后，需要对 STL 文件进行分层切片处理，就是把三维模型按照一定的方向分成若干层，即做出平面与实体模型的交线。因为三维模型是封闭的，所以得到的交线也应该是封闭的，形成完整的轮廓。当分层厚度越小时，层数越多，所得的模型精度就越高，这样就减小了由于分层处理带来的台阶效应。

（4）生成层面信息 层面信息包括轮廓信息和当前轮廓的高度信息。通过求交点计算，把获取到的交点按照顺序连接，就形成一个打印平面。轮廓信息中包括外轮廓和内轮廓，轮廓中还应该进行光斑补偿等。

（5）生成加工路径 加工路径是最终 3D 打印机进行打印时，制造三维模型的路径。通过在轮廓信息中填充平行线，然后由轮廓信息进行截取，再按照一定顺序把填充线段连接起来，就构成了加工路径。加工路径的规划非常重要。加工路径的优化可以提高加工速度，有的打印方式还需要复杂的支撑结构，通过路径的优化，可以简化支撑结构。

(6) 3D 打印　通过前面的步骤，获取了 3D 打印机的驱动部件的指令信息，采取不同的打印方式，可以打印出目标物体。生成的路径信息可以通过诸如 RS485、USB 等方式传输给打印机的驱动设备，作为驱动指令，然后按照驱动的指令进行打印，最终打印出三维模型。

4. 3D 打印机的技术特性及特点

3D 打印技术根据加工材料的不同，分为金属 3D 打印和非金属 3D 打印，材料有液态、粉状和片状之分；根据制造过程中热源的不同，分为激光束、电子束、等离子或离子束等高能束建造方式以及光固化、喷涂黏结、熔融沉积等一般热源建造方式。目前比较广泛、发展较稳定的 3D 打印制造技术有：光固化成型工艺（Stereo Lithography Apparatus，SLA）、激光选区烧结工艺（Selective Laser Sintering，SLS）、熔融沉积成型工艺（Fused Deposition Modeling，FDM）、激光选区熔化工艺（Selective Laser Melting，SLM）、激光近净成型工艺（Laser Engineering Net Shaping，LENS）、电子束熔化工艺（Electron Beam Melting，EBM）、三维喷涂黏结成型工艺（Three Dimentional Printing，3DP）、材料喷射成型等。各类工艺所属类别与应用领域见表 6-1。

表 6-1　3D 打印技术的分类及其应用领域

类别	工艺技术名称	应用领域
金属材料 3D 打印技术	激光选区熔化(SLM)	复杂小型金属精密零件、金属牙冠、医用植入物等
	激光近净成型(LENS)	飞机大型复杂金属构件等
	电子束熔化(EBM)	航空航天复杂金属构件、医用植入物等
	激光选区烧结(SLS)	航空航天领域工程零部件、汽车家电等领域铸造用砂芯、医用手术导板与骨科植入物等
非金属材料 3D 打印技术	光固化成型(SLA)	工业产品设计开发、创新创意产品生产、精密铸造用蜡模等
	熔融沉积成型(FDM)	工业产品设计开发、创新创意产品、教育等
	三维喷涂黏结成型(3DP)	工业产品设计开发、铸造用砂芯、医疗植入物、医疗模型、创新创意产品、建筑等
	材料喷射成型	工业产品设计开发、医疗植入物、创新创意产品生产、铸造用蜡模等

6.1.3　3D 打印的优势与面临的挑战

1. 3D 打印技术的优势

3D 打印增材制造有着多项优越性能。3D 打印无须使用刀具和模具，也极少使用夹具，减少了准备时间，也缩短了制造周期；面对传统方法很难加工甚至无法加工的复杂结构，3D 打印能够快速精确地实现一次性加工，大幅提高了加工效率，更加节约了材料成本。对于 3D 打印技术，零件结构越复杂，它的加工优势越明显。总结有如下几方面优势：

(1) 自由设计制造　3D 打印下的自由设计能够以零件功能为主要目的进行设计，无须考虑刀具、夹具以及各类加工制造工艺，真正做到“所想即所得”。

(2) 缩短成型周期　由于 3D 打印工艺是直接增材制造一次性成型，设计期极少考虑加工约束因而设计期时间短，成型前的准备期几乎可以省略，成型过程也是一气呵成，因此整个成型周期相对于传统的设计加工过程来说大大减少。

(3) 制造复杂结构　3D 打印的最大优势就是制造复杂结构。不论制件结构多繁杂，对于3D打印来说都是逐个层厚截面轮廓的叠加，越复杂的结构越能体现出直接增材制造的优越性，而传统减材和等材加工的难易程度都与零件的复杂程度密切相关。

（4）复杂材料特性　减材加工与等材加工只能实现单一材料的一次成型，多种材料的制品需要通过装配来实现，3D打印工艺则能在加工过程中通过材料的变换实现制品的材料复合性。

（5）简化装配流程　传统加工工艺需要通过焊接、铰接、栓接等工艺将零件装配起来构成结构件或部件，3D打印技术能够实现结构的一体化成型，简化了焊接、栓接等装配过程，甚至能够通过免装配设计，实现整个部件的一次性成型。

3D打印技术的发展能够创造出很大的经济效益，虽然材料和设备成本都相对传统加工提高了，但是时间成本和设计成本都明显减少，而且3D打印发展下的生产制造以及销售模式都会发生改变，装配、配送、仓储等繁杂流程的简化也能节约很多的经济成本，这些变化带来了丰厚的经济效益与明显的社会进步。

2. 3D打印面临的挑战

作为一种新型加工制造技术，3D打印有着诸多优势，在各行业的应用方面也有可观的前景。但3D打印技术要在整个社会深入和普及，仍然存在很多挑战。

（1）成本问题　现有3D打印机造价高、打印材料昂贵，一般的企业和个人只能望而却步。

（2）打印局限性大　目前打印材料种类少，打印制品的尺寸受限，这些都有待发展。

（3）成品特性、精度的问题　目前3D打印成品的物理特性不高，仍需后续处理，打印精度和打印速度存在冲突，打印效率还远不能适应大规模生产的需求。

（4）产业环境方面　目前还不存在一个有效的途径去解决3D打印普及下的盗版问题。

6.1.4 3D打印机的发展

1. 3D打印机的发展历程

3D打印的思想起源于19世纪末的美国，并在20世纪80年代得以发展和推广。19世纪末，美国研究出了的照相雕塑和地貌成形技术，随后产生了打印技术的3D打印核心制造思想。20世纪80年代以前，3D打印机数量很少，大多集中在“科学怪人”和电子产品爱好者手中，主要用来打印像珠宝、玩具、工具和厨房用品等产品。甚至有汽车专家打印出了汽车零部件，然后根据塑料模型订制真正市场上买到的零部件。1979年，美国科学家RF Housholder获得类似“快速成型”技术的专利，但没有被商业化。20世纪80年代后期，美国科学家发明了一种可打印出三维效果的打印机，并将其成功推向市场。3D打印技术发展并被广泛应用。

（1）传统型3D打印机　传统型3D打印机出现在20世纪90年代初期，包括喷墨黏粉式3D打印机的熔融挤压式3D打印机。

传统的喷墨黏粉式3D打印机一般采用可再分散性乳胶粉等水性热熔材料作为打印产品的黏结剂，机体采用热泡式喷头或压电式喷头，通过机体加热元件对材料进行加热，并以叠加不断循环的方式逐层打印，最终完成产品的打印。传统的喷墨黏粉式3D打印机的打印精度偏低，不能打印较大的产品。

熔融挤压式3D打印机一般采用2个熔融挤压式喷头，一个用于沉积打印支撑材料，另一个用于沉积打印成型材料，机体利用辊轮送丝并挤压喷吐材料。目前，很多普及型小型桌面3D打印机都是这种机型。

（2）特种型3D打印机　现今各类特种型3D打印机备受瞩目，包括喷墨式3D打印机、气动式3D打印机、电动式3D打印机和电流体动力喷射式3D打印机。电流体动力喷射式3D打印机近年来得到了很大的发展，并形成电喷印、电纺丝和电喷涂三种喷印方式。相关的3D打印机生产及研发单位为了扩大产品打印的空间，大胆地将几种材料及喷印形式不同的喷头混合使用，推出了混合式3D打印机。

（3）普及型3D打印机　当传统型3D打印机开始崭露头角时，3D打印机小型化、简便化的理念就接踵而来。普及型3D打印机正是在这种理念下诞生的，它多选用塑料喷印材料，外形美观，结构紧凑，操作简便，原料供应方便，价格适中，非常适合在普通办公场所及家庭使用。基于对打印产品的精度以及打印效率的要求，普及型3D打印机打印出来的成形件大多尺寸较小。这类打印机俗称小型3D桌面打印机。

2. 3D打印机未来趋势

科学家们正在利用3D打印机制造诸如皮肤、肌肉和血管片段等简单的活体组织，很有可能有一天我们能够制造出像肾脏、肝脏甚至心脏这样的大型人体器官。如果生物打印机能够使用病人自身的干细胞，那么器官移植后的排异反应将会减少。人们也可以打印食品，康奈尔大学的科学家们已经成功打印出了杯形蛋糕。几乎所有人都相信，食品界的终极应用将是能够打印巧克力的机器。而3D打印的价值体现在想象力驰骋的各个领域，人们利用3D打印为自己所在的领域贴上了个性化的标签。人们纷纷展示了如何用3D打印马铃薯、巧克力、小镇模型，甚至扩展到用3D打印汽车和飞机。3D打印正让“天马行空”转变为“脚踏实地”的可能。

最近几年，3D打印机的价格已经能让中小企业负担得起，从而使得重工业的原型制造环节能够进入办公环境完成，并且可以放入不同类型的原材料进行打印。因为快速成型技术在市场上占据主导地位，因此3D打印机在生产应用方面有着巨大的潜力。3D打印技术在珠宝首饰、鞋类、工业设计、建筑、汽车、航天、牙科及医疗方面都能得到广泛的应用。3D打印机打印的产品如图6-7所示。

图6-7　3D打印机打印的产品

6.2 激光切割机

激光切割是激光加工行业中最重要的一项应用技术，它占整个激光加工业的70%以上，近年来，激光切割技术发展很快，国际上每年都以15%~20%的速度增长。与传统机加工业相比，激光切割具有高速、高精度和高适应性的特点，由于是用光束代替了传统的机械刀，激光刀头的机械部分与工作面无接触，因此在工作中不会对工作表面造成划伤，同时还具有割缝细（0.1~0.3mm）、热影响区小、切割面质量好、切割时无噪声、切割过程容易实现自动化控制，可以对幅面很大的整板切割，无须开模具，经济省时。目前激光切割已广泛地应用于汽车、机车车辆制造、航空、化工、轻工、电器与电子、石油和冶金等工业部门中。

图 6-8 用激光切割机加工

激光切割的适用对象主要是难切割材料，如高强度、高韧性、高硬度、高脆性、磁性材料，以及精密细小和形状复杂的零件。图 6-8 所示为用激光切割机进行加工。

6.2.1 激光切割技术认知

1. 激光切割原理

激光切割的工作机理如图 6-9 所示。它是利用从激光发生器发射出的激光束，经外光路系统，聚焦成具有高功率密度的激光束照射工件，激光能量被工件材料吸收。工件温度急剧上升。到达沸点后，材料开始汽化并形成孔洞。随着光束与工件相对位置的移动，最终使材料形成割缝。切割时的工艺参数（切割速度、激光器功率、气体压力等）及运动轨迹均由数控系统控制。割缝处的熔渣被一定压力的辅助气体吹除。

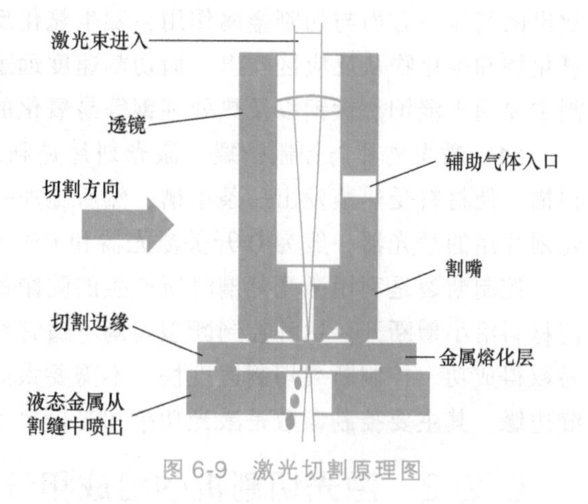

图 6-9 激光切割原理图

2. 激光切割的特点

（1）切割质量好 激光切割切口细窄，切缝两边平行并且与表面垂直，切割零件的尺寸精度可达±0.05mm。切割表面光洁美观，表面粗糙度只有几十微米，甚至激光切割可以作为最后一道工序，无需机械加工，零部件可直接使用。材料经过激光切割后，热影响区宽度很小，切缝附近材料的性能也几乎不受影响，并且工件变形小，切割精度高，切缝的几何形状好，切缝横截面形状呈现较为规则的长方形。

（2）切割效率高　由于激光的传输特性，激光切割机上一般配有多台数控工作台，整个切割过程可以全部实现数字控制。操作时，只需改变数控程序，就可适用不同形状零件的切割，既可进行二维切割，又可实现三维切割。

（3）切割速度快　用功率为 1200W 的激光切割 2mm 厚的低碳钢板，切割速度可达 600cm/min；切割 5mm 厚的聚丙烯树脂板，切割速度可达 1200cm/min。材料在激光切割时不需要装夹固定。

（4）非接触式切割　激光切割时割炬与工件无接触，不存在工具的磨损。加工不同形状的零件，不需要更换“刀具”，只需改变激光器的输出参数。激光切割过程噪声低，振动小，无污染。

（5）切割材料的种类多　与氧乙炔切割和等离子切割比较，激光切割材料的种类多，包括金属、非金属、金属基和非金属基复合材料、皮革、木材及纤维等。

3. 激光切割的分类

激光切割可分为激光汽化切割、激光熔化切割、激光氧气切割和激光划片与控制断裂四类。

（1）激光汽化切割　利用高能量密度的激光束加热工件。在短的时间内汽化，形成蒸气。在材料上形成切口。材料的汽化热一般很大，所以激光汽化切割时需要大的功率和功率密度。激光汽化切割多用于极薄金属材料和非金属材料（如纸、布、木材、塑料和橡皮等）的切割。

（2）激光熔化切割　激光熔化切割时，用激光加热使金属材料熔化，喷嘴喷吹非氧化性气体（Ar、He、N 等），依靠气体的强大压力使液态金属排出，形成切口。所需能量只有汽化切割的 1/10。激光熔化切割主要用于一些不易氧化的材料或活性金属的切割，如不锈钢、钛、铝及其合金等。

（3）激光氧气切割　它是用激光作为预热热源，用氧气等活性气体作为切割气体。喷吹出的气体一方面与切割金属作用，发生氧化反应，放出大量的氧化热；另一方面把熔融的氧化物和熔化物从反应区吹出，而切割速度远远大于激光汽化切割和熔化切割。激光氧气切割主要用于碳钢、钛钢以及热处理钢等易氧化的金属材料。

（4）激光划片与控制断裂　激光划片是利用高能量密度的激光在脆性材料的表面进行扫描，使材料受热蒸发出一条小槽，然后施加一定的压力，脆性材料就会沿小槽处裂开。激光划片用的激光器一般为 Q 开关激光器和 CO_2 激光器。

控制断裂是利用激光刻槽时所产生的陡峭的温度分布，在脆性材料中产生局部热应力，使材料沿小槽断开。达种控制断裂切割不适宜切割锐角和角边切缝。切割特大封闭外形不容易取得成功。控制断裂切制速度快，不需要太高的功率，否则会引起工件外表熔化，破坏切缝边缘，其主要控制参数是激光功率和光斑尺寸大小。

6.2.2　激光切割机的组成和分类

激光切割机是机电一体化高度集成设备，作为一种新型的工具，目前越来越成熟地运用到各种行业。

1. 激光切割机的组成

数控激光切割机由激光切割机主机、激光器、水冷机、外光路系统、数控系统及自动编程软件等组成，此外，还有冷水机组、气体（包括激光工作气体和切割、焊接用辅助气体）供应（包括净化）站以及计算机辅助设计及编程等配套设备。激光加工系统示意图如图 6-10 所示。激光加工设备结构如图 6-11 所示。其中激光器及外光路系统是数控激光切割机关键配套部件，其性能指标将直接影响激光切割板材的切割质量，在当今实用的激光器中，唯一能够连续输出大功率的是 CO_2 激光器，其效率高达 10%以上。在金属和非金属材料的激光加工中需要大的激光功率，故 CO_2 激光器深受欢迎，成为切割系统用激光器的主流。典型的 CO_2 激光切割设备的基本构成如图 6-12 所示。

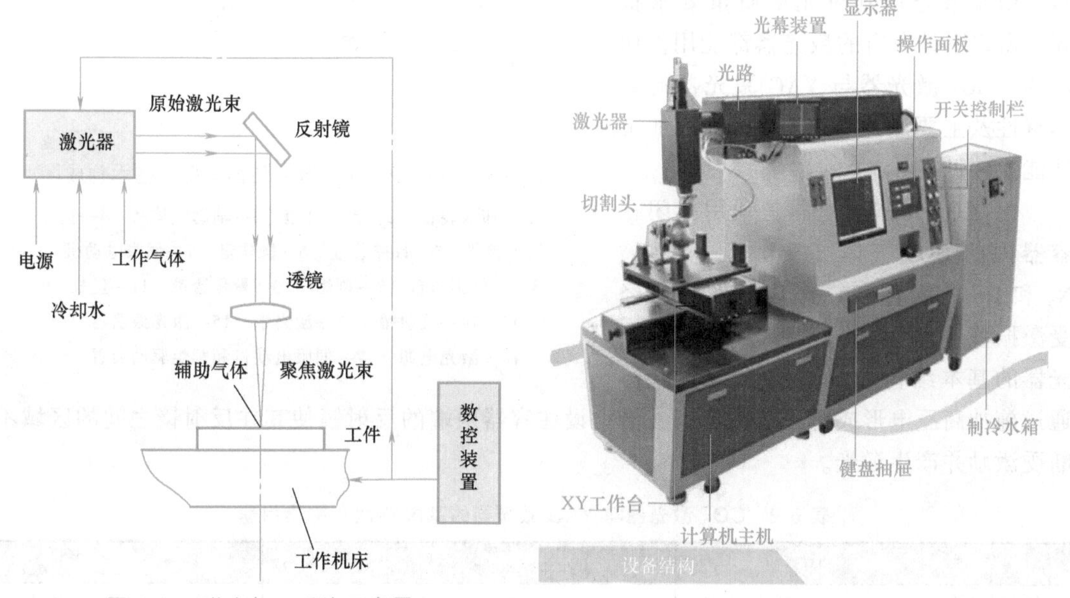

图 6-10 激光加工系统示意图　　图 6-11 激光加工设备结构

（1）机床主机　机床主机主要由床身、工作台等基础件组成。床身分为开式和闭式两种：开式床身结构较为简单，工件放置方便；闭式床身刚性好，适合于较大激光切割机的结构。主机上的工作台用于支撑被切割的工件，支撑多采用多个顶尖结构，但也有采用多个圆球来支撑的；工作台侧面装有钢板的定位和夹紧装置。

按切割柜与工作台相对移动的方式，可分为以下三种类型：

1）切割过程中，光束（由割炬射出）与工作台都移动，一般光束沿 Y 向移动，工作台沿 X 向移动。

2）在切割过程中，只有光束（割炬）移动，工作台不移动。

3）在切割过程中，只有工作台移动，而光束（割炬）固定不动。

（2）传动系统　数控激光切割机要求定位精度通常<0.05mm/300m，因此一般采用半闭环控制。半闭环系统的驱动元件为直流伺服或交流伺服电动机，由于激光切割机只需保证运动部件的可靠移动，所以常采用脉宽调制宽调速的惯量直流电动机，或交流伺服电动机，电动机直接与滚珠丝杠相连接而带动割炬滑板或活动工作台移动。在选择交流伺服电动机时，

因电动机转动惯量小，故应特别注意电动机转动惯量与机械装置转动惯量的匹配。有时为了结构需要（例如 Z 轴）或转动惯量的匹配，需要加一级齿形带轮的减速。

（3）激光器　激光器是产生激光光源的装置。对于激光切割的用途而言，除了少数场合采用 YAG 固体激光器外，绝大部分采用电-光转换效率较高并能输出较高功率的 CO_2 气体激光器。由于激光切割对光束质量要求很高，所以不是所有的激光器都能用作切割的。CO_2 激光器与 YAG 激光器的基本特性及主要用途见表 6-2；切割加工性能比较见表 6-3。

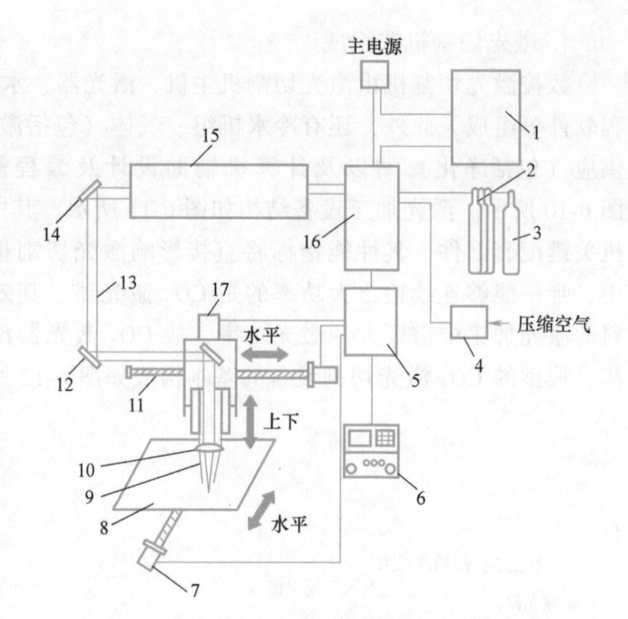

图 6-12　典型的 CO_2 激光切割设备的基本构成

1—冷却水装置　2—激光气瓶　3—辅助气体瓶　4—空气干燥器　5—数控装置　6—操作盘　7—伺服电动机　8—切割工作台　9—割炬　10—聚焦透镜　11—丝杠　12、14—反射镜　13—激光束　15—激光振荡器　16—激光电源　17—伺服电动机和割炬驱动装置

1）CO_2 气体激光器是利用封闭在容器内的 CO_2 气体（实际上是 CO_2、N_2 和 He 的混合气）作为工作物质经受激振荡后产生的光放大。CO_2 气体激光器的基本结构如图 6-13 所示。气体通过施加高压电形成辉光放电状态，借助设在容器两端的反射镜使其在反射镜之间的区域不断受激励并产生激光。

表 6-2　CO_2 激光器与 YAG 激光器的基本特性及主要用途

激光器	波长	振荡形式	输出功率	效率(%)	用途
CO_2 激光器	1.06	脉冲/连续	1.8kW,脉冲能量 0.1~150J	3	打孔、焊接、切割、烧刻
YAG 激光器	10.6	脉冲/连续	20kW	20	打孔、焊接、切割、热处理

表 6-3　CO_2 激光器与 YAG 激光器切割加工性能比较

项目	CO_2 激光器	YAG 激光器
聚焦性能	光束发散角小,易获得基模,聚焦后光斑小,功率密度高	光束发散角小,不易获得单模式(仅超声波 Q 开关 YAG 激光器能生产单模式),聚焦后光斑大,功率密度低
金属对激光的吸收率(常温)	低	高

2）YAG 固体激光器的结构原理如图 6-14 所示。它是借助光学泵作用将电能转化的能量传送到工作介质中，使之在激光棒与电弧灯周围形成一个泵室。同时通过激光棒两端的反光镜，使光对准工作介质，对其进行激励以产生光放大，从而获得激光。

选择哪一种激光源要充分考虑到各种因素，如选择合适的波长、功率、光斑系统集成要求等，当然还要考虑预算。每一种激光源都有其特性，可以满足不同的加工要求，当然在某

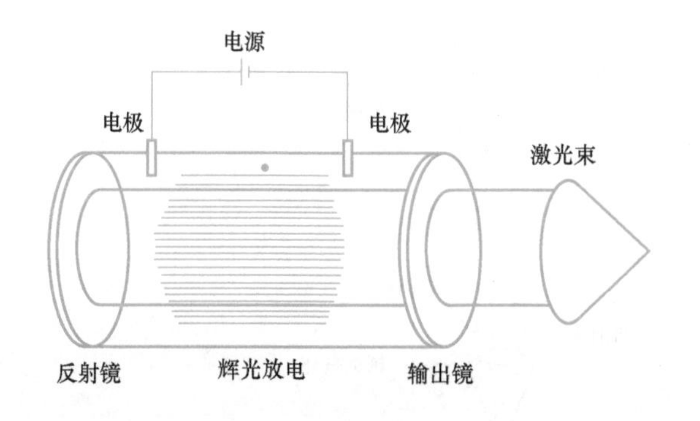

图 6-13 CO_2 气体激光器的结构原理图

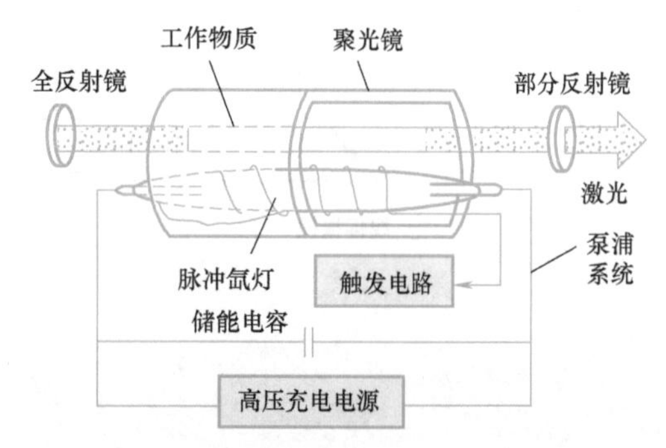

图 6-14 YAG 固体激光器的结构原理图

些情况下也有可替代性。

激光器采用“BCD/FOB”接口与控制系统相连接。“BCD”即 BCD 码，是与激光器进行通信用的数据格式。“FOB”是用来反馈各种错误信号和附加模拟信号的。“BCD/FOB”接口需要 2 个 47 针安费诺（Amphenol）型接头连接。

（4）割炬　激光切割用割炬的结构如图 6-15 所示。它主要由割炬体、聚焦透镜、反射镜和辅助气体喷嘴等组成。激光切割时，割炬必须满足下列要求：

1）割炬能够喷射出足够的气流。

2）割炬内气体的喷射方向必须和反射镜的光轴同轴。

3）割炬的焦距能够方便调节。

4）切割时，保证金属蒸气和切割金属的飞溅不会损伤反射镜。

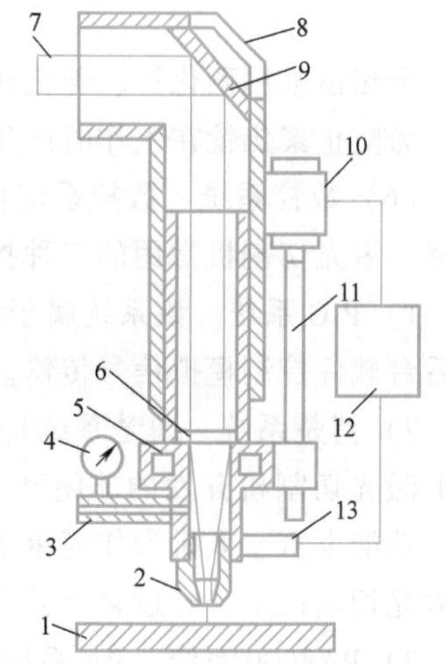

图 6-15　激光切割用割炬的结构

1—工件　2—切割喷嘴　3—氧气进气管　4—氧气压力表　5—透镜冷却水套　6—聚焦透镜　7—激光束　8—反射冷却水套　9—反射镜　10—伺服电动机　11—滚珠丝杠　12—放大控制及驱动电器　13—位置控制器

割炬的移动是通过数控运动系统进行调节的，割炬与工件间的相对移动有三种情况：割炬不动，工件通过工作台运动，主要用于尺寸较小的工件；工件不动，割炬移动；割炬和工作台同时运动。

（5）光路系统　为保证高速和优质的激光切割，光路系统是很重要的。典型激光切割机的光路系统示意图如图 6-16 所示。光路系统是指外光路系统，它包括从激光器出来的光束，经过导管、反射镜几次反射到安装于割炬头上的聚焦镜上，经聚焦后，激光成为直径只有 0.1～0.2mm 但能量密度极高的小光点，把该光点对准被割金属所需的位置而进行切割。当光路很长，聚焦镜前激光束发散较大时，在光路上可加扩束镜来使激光收敛。

为了校正光路和使激光对准被割工件，在光路上需要安装与激光同轴的氦氖激光器，氦氖激光由单独光闸控制。

折射反射镜用于将激光导向所需要的方向。为使光束通路不发生故障，所有反射镜都要有保护罩加以保护，并通入洁净的正压保护气体以保护镜片不受污染。一套性能良好的透镜

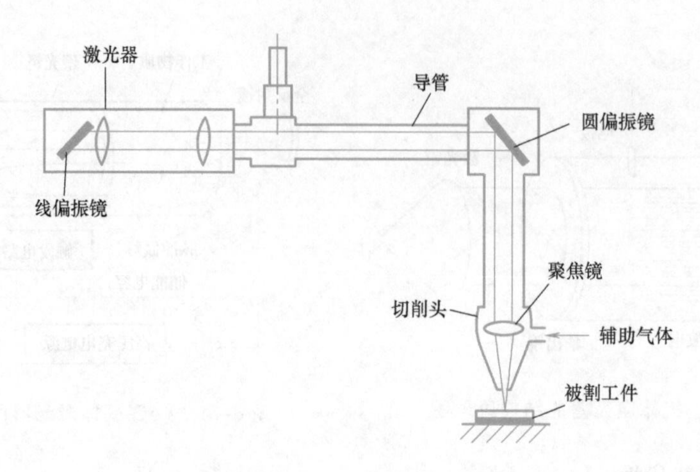

图 6-16　典型激光切割机的光路系统示意图

会将一无发散角的光束聚焦成无限小的光斑。一般用 5.0in[⊖] 焦距的透镜。7.5in 透镜仅用于 >12mm 的厚材。

聚焦镜常用硒化锌、砷化镓或锗等制造。根据切割工艺要求，可以采用不同焦距的聚焦镜，为防止聚焦镜在工作时产生热变形，常需要通冷却水来冷却。

（6）数控系统　数控系统控制机床实现 *X*、*Y*、*Z* 轴的运动，同时也控制激光器的输出功率。激光切割机常用的三种控制系统是 PIC 系统、博楚系统及 PA8000 系统。

1）PIC 系统。该系统属于比较老的板卡控制系统，可以集成到普通计算机上运行，利用后台软件控制模拟信号传输。该控制系统虽然老，但属于完全开源系统。

2）博楚系统。博楚系统是国内人员针对国内市场开发的激光切割机系统，针对 2000W 以下激光切割机开发的非闭环开源系统，该系统在 1000W 以内激光切割机上使用有操作简便、功能丰富、人机操作简单等优点，被国内多数激光切割机制造商广泛使用在 1000W 以内激光切割机上，经过多年升级和实验，目前是 1000W 以内激光切割机最稳定的系统配置。

3）PA8000 系统。PA 系统是基于 PC 技术的开放式数控系统（CNC），开放式 CNC 技术代表着全球数控领域的最前沿技术，其先进的技术先后被世界多家著名的自动化公司所采用，目前在大功率激光切割机上面使用较多。

（7）冷却系统　激光从电能到转换成光能的过程中，在激光器中会经历多个能量转换环节，在这些转换环节当中，会造成能量散失。CO_2 激光器的转换效率为 15%～20%；对于固体激光器来说，所散失的能量占总输入能量的 95% 以上，大部分放电能量转变成热能。这些能量在激光器介质激活区或各个镜片中将会产生多种热效应，造成激光器输出的不稳定和输出激光光束质量下降等问题。冷却系统保证了高效率的散热和对激光介质激活区内温度差造成的热效应的降低。

常用的水冷却系统，由控温水箱、压缩机、翅片式冷凝器、盘管式蒸发器、电加热管、循环水泵、循环管路、智能温度控制系统及报警系统等组成。系统的总制冷量由激光器最大功率和能量转换效率所决定。

⊖ 英寸（in）为非法定计量单位，1in＝2.54cm。

（8）稳压电源　稳压电源连接在激光器、数控机床与电力供应系统之间，主要起防止外电网干扰的作用。

2. 激光切割机的分类

近几年的激光技术得到了快速发展，低消耗、高效率、高精度的激光设备便成为人们关注的焦点。激光切割机的种类繁多，分类方式也是多种多样。

1）按激光器分为 CO_2 激光切割机、YAG 激光切割机以及光纤激光切割机。

① CO_2 激光切割机。CO_2 的激光器波长 10.6μm，较容易被非金属材质所吸收，它能有效被用于木材、塑料、亚克力等非金属材质的切割，同时可以切割较薄的金属材料。对于较厚的金属材料，建议不要采用 CO_2 激光切割机。

② YAG 激光切割机。YAG 激光器波长不易被非金属材质吸收，所以 YAG 激光切割机不能用于非金属的切割。市面上的 YAG 激光切割机，输出功率大多在 600W 以下，仅适用于金属薄板的打孔、点焊和切割。8mm 以下厚度的金属切割可以考虑选择 YAG，但是由于功率小，切割效率并不是很高。

③ 光纤激光切割机。光纤激光器的波长为 1.06μm，容易被金属材质吸收，对于金属材料的切割，光纤激光切割机具有切割速度快、精度高、损耗低等的特点。

2）按组成结构不同可分为台式激光切割机和搭载型激光切割机。

① 台式激光切割机是把激光器放置在一边，通过外部光路传输到激光切割头，加工范围一般为 1.5m×3m、2m×4m。

② 搭载型激光切割机把激光器放在机械上面，随机器的运行起动，这样可保证光路的恒定，有效切割范围可以很大，宽度可达 2~6m，长度可达几十米。

3）按工作空间可分为龙门式、悬臂式、机械手式激光切割机等。

① 龙门式也称飞行光路式，定位速度快，切割速度快，切割效率高，加速度大，但光路复杂。龙门式结构以其独特的结构优势成为目前世界上的主流机型。

② 悬臂式是国产机的杰作，优点是空间可以扩展，可加工大于工作台的零件，空间更开放。但总体切割效率较差，定位及切割速度、加速度都相当低。

③ 机械手式激光切割机工作范围大、到达距离长、承重能力大，可通过手持终端对机械手进行操控，结构紧凑，即使在条件苛刻、限制颇多的场所，仍能实现高性能操作，但控制系统复杂。

4）按功率可分为高、中、低功率光纤激光切割机。

5）按切割材料可分为金属与非金属激光切割机。

6）按加工维度可分为二维与三维激光切割机。

7）按工作物质不同可分为固体激光切割机和气体激光切割机。

8）按激光器工作方式不同分为连续激光切割设备和脉冲激光切割设备。

3. 常用的激光切割设备

随着激光切割应用范围的日益扩大，为适应不同尺寸零件切割加工的需要，开发出许多具有不同特性和用途的切割设备。常用的主要有割炬驱动式切割设备、*XY* 坐标切割台驱动式切割设备、割炬-切割台双驱动式切割设备、一体式切割设备和激光切割机器人等。

（1）割炬驱动式切割设备　割炬驱动式切割设备实物图如图 6-17 所示。割炬安装在可移动式门架上并沿门架大梁横向（*Y* 轴方向）运动，门架带动割炬沿 *X* 轴运动，工件固定在切割台上。由于激光器与割炬分离设置，在切割过程中，激光的传输特性、沿光束扫描方向的平行度和折光反射镜的稳定性都会受到影响。

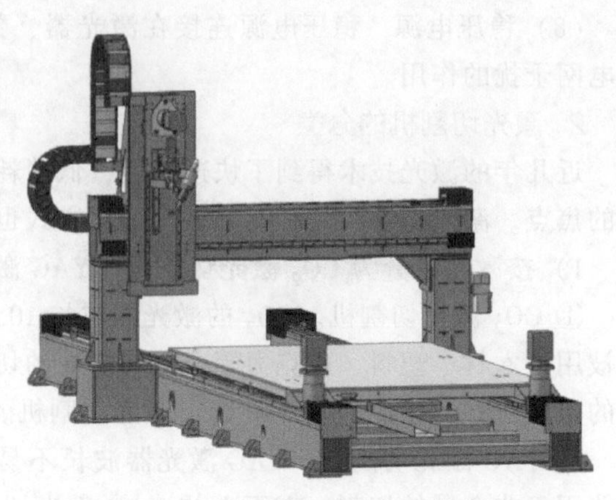
图 6-17　割炬驱动式切割设备实物图

割炬驱动式切割设备可以加工尺寸较大的零件，切割生产区占地相对较小，易与其他设备组成生产流水线，但是定位精度不高，只有±0.04mm。

割炬驱动式切割设备采用 CO_2 气体连续激光，光束从激光器传送到割炬的距离为 18mm。为了保持光束直径在这一传送距离内其形状的变化不妨碍切割加工的进行，振荡器反光镜的组合应仔细设计。

（2）*XY* 坐标切割台驱动式切割设备　*XY* 坐标切割台驱动式切割设备实物如图 6-18 所示，割炬固定在机架上，工件置于切割台上。切割台按数控指令沿 *X*、*Y* 方向运动，驱动速度一般为 0～1m/min（可调）或者 0～5m/min（可调）。由于割炬相对工件固定，在切割过程中对激光束的调准对中影响小，因此能进行均一且稳定的切割。当切割工作台尺寸较小、机械精度较高时，定位精度为±0.01mm，切割精度相当高，特别适合于小零件的精密切割。

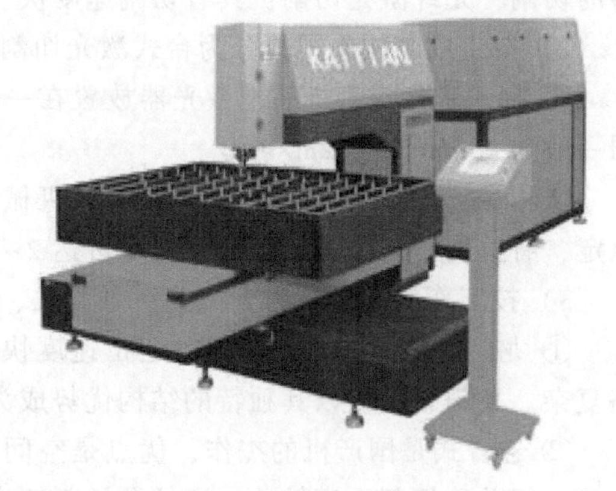

图 6-18　*XY* 坐标切割台驱动式切割设备实物图

（3）割炬-切割台双驱动式切割设备　割炬-切割台双驱动式切割设备实物图如图 6-19 所示，该类设备介于割炬驱动式与 *XY* 坐标切割台驱动式之间。割炬安装在门架上并沿门架大梁做横向（*Y* 向）运动，切割台沿纵向驱动，兼有切割精度高和节省生产场地的优点。定位精度为 0.01mm，切割速度调节范围为 0～20m/min，是应用较多的一种切割设备。

（4）一体式切割设备　一体式切割设备实物图如图 6-20 所示，激光器安装在机架上并随机架纵向移动，而割炬同其驱动机构组成一体在机架大梁上横向移动，利用数控方式可进行各种成形零件的切割。为弥补割炬的横向移动使光路长度发生的变化，通常备有光路长度调整组件，能在切割区范围内获得均质的光束，保持切割面质量的同质性。

（5）激光切割机器人　激光切割机器人有 CO_2 气体激光和 YAG 固体激光切割机器人。通常激光切割机器人既可进行切割又能用于焊接。

1）CO_2 气体激光切割机器人。L-1000 型 CO_2 激光切割机器人结构简图如图 6-21 所示。机器人采用极坐标式 5 轴控制，配用 C1000～C3000 型激光器。光束经由设置在机器人手臂内的 4 个反射镜传送，聚焦后从喷嘴射出。反射镜用铜制造，表面经过反射处理，使光束传递损失不超过 0.8%，而且焦点的位置精度相当好。为了防止反射镜受到污损，光路完全不与外界接触，同时还在光路内充入经过滤器过滤的洁净空气，并具有一定的压力，从而防止

图 6-19 割炬-切割台双驱动式切割设备实物图

图 6-20 一体式切割设备实物图

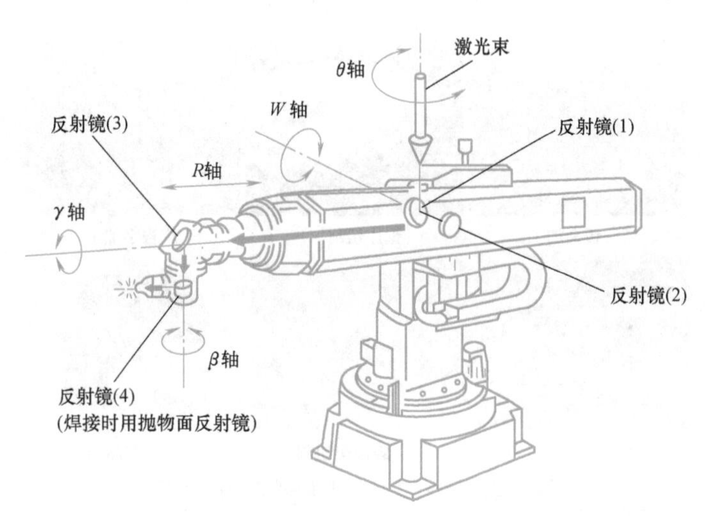

图 6-21 L-1000 型 CO_2 激光切割机器人结构简图

周围的灰尘进入。

2）YAG 固体激光切割机器人。日本研制的多关节型 YAG 激光切割机器人的结构如图 6-22 所示。多关节型 YAG 激光切割机器人是用光纤维把激光器发出的光束直接传送到装在机器人手臂的割炬中，因此比 CO_2 气体激光切割机器人更为灵活。这种机器人是由原来的焊接机器人改造而成的，采用示教方式，适用于三维板金属零件，如轿车车体模压件等的毛边修割、打孔和切割加工。

6.2.3 激光切割机的应用与发展

激光切割机，是 20 世纪末、21 世纪初新兴的一种板材加工机械设备。经过国内外近 20 年的不断技术更新和工艺发展，激光切割工艺以及激光切割机设备，正被广大板材加工企业所熟悉和接受，并以其加工效率高、加工精度高、切割断面质量好、可进行三维切割加工等诸多优势逐步取代等离子切割、水切割、火焰切割、数控冲床等传统板材加工手段，在各行

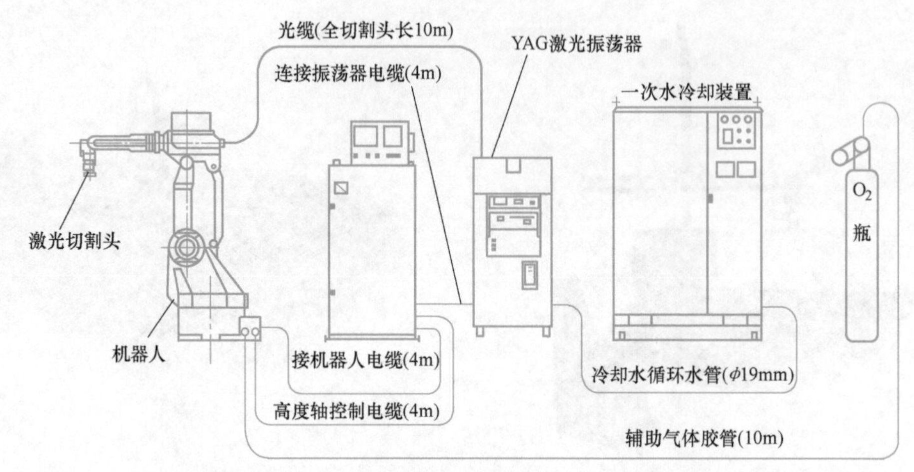

图 6-22 多关节型 YAG 激光切割机器人结构简图

业得到了广泛的应用。激光在各行业切割的产品样图如图 6-23 所示。

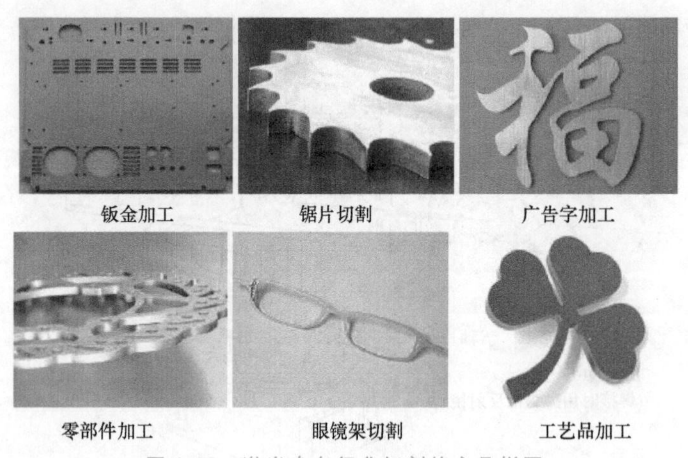

图 6-23 激光在各行业切割的产品样图

1. 激光切割机的应用

(1) 切割形状复杂、特殊的板件　在进行复杂、特殊的板件加工时，激光切割机只需切割外形及孔，一次成形，不但可以减少工序间的周转，缩短生产周期，而且节省了工装的制造费用。

(2) 切割厚板件　厚板件在剪板机上加工会出现斜度，影响零件质量，使用时需要铣削加工。利用激光切割机切割可以避免这种情况的发生，从而保证零件的加工质量。

(3) 小批量试制件的加工　在产品试制及小批量生产过程中，一些零件必须采用工装保证加工质量，在这种情况下，可以全部改在激光切割机上加工，既保证了产品的质量，又提高了生产进度。

(4) 大批大量零件的加工　激光切割机同样适用于大批大量零件的加工，通过共边切割、混合排料、最佳矩形、异种零件嵌套、同种零件组合，调用单排算法等方法套裁，可达到最高材料利用率。薄板件可节约材料 20%~25%，厚板件可节约材料 10%~15%。

(5) 样板的加工　为保证零件质量，生产过程中需要大量的样板，激光切割机为加工样板提供了有利条件。

(6) 可切割的材料范围广泛　激光可切割的材料很多，包括有机玻璃、木板、塑料等非金属板材，以及不锈钢、碳钢、合金钢、铝板等多种金属材料。脉冲激光适用于金属材料，连续激光适用于非金属材料，后者是激光切割技术的重要应用领域。

2. 激光切割机技术的发展方向

经过几十年的发展，激光切割技术日趋成熟，未来激光切割机的发展趋势如下。

1) 激光切割将向数字化、智能化方向发展。利用智能化技术的发展，将研制出高度智能化的多功能激光加工系统。

2) 激光切割向多功能的激光加工中心发展，将激光切割、激光焊接以及热处理等各道工序后的质量反馈集成在一起，充分发挥激光加工的整体优势。

3) 激光切割将向更高效率、精度，以及多功能和高适应性方向发展，激光切割机器人(图 6-24) 的应用范围将会越来越大，涉及更多的领域。

图 6-24　激光切割机器人

随着未来“工业 4.0”“中国制造 2025”规划深入实施，制造业将会发生翻天覆地的变化，将会对高新制造越来越倚重，激光加工正是属于这一类。由于激光加工技术具有高效率、高精度等绝对优势，再加上配合未来智能制造技术的应用，激光切割机技术将在国民工业体系中发挥越来越重要的作用。

6.3 三坐标测量机

6.3.1 三坐标测量技术认知

1. 三坐标测量技术

三坐标测量就是运用三坐标测量机对工件进行几何公差的检验和测量，以判断该工件的误差是不是在公差范围之内，也叫作三坐标检测。随着现代汽车工业和航空航天事业以及机械加工业的突飞猛进，三坐标检测已经成为常规的检测手段。三坐标测量机也早已不是奢侈品了。特别是一些外资和跨国企业，强调第三方认证，所有出厂产品必须提供有检测资格方的检测报告，所以三坐标检测对于加工制造业来说越来越重要。三坐标检测也运用到逆向工程设计中，就是对一个物体的空间几何形状以及三维数据进行采集和测绘，提供点数据，再用软件进行三维模型构建的过程。三坐标检测技术已广泛用于机械制造业、汽车工业、电子工业、航空航天工业和国防工业等各部门，成为现代工业检测和质量控制不可缺少的测量技术。

2. 三坐标测量原理

三坐标测量首先将各被测几何元素的测量转化为对这些几何元素上一些点的坐标位置的测量，在测得这些点的坐标位置后，再根据这些点的空间坐标值，经过数学运算求出其尺寸和几何误差。如图 6-25 所示，要测量工件上一圆柱孔的直径，可以在垂直于孔轴线的截面 *I* 内，触测内孔壁上的三个点（点1、2、3），则根据这三点的坐标值就可计算出孔的直径及圆心坐标 O_1；如果在该截面内触测更多的点（点 1、2、…、*n*、*n* 为测点数），则可根据最小二乘法或最小条件法计算出该截面圆的圆度误差；如果对多个垂直于孔轴线的截面圆（*I*、*II*、…、*m*，*m* 为测量的截面圆数）进行测量，则根据测得点的坐标值可计算出孔的圆柱度误差以及各截面圆的圆心坐标，再根据各圆心坐标值又可计算出孔轴线位置；如果再在孔端面 *A* 上触测三点，则可计算出孔轴线对端面的位置度误差。

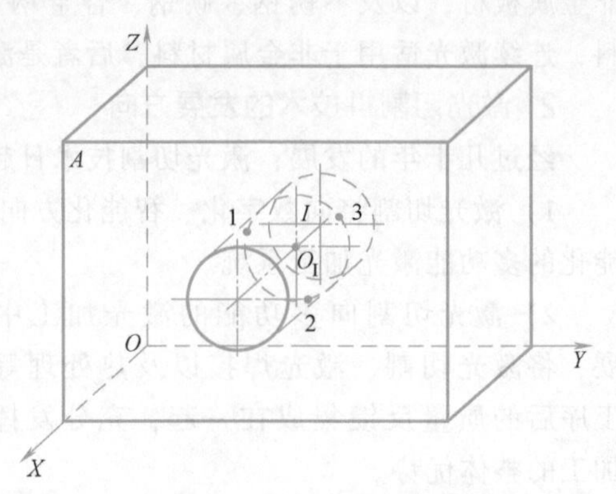

图 6-25 三坐标测量原理图

3. 三坐标测量技术分类

三坐标测量技术是获取物体表面各点空间坐标的技术，主要包括接触式和非接触式测量两大类。

1）接触式测量需要测头直接与零件表面接触，其测量基于"力-变形"原理的触发式测量。物体三维接触式测量的典型代表是三坐标测量机。它以精密机械为基础，综合应用电子、计算机、光学和数控等先进技术，能对三维复杂工件的尺寸、形状和相对位置进行高精度的测量。

2）非接触式测量不需要与待测物体接触，可以远距离非破坏性地对待测物体进行测量。其测量基于光学原理，具有高效率、无破坏性、工作距离大等特点，可以对物体进行静态或动态的测量。此类技术应用在产品质量检测和工艺控制中，可大大节约生产成本，缩短产品的研制周期，大大提高产品的质量，因而备受人们的青睐。随着各种高性能器件如半导体激光器（LD）、电荷耦合器件（CCD）、CMOS 图像传感器和位置敏感传感器（PSD）等的出现，新型三坐标传感器不断出现，其性能也大幅度提高，光学非接触测量技术得到迅猛的发展。

6.3.2 三坐标测量机的工作原理与结构组成

三坐标测量机（Coordinate Measuring Machine，CMM）又称为三坐标测量仪或三次元。它是指在一个六面体的空间范围内，能够表现几何形状、长度及圆周分度等测量能力的仪器。三坐标测量机可以代替多种表面测量工具及昂贵的组合量规，并把复杂的测量任务所需时间从小时减到分钟，通常配有计算机进行数据处理和控制操作。三坐标测量机实物如图 6-26 所示。三坐标测量机作为现代大型精密、综合测量仪器，有其显著的优点：

1）灵活性强，可实现空间坐标点测量，方便地测量各种零件的三维轮廓尺寸及位置参数。

2）测量精度高且可靠。

3）可方便地进行数字运算与程序控制，有很高的智能化程度。

图 6-26 三坐标测量机实物图

1. 三坐标测量机的工作原理

三坐标测量机的基本原理是将被测零件放入它允许的测量空间范围内，精确地测出被测零件表面的点在空间三个坐标位置的数值，将这些点的坐标数值经过计算机处理，拟合形成测量元素，如圆、球、圆柱、圆锥、曲面等，经过数学计算方法得出其形状、位置公差及其他几何量数据。

2. 三坐标测量机的结构类型

坐标测量机的结构类型常用的有桥式、龙门式、水平悬臂式、关节臂式等，其结构如图 6-27 所示。

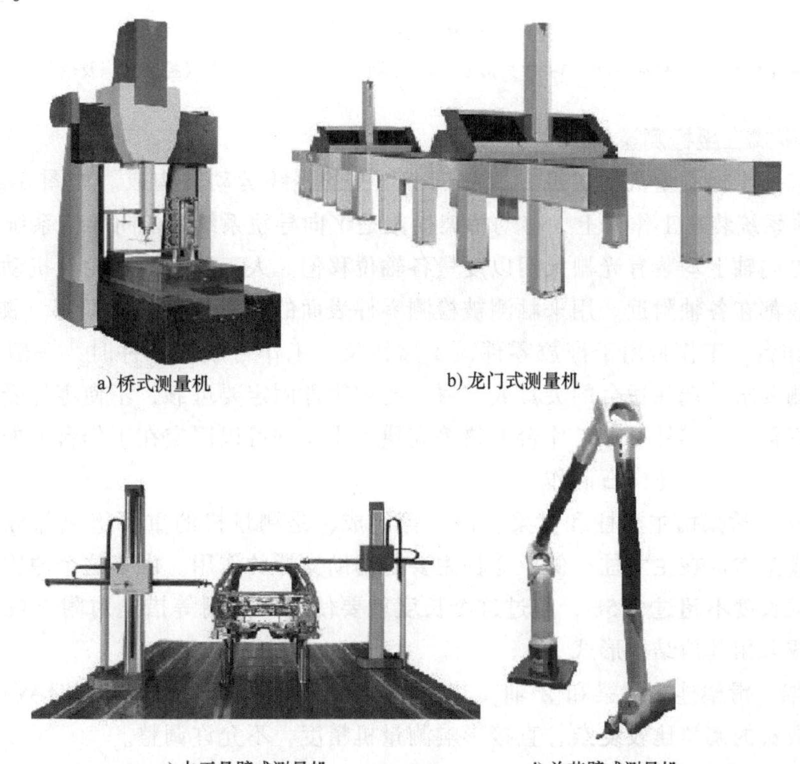

图 6-27 常用三坐标测量机的结构类型

桥式测量机是使用最为广泛的一种结构形式，其开敞性比较好，视野开阔，上下零件方便，运动速度快，精度比较高。龙门式测量机为中、大型和超大型测量机，适合于航空、航天、造船行业的大型零件或大型模具的测量，一般都采用双光栅、双驱动等技术，有较高的测量精度。悬臂式测量机的优点是开敞性较好，但精度低，一般用于小型测量机。水平悬臂式测量机开敞性好，测量范围大，可以由两台机器共同组成双臂测量机，尤其适合汽车工业钣金件甚至整车机构的测量。关节臂式测量机具有非常好的灵活性，适合携带到现场进行测量，对环境条件要求比较低。

3. 三坐标测量机的组成

三坐标测量机一般由主机、测量系统、电气（控制）系统（控制柜、电气驱动系统）和软件系统（计算机系统、数据处理软件系统）所组成，如图 6-28 所示。

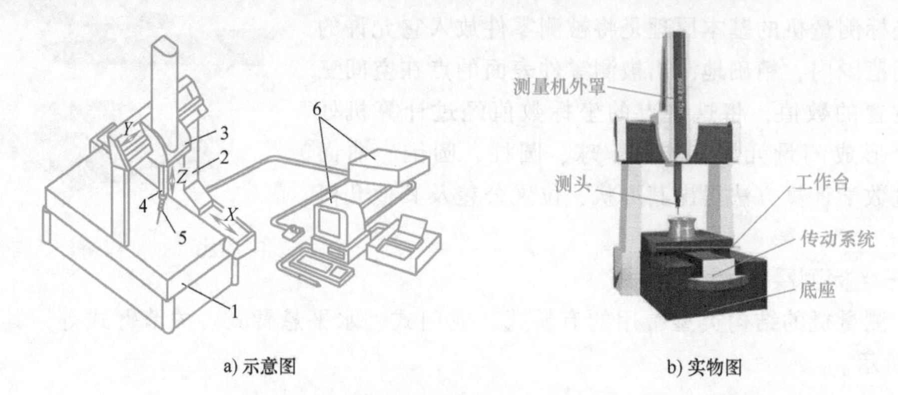

图 6-28　移动桥式三坐标测量机的组成

1—工作台　2—移动桥架　3—中央滑架　4—Z 轴　5—测头　6—电气控制系统及软件系统

4. 移动桥式三坐标测量机的主机

移动桥式三坐标测量机的主机一般由三个正交的直线运动轴构成。如图 6-28 所示结构中，X 向导轨系统装在工作台上，移动桥架横梁是 Y 向导轨系统，Z 向导轨系统装在中央滑架内。三个方向轴上均装有光栅尺用以度量各轴位移值。人工驱动的手轮及机动、数控驱动的电动机一般都在各轴附近。用来触测被检测零件表面的测头装在 Z 轴端部（测头）。

（1）工作台　工作台用于摆放零件，支撑桥架。工作台放置零件时，一般要根据零件的形状和检测要求，选择适合的夹具或支撑。要求零件固定要可靠，不使零件受外力变形或其位置发生变化。大零件可在工作台上垫等高块，小零件可以固定在工作台上的方箱上进行测量。工作台一般采用花岗石制作。

（2）桥架　桥架由主立柱和横梁、滑架等组成，是测量机的重要组成部分。桥架的驱动部分和光栅基本都在主立柱一侧，立柱主要起辅助支撑的作用。由于这个原因，一般桥式测量机的横梁长度不超过 2.5m，超过这个长度就要使用双光栅等措施对附立柱滞后的误差进行补偿，或采用其他结构形式。

（3）滑架　滑架连接横梁和 Z 轴，其上有两轴的全部气浮块和光栅的读数头、分气座。气浮块和读数头的调整比较复杂，直接影响测量机精度，不允许调整。

（4）导轨　导轨是具有精度要求的运动导向轨道，是基准导轨，也是气浮块运动的轨道，是测量机的基准之一。压缩空气中的油和水及空气中的灰尘会污染导轨，使测量机的系统误差增大，影响测量精度。要保持导轨道完好，避免对导轨磕碰，定期清洁导轨。

（5）光栅系统　光栅系统包括光栅、读数头、零位片，是测量机的测长基准。光栅是刻有细密等距离刻线的金属或玻璃，读数头使用光学的方法读取这些刻线计算长度。为了便于计算由于温度变化造成光栅长度变化带来的误差，将光栅一端固定，另一端放开，使其自由伸缩。另外，在光栅尺座预置有温度传感器，便于有温度补偿功能的系统进行自动温度补偿。零位片的作用是使测量机找到机器零点。机器零点是机器坐标系的原点，是测量机误差补偿和测量机行程控制的基准。

(6) 驱动系统　驱动系统由直流伺服电动机、减速器、传动带、带轮等组成。驱动系统的状态会影响控制系统的参数，不能随便调整。

(7) 空气轴承气路系统　它包括过滤器、开关、传感器、气浮块、气管等。空气轴承（又称气浮块）是测量机的重要部件，主要功能是保持测量机的各运动轴相互无摩擦。由于气浮块的浮起高度有限而且气孔很小，因此要求压缩空气压力稳定且其中不能含有杂质、油，也不能有水。过滤器系统是气路中的一道关卡，由于其过滤精度高，非常容易被压缩空气中的油污染，所以一定要有前置过滤装置和管道进行前置过滤处理。气路中连接的断路器和空气传感器都具有保护功能，不能随便调整。

(8) 支承（架）、随动带　小型测量机采用支架支撑测量机工作台，中、大型测量机一般采用千斤顶支撑工作台。都采用三点支撑，在一个支撑的一侧，有两个辅助支撑，只起保险作用。每个支撑都有一个隔振，能够吸收振幅较小的振动。如果安装测量机的附近有幅度较大的振动源，则需要另外采取减振措施。

5. 测量系统

三坐标测量机的测量系统由测头系统和标尺系统构成。它们是三坐标测量机在测量工件时的关键组成部分，决定着 CMM 测量精度的高低。

(1) 测头系统　三坐标测量机的测头是三坐标测量的传感器，它可在三个方向上感应瞄准信号和微小位移，以实现瞄准和测微两种功能。测量头分为接触式和非接触式两种，分类方式如图 6-29 所示。接触式测头在测量时直接接触工件，测头发送并回收测量信号；而非接触式测头在测量时不需要实际接触工件。目前常用的测头为接触式测头，其应用范围广、种类多样、测量方便灵活。

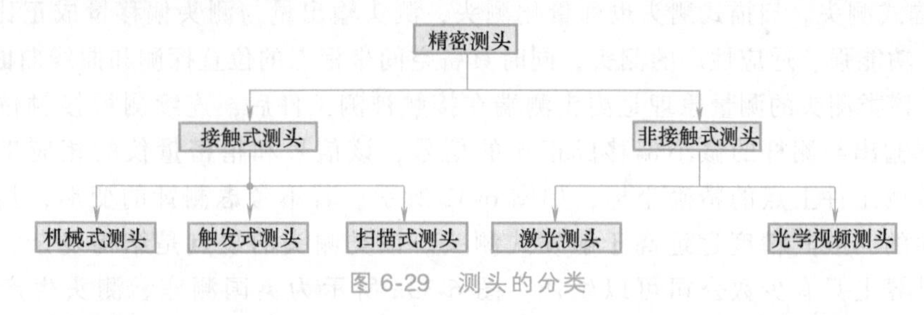

图 6-29　测头的分类

1）测头结构及原理。

① 机械式测头。机械式测头又称接触式硬测头，是精密量仪使用较早的一种测头，如图 6-30 所示。它通过测头测端与被测工件直接接触进行定位瞄准而完成测量，主要用于手动测量。这类测头的形状简单，制造容易，但是测量力的大小取决于操作者的经验和技能，因此测量精度差、效率低。目前除少数手动测量机还采用此种测头外，绝大多数测量机已不再使用这类测头。

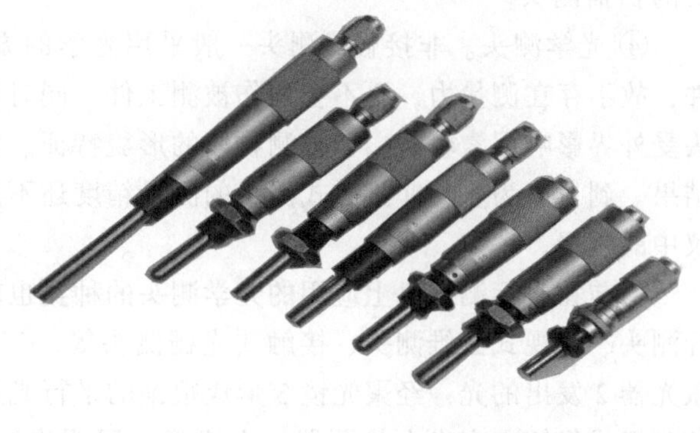

图 6-30　机械式测头

② 触发式测头。目前市面上广泛应用的精密测头是触发式测头，如图 6-31

所示。触发式测头的测量原理是测杆安装在芯体上，而芯体则通过三个沿圆周 120°分布的钢球安放在三对触点上，当测杆没有受到测量力时，芯体上的钢球与三对触点均保持接触，当测杆的球状端部与工件接触时，不论受到 X、Y、Z 哪个方向的接触力，至少会引起一个钢球与触点脱离接触，从而引起电路的断开，产生阶跃信号，直接或通过计算机控制采样电路，将沿三个轴方向的坐标数据送至存储器，供数据处理用。该类测头具有结构简单、使用方便、制作成本低及较高触发精度等优点，是三维测头中应用最广泛的测头。但该类测头也存在各向异性（三角效应）、预行程等误差，限制了其测量精度的进一步提高。扫描测头的出现弥补了触发式测头这方面的不足。

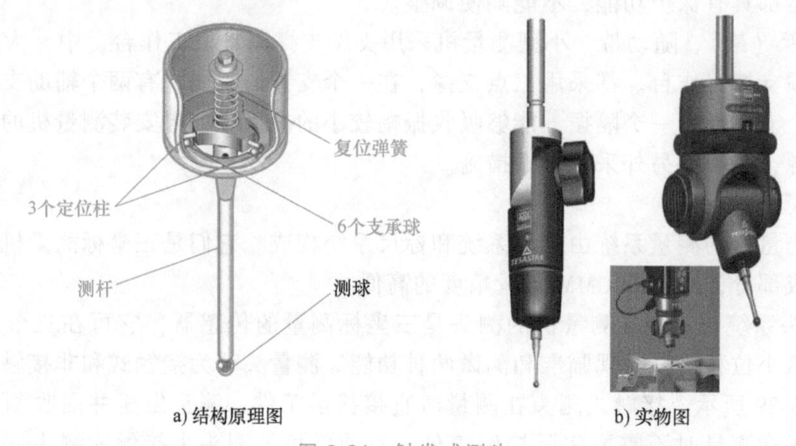

图 6-31　触发式测头

③ 扫描式测头。扫描式测头也称量化测头，测头输出量与测头偏移量成正比，作为一种精度高、功能强、适应性广的测头，同时具备空间坐标点的位置探测和曲线曲面的扫描测量的功能。该类测头的测量原理是测头测端在接触被测工件后，连续测得接触位移，测头的转换装置输出与测杆的微小偏移成正比的信号，该信号和精密量仪的相应坐标值叠加便可得到被测工件上点的精确坐标，如图 6-32 所示。若不考虑测针的变形，扫描式测头是各向同性的，故其精度远远高于触发式测头。该类测头的缺点是结构复杂、制造成本高，目前世界上只有少数公司可以生产。图 6-33a 所示为英国测座、测头生产商雷尼绍（Renishaw）生产的世界上最小的扫描测头 SP25M，直径仅为 25mm。图 6-33b 为 REVO 五轴扫描测头，能在坐标测量机上进行高精度、超高速五轴扫描测量，是市场上速度最快的扫描测头。

④ 光学测头。非接触式测头一般采用光学的方法进行测量，由于测头无须接触被测工件，故不存在测量力，更不会划伤被测工件，同时可以测量软质介质的表面形貌。但该类测头受外界影响因素较多，如被测物体的形貌特征、辐射特性以及表面反射情况都会影响测量结果。到目前为止，非接触式测头的测量精度还不是很高，还无法取代接触式测头在精密量仪中的位置。

目前在坐标测量机上应用的光学测头的种类也较多，如三角法测头、激光聚集测头、光纤测头、体视式三维测头、接触式光栅测头等。三角法测头的工作原理如图 6-34 所示，由激光器 2 发出的光，经聚光镜 3 形成很细的平行光束，照射到被测工件 4 上，其漫反射回来的光经成像镜 5 在光电检测器 1 上成像。照明光轴与成像光轴间有一夹角，称为三角成像

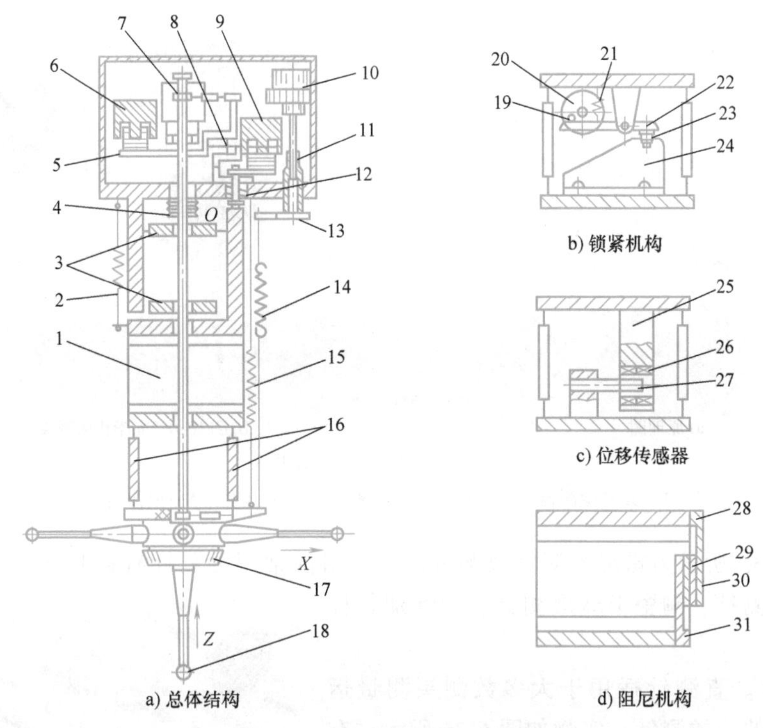

a) 总体结构　b) 锁紧机构　c) 位移传感器　d) 阻尼机构

图 6-32　扫描式测头示意图

1—Y 向片簧　2—平衡弹簧　3—Z 向片簧　4—波纹管　5、22—杠杆　6—电磁铁　7—中间传力杆　8—十字片簧　9—电磁铁　10—平衡力调节微电动机　11—平衡力调节螺杆　12—顶杆　13—平衡力调节螺母套　14、15—平衡弹簧　16—X 向片簧　17—转接座　18—测杆　19—销　20—电动机　21—弹簧　23—锁紧钢球　24—定位块　25—线圈支架　26—线圈　27—磁心　28—上阻尼支架　29、30—阻尼片　31—下阻尼支架

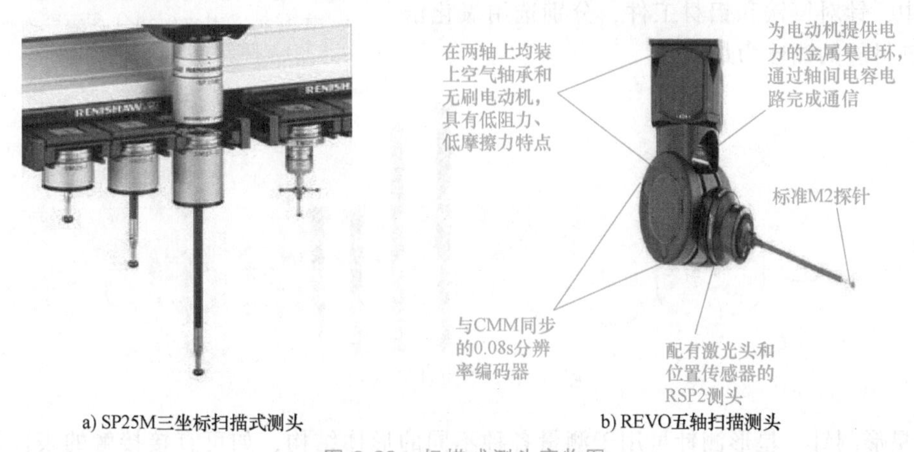

a) SP25M三坐标扫描式测头　b) REVO五轴扫描测头

图 6-33　扫描式测头实物图

角。当被测表面处于不同位置时，漫反射光斑按照一定三角关系成像于光电检测器件的不同位置，从而探测出被测表面的位置。雷尼绍公司生产的 OMP40 是一款紧凑型三维触发式工件检测测头，采用光学信号传输，用于在中小型数控加工中心上进行工件找正和工件检测。

2）测针的类型。测针是指可更换的测杆。在有些情况下，为了便于测量，需选用不同

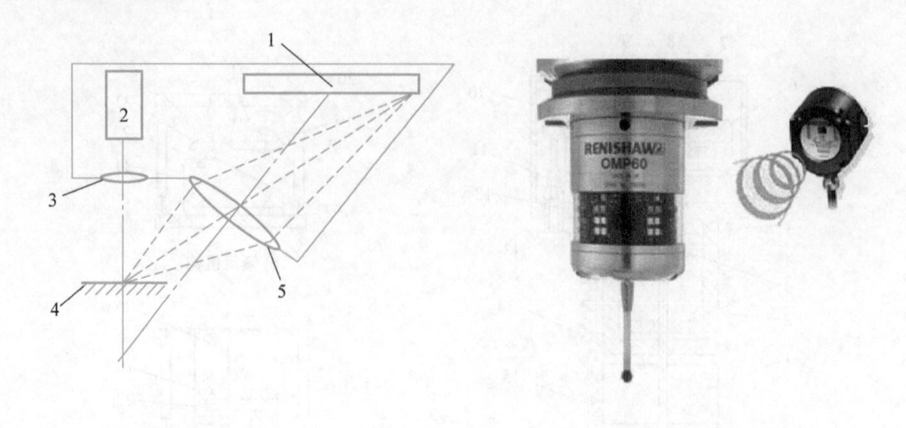

a) 原理图　　b) OMP40-2光学机床测头

图 6-34　激光非接触式测头

1—光电检测器　2—激光器　3—聚光镜　4—工件　5—成像镜

的测针，图 6-35 所示为雷尼绍测针及测针附件。目前常用的测针有直测针、星形测针、盘形测针、柱状测针、陶瓷半球形测针、测针加长杆等多种类型。

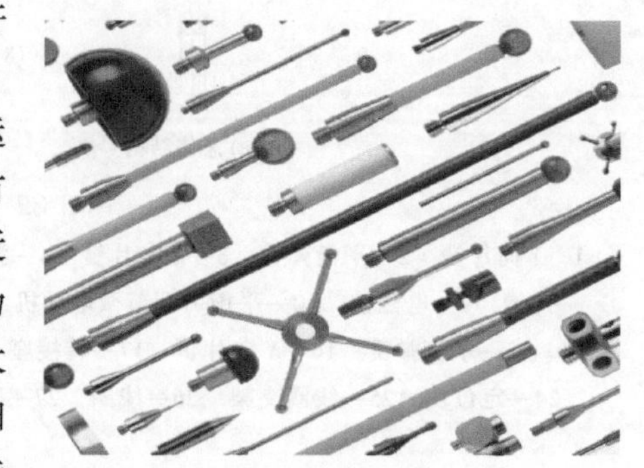

图 6-35　雷尼绍测针及测针附件

① 直测针。直测针适用于大多数测头测量运用，是最简单的一类测针，实物如图 6-36 所示，有直肩形测杆和锥形测杆可供选择。当工件容易接近时，配锥形测杆的测针刚性更强。测针球头材质为红宝石、氮化硅、氧化锆、陶瓷或碳化钨。对于大多数应用，红宝石测球是测针的默认选项，而在扫描测头中，针对铸铁和铝材工件，分别选用氧化锆和氮化硅材质的测球为最佳。

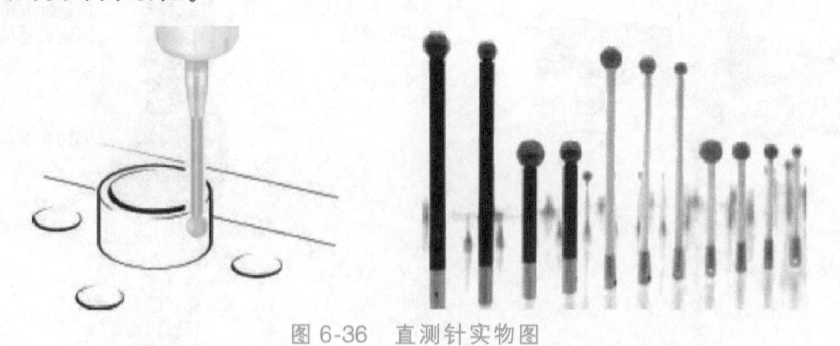

图 6-36　直测针实物图

② 星形测针。星形测针可用于测量各种不同的形体结构，如可直接接触的表面和孔及复杂内部轮廓。使用星形测针检测孔中的侧面或凹槽等内部特征的极端点时，由于具有多测尖检测能力，因此几乎不需要移动测头。实物如图 6-37 所示。

③ 盘形测针。盘形是高球度测球的“截面”，有多种直径和厚度可选。盘形测针安装在栓上，材质为钢、陶瓷或红宝石。全方向旋转调整及添加中心测针的功能是盘形测针系列的特点。这类测针主要用于检测星形测针无法触及的孔内退刀槽和凹槽。实物如图 6-38 所示。

④ 柱状测针。柱状测针用于测量球形测针无法准确接触的金属片、模压组件和薄工件。

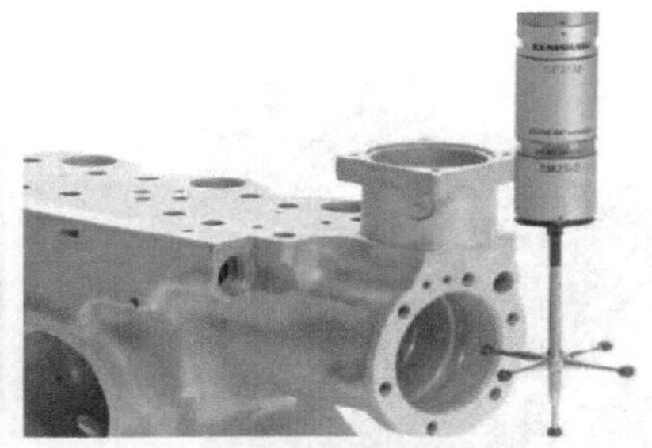

图 6-37　星形测针实物图

它还可测量各种螺纹特征，并可定位攻螺纹孔的中心。球端面柱状测针可进行全面标定及 X、Y 和 Z 向测量，因此可进行表面测量。实物如图 6-39 所示。

图 6-38　盘形测针实物图

⑤ 陶瓷半球形测针。陶瓷半球形测针的有效测球直径大而重量极小，主要用于测量深位特征和孔。还适合接触粗糙表面，因为表面粗糙度被大直径表面机械地过滤掉了。实物如图 6-40 所示。

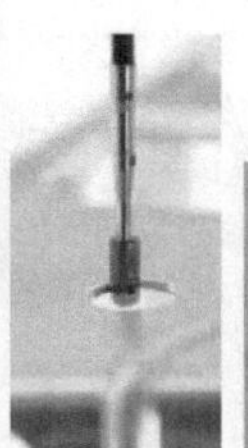
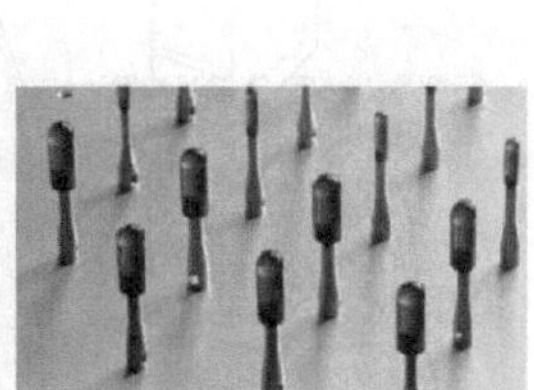

图 6-39　柱状测针实物图

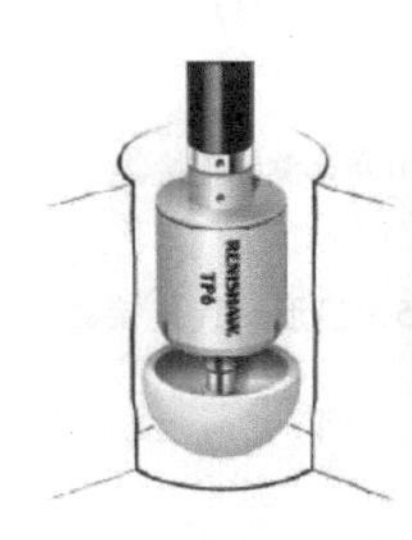

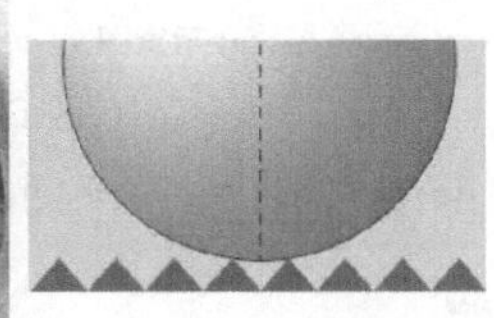

图 6-40　陶瓷半球形测针实物图

⑥ 测针加长杆。测针加长杆的材质包括钢、钛、铝、陶瓷和碳纤维，主要应用于测量极深的特征和孔，或测量难以到达的点。实物如图 6-41 所示。

3）测针的选用。测针对测量能力和测量精度有较大影响。为保持接触点的精度，针对不同工件特征，需选用不同类型的测针。在选用时应注意以下原则：

① 尽可能选择短的测针。因为测针越长，弯曲或变形量越大，精度越低。

② 尽可能减少测针组件数。每增加一个测针与测针杆的连接，便增加了一个潜在的弯曲和变形点。

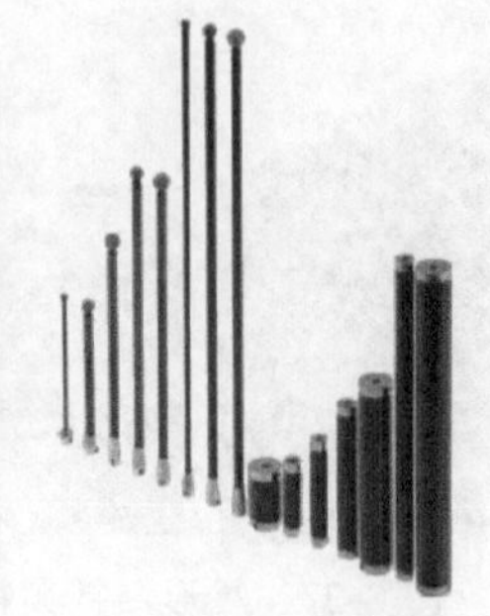

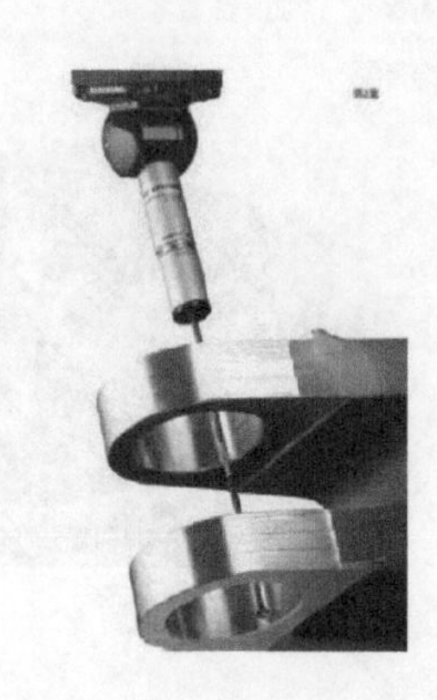

图 6-41 测针加长杆实物图

③ 尽可能选用测球直径越大的测针。一是这样能增大测球/测针杆的距离，从而减少由于碰撞测针杆所引起的误触发；其次，测球直径越大，被测工件表面粗糙度的影响越小。

针对不同工件特征，可选用不同类型的测针。

4）连接器。为了将测针连接到测头上、测头连接到回转体上或测量机主轴上，需采用各种连接器。常用的有星形测针连接器（图 6-42b）、连接轴、星形测头座（图 6-42a）等。星形测头座上可以安装若干不同的测头，并通过测头座连接到测量机主轴上。测量时，根据需要可由不同的测头交替工作。测头座实物如图 6-43 所示。

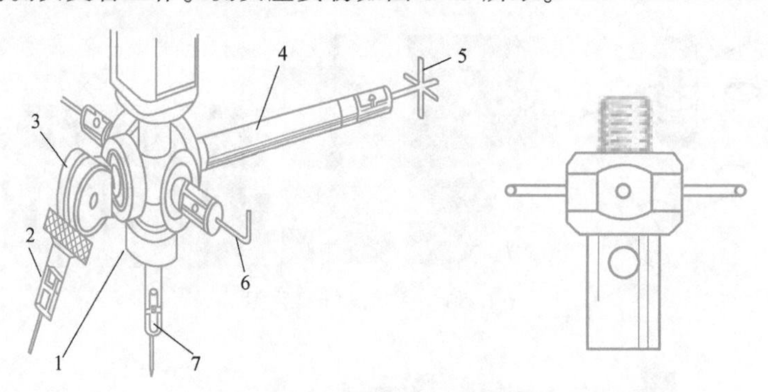

a) 示意图　　b) 星形测针连接器

图 6-42 星形测头座示意图

1—星形测头座　2、4、6、7—测头　3—回转接头座　5—星形测针连接器

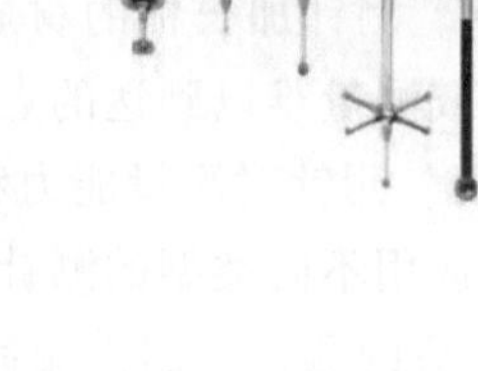

a) 手动式旋转测头座　　b) 固定式测头座　　c) 可连接模块

图 6-43 测头座实物图

5）回转附件。对于有些工件表面的检测，比如一些倾斜表面、整体叶轮叶片表面等，仅用与工作台垂直的测针检测将无法完成要求的测量，这时就需要借助一定的回转附件，使测针或整个测头回转一定角度再进行测量，从而扩大测头的功能。

常用的回转附件为图6-44a所示的测头回转体。它可以绕水平轴A和垂直轴B回转，在它的回转机构中有精密的分度机构，其分度原理类似于多齿分度盘。在静盘中有48根沿圆周均匀分布的圆柱，而在动盘中有与之相应的48个钢球，从而可实现以7.5°为步距的转位。它绕垂直轴的转动范围为360°，共48个位置，绕水平轴的转动范围为0°~105°，共15个位置。由于在绕水平轴转角为0°（即测头垂直向下）时，绕垂直轴转动不改变测端位置，这样测端在空间一共可有48×14+1=673个位置。能使测头改变姿态，以扩展从各个方向接近工件的能力。目前在测量机上使用较多的测头回转体为雷尼绍公司生产的各种测头回转体，图6-44b所示为其实物照片。

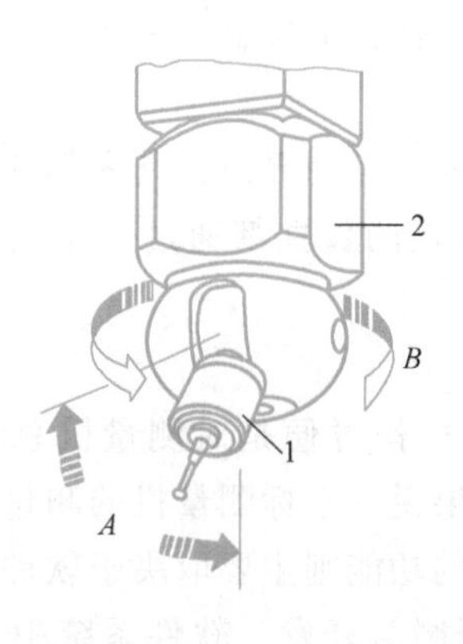

a) 二维测头回转体示意图

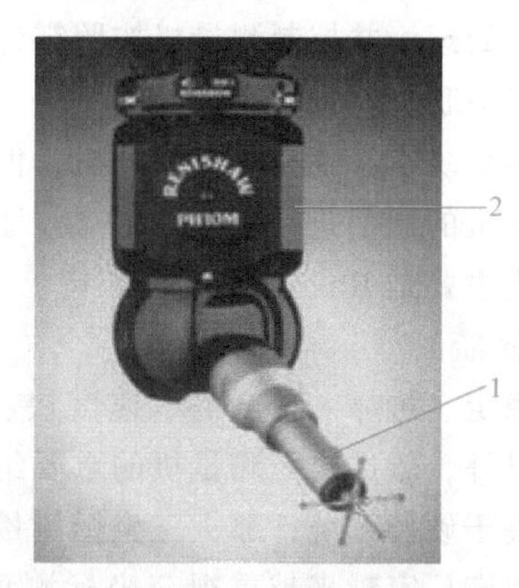

b) PH10M测头回转体实物照片

图6-44 可分度测头回转体

1—测头 2—测头回转体

（2）标尺系统 标尺系统是测量机的重要组成部分，是决定仪器精度的一个重要环节。三坐标测量机所用的标尺有线纹尺、精密丝杠、感应同步器、光栅尺、磁尺及光波波长等。该系统还应包括数显电气装置。

6. 电气（控制）系统

电气（控制）系统是测量机的电气控制部分，主要包括电气控制柜和计算机。它具有单轴与多轴联动控制、外围设备控制、通信控制和保护与逻辑控制等。控制系统是测量机的控制中枢，是建立和保持测量机硬件系统与计算机软件相互联系的桥梁。电气（控制）系统的主要功能如下。

1）控制、驱动测量机的运动，三轴同步、速度、加速度控制。

操纵盒或计算机指令通过系统控制单元，按照设置好的速度、加速度，驱动三轴直流伺服电动机转动，并通过光栅和电动机的反馈电路对运行速度和电动机的转速进行控制，使三轴同步平稳地按指定轨迹运动。运动轨迹有飞行测量、点定位两种方式。飞行方式测量效率高，运动时停顿少。点定位方式适合指定截面或指定位置的测量。可以通过语句进行设置。在进入计算机指令指定的触测的探测距离时，控制单元会控制测量机由位置运动速度转换到探测速度，使测头慢速接近被测零件。

2）在有触发信号时采集数据，对光栅读数进行处理。

当通过操纵盒或计算机指令控制运动的测量机测头传感器与被测零件接触时，测头传感器（简称“测头”）就会发出被触发的信号。信号传送到控制单元后，立即令测量机停止运动（测头保护功能），同时锁存此刻的三轴光栅读数。这就是测量机测量的一个点的坐标。

3）对测量机工作状态进行监测（行程控制、气压、速度、读数、测头等），采取保护措施。

控制系统内部设有故障诊断功能，对测量机正常工作及安全有影响的部位进行检测，当发现这些有异常现象时，系统就会采取保护措施（停机，断开驱动电源），同时发出信息通知操作人员。

4）对扫描测头的数据进行处理，并控制扫描。

配备有扫描功能的测量机，由于扫描测头采集的数据量非常大，必须有专用的扫描数据处理单元进行处理，并控制测量机按照零件表面形状，保持扫描接触的方式运动。

5）与计算机进行各种信息交流。

虽然控制系统本身就是一台计算机，但是没有与外界交互动界面，其内部的数据都要通过与上位计算机的通信进行输入和设置。控制信息和测点的数据都通过信息进行传输、交流。交流方式主要是 RS232 接口或网卡。

7. 软件系统

准确、稳定、可靠、精度高、速度快、功能强大、操作方便是对测量机总体性能的要求。除硬件以外，软件也是测量机的重要组成部分。如果说三坐标测量机的测量精度和测量速度主要取决于硬件系统，那么三坐标测量机所能实现的功能则主要取决于软件系统。现在世界各国的生产厂家越来越重视三坐标测量机软件的研制与开发。软件系统中计算机（又称上位机）是数据处理中心，实现的主要功能如下。

1）对控制系统进行参数设置。上位计算机通过“超级终端”方式，与控制系统进行通信并实现参数设置等操作。可以使用专用软件对系统进行调试和检测。

2）进行测头定义和测头校正，及测针半径补偿。不同的测头配置和不同的测头角度，测量的坐标数值是不一样的。为使不同配置和不同测头位置测量的结果都能够统一进行计算，测量软件要求进行测量前必须进行测头校正，以获得测头配置和测头角度的相关信息，以便在测量时对每个测点进行测针半径补偿，并把不同测头角度测点的坐标都转换到“基准”测头位置上。

3）建立坐标系（零件找正）以便于测量。测量软件以零件的基准建立坐标系，称为零件坐标系。零件坐标系可以根据需要，进行平移和旋转。为方便测量，可以建立多个零件坐标系。

4）对测量数据进行计算和统计、处理。测量软件可以根据需要进行各种投影、构造、拟合计算，也可以对零件图样要求的各项几何公差进行计算、评价，对各测量结果使用统计软件进行统计。借助各种专用测量软件可以进行齿轮、曲线、曲面和复杂零件的扫描等测量。测量软件功能示例如图 6-45 所示。

5）编程并将运动位置和触测控制通知控制系统。测量软件可以根据用户需要，采用记录测量过程和脱机编程等方法编程，可以对批量零件进行自动和高精度的测量或扫描。

6）输出测量报告。在测量软件中，操作员可以按照自己需要的格式设置模板，并生成

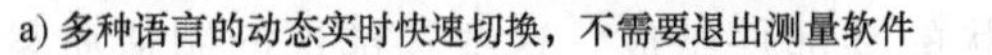
a) 多种语言的动态实时快速切换，不需要退出测量软件

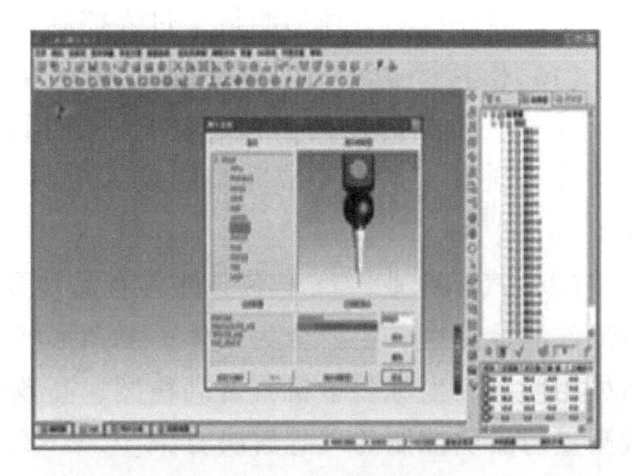
b) 可视化测头配置安装及校正

图 6-45　测量软件功能示例

检测报告输出。

7）传输测量数据到指定网路或计算机。通过网络连接，计算机可以进行数据、程序的输入和输出。软件能够使测量机满足对于速度和精度的潜在需要。当今的测量软件能够达到这种程度，即使是最复杂的程序也不需要计算机编程的知识。今天的测量软件是菜单驱动的，也就是说，它提醒操作者需要做什么，甚至会推荐最有可能的选项。

8. 三坐标测量机的分类

（1）按三坐标测量机的精度进行分类

1）精密型三坐标测量机。精密型三坐标测量机的每个轴的最大工作误差小于 $1\times10^{-6}L$（L 为最大量程，单位 mm，下同），整体上最大的工作误差小于 $(2\sim3)\times10^{-6}L$。

2）中、低精度三坐标测量机。中等精度三坐标测量机每个轴最大工作误差为 $1\times10^{-5}L$，整体工作的最大误差是 $(2\sim3)\times10^{-5}L$。低精度三坐标测量机的每个轴最大工作误差基本在 $1\times10^{-4}L$ 上下，整体上最大的工作误差为 $(2\sim3)\times10^{-4}L$。这一种三坐标测量机基本应用在加工过程的测量检验中。

（2）其他分类方式　依据使用方法，三坐标测量机还可以分为手动型和 C-N-C 自动型三坐标测量机；按三坐标测量机结构形式可分为移动桥式、固定桥式、龙门式、悬臂式、立柱式三坐标等类型。

9. 三坐标测量机的使用环境

由于 CMM 检测仪精度比较高，所以要严格地按照规定保证其使用条件：室内温度为 20℃±2℃，不宜过高或过低，避免温度骤增或骤降；空气的湿度必须控制在 35%～65%RH，并以在 65%以下最为适宜；远离噪声、有强电场或振源区域；避免灰尘、阳光垂直照射或空调直吹设备。

6.3.3　三坐标测量机的应用与发展

1. 三坐标测量机的应用

三坐标测量机主要用于机械、汽车、航空、军工、家具、工具原型、机器等中小型配件、模具等行业中的箱体、机架、齿轮、凸轮、蜗轮、蜗杆、叶片、曲线、曲面等的测量，还可用于电子、五金、塑胶等行业中，可以对工件的尺寸、形状和几何公差进行精密检测，从而完成零件检测、外形测量、过程控制等任务。

（1）模具行业　三坐标测量机可以应用3D数模的输入，将成品模具与数模上的定位、尺寸、相关的几何公差、曲线、曲面进行测量比较，输出图形化报告，直观清晰地反映模具质量，从而形成完整的模具成品检测报告。它是模具产品高质量技术保障的有效工具。

（2）汽车行业　汽车零部件具有品质要求高、批量大、形状各异的特点。根据不同的零部件测量类型，主要分为箱体、复杂形状和曲线曲面三类，每一类相对测量系统的配置都不尽相同。三坐标测量机具备高精度、高效率和万能性的特点，是完成各种汽车零部件几何量测量与品质控制的理想解决方案。

（3）发动机制造业　发动机由许多各种形状的零部件组成，这些零部件的制造质量直接关系到发动机的性能和寿命。因此，需要在这些零部件生产中进行非常精密的检测，以保证产品的精度及公差配合。三坐标测量机应用于生产过程中，使产品质量的目标和关键渐渐由最终检验转化为对制造流程进行控制，通过信息反馈对加工设备的参数进行及时调整，从而保证产品质量和稳定生产过程，提高生产效率。

2. 三坐标测量机的发展历程

测量机的发展历程可划分为以下三代。

（1）第一代　世界上第一台测量机由英国的FERRANTI公司于1959年研制成功，当时的测量方式是测头接触工件后，靠脚踏板来记录当前坐标值，然后使用计算器来计算元素间的位置关系。1964年，瑞士SIP公司使用软件来计算两点间的距离，开始了利用软件进行测量数据计算的时代。20世纪70年代初，德国ZEISS公司使用计算机辅助工件坐标系代替机械对准，从此测量机具备了对工件基本几何元素尺寸、几何公差的检测功能。

（2）第二代　随着计算机的飞速发展，测量机技术进入了CNC控制机时代，完成了复杂机械零件的测量和空间自由曲线曲面的测量，测量模式增加和完善了自学功能，改善了人机界面，使用专门测量语言，提高了测量程序的开发效率。

（3）第三代　从20世纪90年代开始，随着工业制造行业向集成化、柔性化和信息化发展，产品的设计、制造和检测趋向一体化，这就对作为检测设备的三坐标测量机提出了更高的要求，从而提出了第三代测量机的概念。其特点如下：

1）具有与外界设备通信的功能。

2）具有与CAD系统直接对话的标准数据协议格式。

3）硬件电路趋于集成化，并以计算机扩展卡的形式成为计算机的大型外部设备。

现阶段，三坐标测量机的发展也进入了一个非常快的发展阶段。高水准的精度测量技术带来了很多新的变化，在很多方面起着非常良好的效果。

3. 三坐标测量机发展趋势

先进制造技术、各种工程项目与科学实验的需要对三坐标测量机不断提出新的、更高的要求。从目前国内外三坐标测量机发展情况和科技、生产对三坐标测量机提出的要求看，在今后一段时期内，它的主要发展趋势可以概括为以下几方面。

（1）普及高速测量

1）测量机的结构设计改进及材料的变化，结构优化以提高刚性，减轻运动部件的重量；使用轻质材料来降低运动惯性，即由普通使用的花岗石等传统材料转变为密度与杨氏模数之比低的材料、薄壁空心结构等。铝、陶瓷、人工合成材料在测量机中获得了越来越多的应用。

2）高速的动态性能要求提高动态补偿能力，动态误差与测量机的结构参数和运动规程有关。在研究这些特性的基础上，既可以改进测量机的结构设计，提高控制系统性能，又可以进行动态误差补偿，在实现高速测量的同时保证高精度。

3）采用非接触式测头测量方式。在触测情况下，由于工件与测头的接触速度不能太大，这就给测量速度带来了很大的限制。采用非接触测头，可避免频繁加速、减速、碰撞等，大大提高测量速度。

4）脱机编程技术成为一种趋势。所谓脱机编程技术，就是在CAD技术的辅助下，在不上三坐标测量机的情况下，在三维图形的环境下完成对测量程序的编制工作。这样不但能有效地提高测量机的实际使用效率，也提高了测量程序的编制效率。

(2) 新材料和新技术的应用　为确保可靠高速的测量功能，世界上主要的三坐标制造厂商，大都采用了重量轻、刚性好、导热性强的合金材料来制造测量机上的运动机构部件，铝合金、陶瓷材料以及各种合成材料在三坐标测量机中得到了越来越广泛的应用。

6.4 自动化立体仓库

随着科学技术的快速发展、社会的不断进步以及信息技术的不断革新，社会生产、物资流通、商品交易及其管理方式都在发生着重大而深刻的变革。被普遍认为企业在降低物质消耗、提高劳动生产率以外的“第三利润源”的现代物流产业作为国民经济中一个新兴的服务部门，正在全球范围内迅速发展。自动化立体仓库作为现代物流的核心技术之一，它的功能已经发生了翻天覆地的变化，从以前对物资仅仅的存储、保管功能发展到现在对物资的接收、分类、计量、包装、分拣、配送、存档等多种功能，实现了生产的高效运行及商品的高效流通。

6.4.1 自动化立体仓库认知

作为现代仓储系统的核心之一，自动化立体仓库在自动化生产中占有十分重要的地位。在自动化立体仓库出现之前，仓储行业是典型的劳动密集型行业，效率低下。自动化立体仓库不仅改变了这一落后面貌，而且极大地拓展了仓库功能，促使仓储行业从单纯的保管型业务逐渐发展为综合的流通型业务。可以说，自动化立体仓库的出现是仓储技术发展历史上的重大革新。自动化立体仓库的主要优点在于其能够根据指令自动完成货物的存取，并可实现对库存货物的自动管理。随着信息技术的飞速发展和普及，当前自动化立体仓库已被应用于食品、药品、烟草、家具制造、机械制造、通信等诸多行业，且应用范围有进一步扩大的趋势。图6-46所示为某自动化立体仓库现场实际照片。

自动化立体仓库可在没有直接人工干预的情况下自动地存储和取出物料，可实现高效率物流和大容量储藏，在物资的接收、包装、计量、分类、存档、分拣配送等方面相较于传统仓库有更加优越的性能，具体体现见表6-4。

1. 自动化立体仓库的定义

自动化立体仓库，也叫自动化立体仓储，这是物流仓储中出现的新概念。国际自动化仓库会议对自动化立体仓库的定义为：采用高层货架存放货物，以巷道堆垛起重机为主，结合入库、出库周边设备进行作业的一种仓库。利用立体仓库设备可实现仓库高层合理化，存取自动化，操作简便化。自动化立体仓库，是当前技术水平较高的形式。

图 6-46　某自动化立体仓库现场实际照片

表 6-4　自动化立体仓库与传统仓库的比较

对比项目	自动化立体仓库	传统仓库
空间利用率	充分利用仓库的垂直空间，其单位面积存储量远远大于普通的单层仓库(一般是单层仓库的 4~7 倍)	需要占用大面积土地，空间利用率低
储存形态	动态储存：不仅使货物在仓库内按需要自动存取，而且可以与仓库以外的生产环节进行有机连接，使仓库成为企业生产物流中的一个重要环节；通过短时储存使外购件和自制生产件在指定的时间自动输出到下一道工序生产，进而形成一个自动化的物流系统	静态储存：只是货物储存的场所，保存货物是唯一的功能
作业效率和人工成本	高度机械化和自动化，出入库速度快；人工成本低	主要依靠人力，货物存取速度慢；人工成本高
准确性	采用条码技术与信息处理技术，准确追踪货物的流向	信息化程度很低，容易出错
可追溯性	采用条码技术与信息处理技术，准确跟踪货物的流向	货物的名称、数量、规格、出入库日期等信息大多以手工等级为主，数据准确性和及时性难以保证
管理水平	计算机智能化管理，使企业生产管理和生产环节紧密联系，有效降低库存积压	计算机管理很少，企业生产管理和生产环境紧密度不够，容易造成库存积压
对环境要求	能适应黑暗、低温、有毒等特殊环境的要求	受黑暗、低温、有毒等特殊环境影响很大

自动化立体仓库系统（Automated Storage and Retrieval System，AS/RS）是指人不直接参与系统的运行，只依靠计算机管理和控制技术调度和命令执行机构完成货物的出入库作业，实现货物的可视化和货物存放的合理化。自动化立体仓库以堆垛机为主要搬运设备，结合中间传送机构等来实现货物自动存取的仓库。

2. 自动化立体仓库的系统组成

自动化立体仓库是机械和电气、强电控制和弱电控制相结合的机电一体化产品。它主要由货物储存系统、货物存取和传送系统、控制和管理系统三大系统组成，还有与之配套的供电系统、空调系统、消防报警系统、称重计量系统、信息通信系统等，如图 6-47 所示。

(1) 货物储存系统　该系统由立体货架的货位（托盘或货箱）组成。立体货架是用于存储货物的钢结构，货架按照排、列、层组合而成为立体仓库储存系统。

图 6-47　自动化立体仓库的构成图

(2) 货物存取和传送系统　该系统承担货物存取、出入仓库的功能，它由有轨和无轨堆垛机、出入库输送机、装卸机械等组成。装卸机械承担货物出入库装车或卸车的工作，一般由行车、起重机、叉车等装卸机械组成。

(3) 控制和管理系统　该系统一般采用计算机控制和管理，视自动化立体仓库的不同情况，采取不同的控制方式。中央控制计算机是自动化立体仓库的控制中心，它沟通并协调管理计算机、堆垛机、出入库输送机等的联系；控制和监视整个自动化立体仓库的运行，并根据管理计算机或自动键盘的命令组织流程，以及监视现场设备运行情况和现场设备状态、监视货物流向及收发货显示，与管理计算机、堆垛机和现场设备通信联系，还具有对设备进行故障检测及查询显示等功能。

3. 自动化立体仓库的物流设施

立体仓库的物流设施主要由高层货架、巷道式堆垛机、输送设备、周边设备等部分组成，如图 6-48 所示。

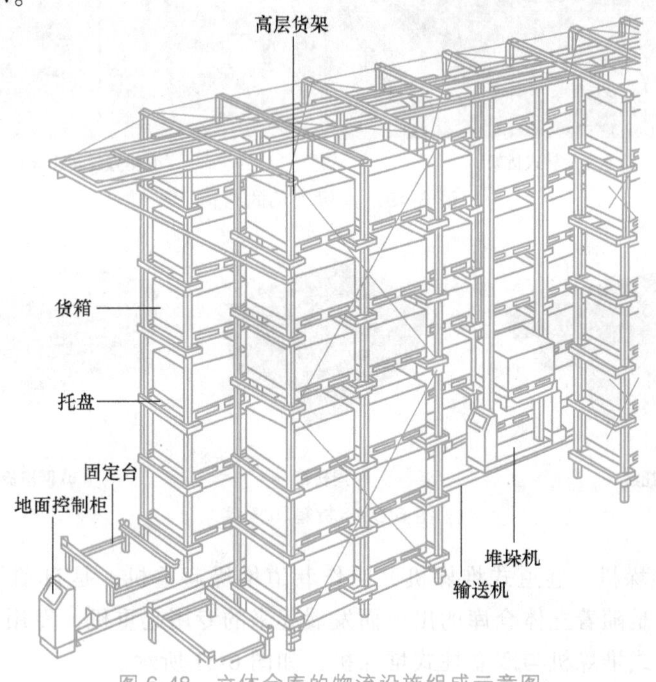

图 6-48　立体仓库的物流设施组成示意图

(1) 高层货架　高层货架是用于存储货物的钢结构。货架按照排、列、层组合而成为立体仓库储存系统。主要的货架类型有单元式货架、贯通式货架与旋转式货架。高层货架的结构如图 6-49 所示。为了提高货物装卸、存取效率，自动化立体仓库一般使用货箱或托盘盛放货物。货箱和托盘如图 6-50 所示，其基本功能是盛放小件物料，同时还应便于运输车和堆垛机的插取和存放。

a) 单元式货架　　b) 贯通式货架

c) 水平旋转式货架　　d) 垂直旋转式货架

图 6-49　高层货架的结构

a) 托盘　　b) 周转箱　　c) 网格货箱

图 6-50　货箱和托盘

（2）巷道式堆垛机　巷道式堆垛机又叫作巷道堆垛起重机，是自动化立体仓库中最重要的搬运设备，它是随着立体仓库的出现而发展起来的专用起重机，专用于高架仓库。通常按结构分为单立柱式堆垛机与双立柱式堆垛机，如图 6-51 所示。

（3）输送设备　输送设备在自动化立体仓库中常用于货物的出入库过程中堆垛机不参与的运输。输送机收到指令将目标货物输送到目标巷道口，接着由堆垛机将目标货物存入仓库里的某库位中。搬运作业是自动化立体仓库的主要作业之一。常见的输送系统有传输带、穿梭车（Rail Guide Vehicle，RGV）、自动导引车（Automated Guided Vehicle，AGV）、叉车、拆码垛机器人等，输送系统与巷道式堆垛机对接，配合堆垛机完成货物的搬运、运输等作业。自动化立体仓库输送设备如图 6-52 所示。

（4）周边设备　周边设备包括自动识别系统、自动分拣设备等，其作用都是为了扩充自动化立体仓库的功能，如可以扩展到分类、计量、包装、分拣等功能。自动化立体仓库分拣设备如图 6-53 所示。

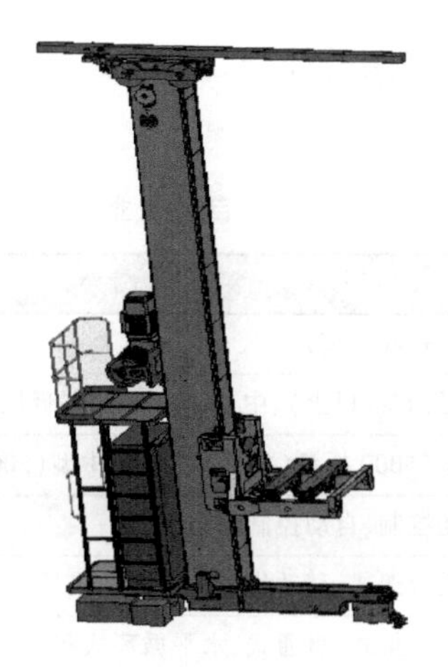

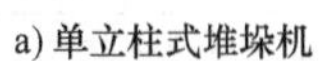

a) 单立柱式堆垛机

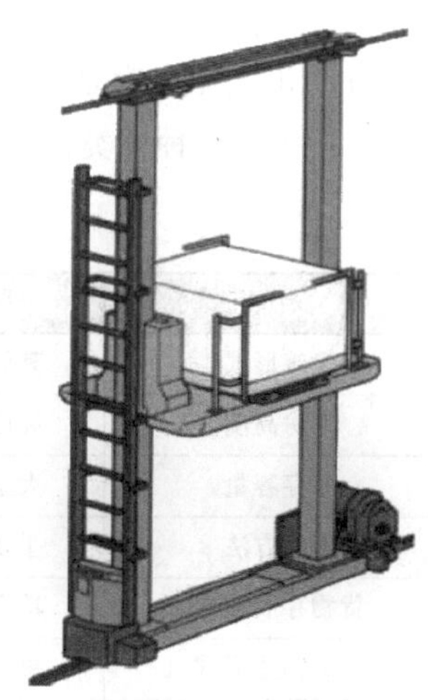

b) 双立柱式堆垛机

图 6-51　巷道式堆垛机框架结构

图 6-52　自动化立体仓库输送设备

图 6-53　自动化立体仓库自动分拣设备

4. 自动化立体仓库的分类

自动化立体仓库是一个复杂的综合自动化系统，作为一种特定的仓库形式，一般有如表 6-5 所列的几种分类方式。

表 6-5 自动化立体仓库的分类

分类标准	具体分类
建筑形式	整体式和分离式
库房高度	高层(12m 以上)、中层(5~12m)和低层(5m 以下)
库存容量	大型(5000 托盘(货箱)以上)、中型(2000~5000 托盘)和小型(2000 托盘以下)
控制方法	手动控制、自动控制和遥控
货物存放形式	单元货架式、移动货架式和拣选式
货架构造形式	单元货架式、贯通式、水平循环式和垂直循环式仓库
所起的作用	生产仓库和流通性仓库
与生产连接的紧密程度	独立式、半紧密型和紧密型仓库

6.4.2 巷道式堆垛机

有轨巷道堆垛机是随着立体仓库的出现而发展起来的专用起重机，通常简称为堆垛机。堆垛机是立体仓库中最重要的起重运输设备，是代表立体仓库特征的重要标志。其主要用途是在高层货架仓库的巷道内沿轨道运行，将位于巷道口的货物存入货格或者取出货格内的货物运送到巷道口完成出入库作业。

1. 堆垛机的发展

早期的堆垛机是在桥式起重机的起重小车上悬挂一个门架，利用货叉在立柱上的上下运动及立柱的旋转运动来搬运货物，通常称为桥式堆垛机。20 世纪 50 年代初，在美国首先出现了采用桥式堆垛机的立体仓库。

日本从 1967 年开始安装高度为 25m 的堆垛机。随着计算机控制技术和自动化立体仓库的发展，堆垛机的应用越来越广泛，技术性能越来越好，高度也在不断增加，1970 年，出现了由货架支撑的高度为 40m 的堆垛机。

在 20 世纪 70 年代初期，我国开始研究采用有轨巷道式堆垛机的立体仓库。1980 年，我国第一座自动化立体仓库在北京汽车制造厂投产，从此自动化立体仓库在我国得到了迅速发展。

堆垛机的运行速度也在不断提高，目前堆垛机水平运行速度可达 200m/min，起升速度高达 120m/min，货叉伸缩速度达 50m/min。2004 年，国际物流综合展览会上推出的超高效能巷道堆垛机“H-V1”的走行速度达 500m/min，加（减）速度达 0.5g，处理能力为每小时 500 箱，实现了自动化立体仓库存取效率的飞跃。

2019 年，京东物流全面投用目前亚洲规模最大的一体化智能物流中心——东莞亚洲一号。东莞亚洲一号由大福（中国）物流设备有限公司制造完成，占地面积近 50 万 m^2。其核心功能是处理中件及小件商品，单日订单处理能力达到 160 万单，自动立体仓库可同时存储超过 200 万件中件商品。其拥有 78 台“身高” 22m 的堆垛机。

2. 巷道式堆垛机的分类、特点和用途

巷道式堆垛机有多种分类方式，通常按结构、支撑方式和用途进行分类。巷道式堆垛机的分类、特点和用途见表 6-6。

表 6-6 巷道式堆垛机的分类、特点和用途

类别	类型	特点	用途
按结构分类	单立柱型巷道式堆垛机	1)机架结构是由 1 根立柱、上横梁和下横梁组成的 1 个矩形框架 2)结构刚度比双立柱差	适用于起重量在 2t 以下,起升高度在 16m 以下的仓库
	双立柱型巷道式堆垛机	1)机架结构是由 2 根立柱、上横梁和下横梁组成的 1 个矩形框架 2)结构刚度比较好 3)质量比单立柱大	1)适用于各种起升高度的仓库 2)一般起重量可达 5t,必要时还可以更大 3)可用于高速运行
按支撑方式分类	地面支承型巷道式堆垛机	1)支承在地面铺设的轨道上,用下部的车轮支撑和驱动 2)上部导轮用来防止堆垛机倾倒 3)机械装置集中布置在下横梁,易保养和维修	1)适用于各种高度的立体库 2)适用于起重量较大的仓库 3)应用广泛
	悬挂型巷道式堆垛机	1)在悬挂于仓库屋架下弦装设的轨道下翼沿上运行 2)在货架下部两侧铺设下部导轨,防止堆垛机摆动	1)适用于起重量和起升高度较小的小型立体仓库 2)使用较少 3)便于转巷道
	货架支承型巷道式堆垛机	1)支承在货架顶部铺设的轨道上 2)在货架下部两侧铺设下部导轨,防止堆垛机摆动 3)货架应具有较大的强度和刚度	1)适用于起重量和起升高度较小的小型立体仓库 2)使用较少
按用途分类	单元型巷道式堆垛机	1)以托盘单元或货箱单元进行出入库 2)自动控制时,堆垛机上无驾驶员	1)适用于各种控制方式,应用最广 2)可用于“货到人”式检选作业
	拣选型巷道式堆垛机	1)在堆垛机上的操作人员从货架内的托盘单元或货物单元中取少量货物,进行出库作业 2)堆垛机上装有驾驶室	1)一般为手动或半自动控制 2)用于“人到货”式拣选作业

3. 巷道式堆垛机的组成

堆垛机类型不同，其组成也不同，但大体是相似的，基本上都由机架、运行系统、升降机构、载物台、货叉机构、机载控制柜等部分组成。图 6-54 所示为双立柱巷道式堆垛机的组成与实物图。

(1) 升降机构　升降机构是堆垛机载物台做升降运动的动力机构，由电动机、链轮、制动器、钢丝绳或者链轮及起重链等组成。链条或钢丝绳的一头绕在链轮或卷筒绕上，另一头与载物台连接在一起，机构通过电动机控制升降轮带动载物台做垂直方向的升降运动。

(2) 机载控制柜　机载控制柜中一般安装的是电气装置，电气装置由驱动、控制器、检测、通信及各类开关等组成。堆垛机的控制方式一般是采用 PLC 作为控制器，变频器作为驱动装置，实现堆垛机能够与上位机保持通信、自动认址以及随时进行实时检测提供安全保护措施等功能。

图 6-54　双立柱巷道式堆垛机的组成与实物图

（3）运行系统　运行系统主要由主从动轮、运行电动机和制动器等构成，电动机控制主动轮运行，带动从动轮驱使堆垛机沿着导轨方向运动。一般情况下堆垛机采用两个或四个承重轮。

（4）货叉机构　货叉一般由上叉、中叉和下叉三部分组成，通过电动机驱动链条链轮或齿轮齿条，进行伸叉、缩叉取货。

（5）载物台　载物台是承载货叉的平台以便装载货物，其组成有左右支架、底梁、滑轮组件及导轮组件等。为了保证货物及堆垛机的精确定位及安全运行，载物台上面安装了多组光电开关及限位开关。

（6）机架　机架是整个堆垛机的承重机构，主要承载堆垛机的自身重量及负载重量，一般由上下横梁和立柱等组成。

4. 堆垛机的控制系统功能与结构

（1）堆垛机的工作任务与工作过程　堆垛机的工作任务是存取货物以及移库，即从输送线上的入库口进行取货送到系统指定地址的货位上，完成存货入库，或从指定地址的货位上进行取货送到输送线上的出库口完成取货出库，或从指定地址的货位上取出货物送到另一指定地址的货位上，完成移库。

堆垛机的工作过程是：接收作业指令后，起动堆垛机的行走电动机和提升电动机，在巷道中运行至取货地址（输送线上的入库口或指定货位），货叉开始伸出，然后微升，执行取货操作，货叉回位，堆垛机再运行至存货地址（指定货位或输送线上的出库口），再对货叉进行操作，执行存货操作。移库作业的过程与出入库类似。

（2）堆垛机控制模式　堆垛机控制模式主要分为全自动模式、远程模式、手动模式。堆垛机在正常运行情况下为全自动控制模式，只有当上位系统发生故障时，才采用其他控制模式。

1）全自动模式：上位计算机调度系统（WCS）根据用户的存、取货信息，自动将移动指令信息下发到堆垛机控制系统，堆垛机收到命令后自动进行一系列相应的取、送货动作，其模式用于系统正常情况下。

2）远程模式：在上位计算机调度系统（WCS）出现故障时，优先通过现场计算机监控系统（SCADA）进行辅助调度，必须人工输入货位的起始、目标地址命令，控制堆垛机完成一系列相应的取、送货动作。

3）手动模式：通过安装在堆垛机上的触摸屏，可以人工完成堆垛机的取、送货动作，包括堆垛机的前进、后退、提升、下降、伸叉和收叉动作，运动速度也可以人工设定。手动操作下，系统会开启相应的动作保护，并会给予操作员一定的警示，其模式多用于堆垛机维护和故障报警处理情况下。

（3）堆垛机控制系统功能与结构　堆垛机控制系统的功能由位置控制、三维动作控制、通信、保护和人机交互等模块组成，如图6-55所示。三维动作控制分别指堆垛机在水平和垂直方向的走行控制以及货叉左右方向的伸缩控制。对堆垛机的控制还必须实现调速、定位的功能，使堆垛机准确、高速运行和在目的货位停准，完成作业任务。另外，还有通信功能保障堆垛机与上位机的通信，故障诊断提供对各种故障的检测与诊断，使堆垛机能够安全、高速、频繁地工作，通过输入、输出设备由人机交互模块展示出堆垛机状态的各种相关信息。

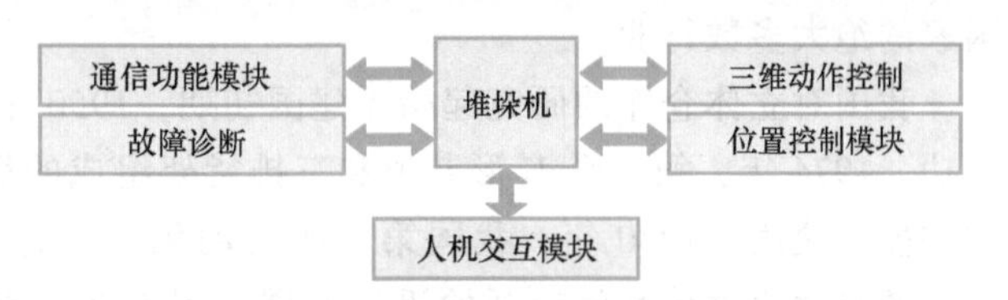

图6-55　堆垛机控制功能组成框图

堆垛机控制系统采用三级控制结构，如图6-56所示。

管理层的用户发布工作任务下达到监控层，通过多点通信接口（MPI）发送给S7-300 PLC，接收到命令的S7-300 PLC对数据进行处理，分别是对出入库输送线的控制和对堆垛

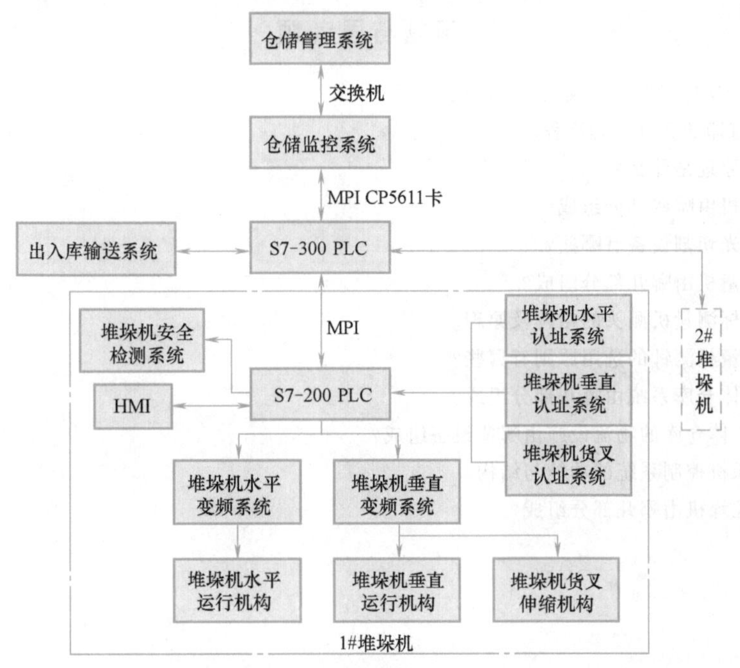

图6-56　堆垛机控制系统结构图

机的控制，如果是后者的话，S7-300 PLC 可以通过 HMI 总线传送命令给相应的堆垛机的机载控制器 S7-200 PLC，控制堆垛机完成相应任务，使用变频系统对堆垛机进行调速控制，并将堆垛机的工作状态和任务执行情况返回上位机，实现对堆垛机的实时监控。此外，HMI（触摸屏）可直接控制堆垛机。

6.4.3 自动化立体仓库的发展与应用

美国是最早开发立体仓库的国家。1950 年美国首先制造出了手动控制的桥式堆垛起重机，这种桥式堆垛起重机被公认为是自动化立体仓库的雏形。在实际应用过程中，为了方便操作，就衍生出了巷道式堆垛机，它由人工操作。1963 年美国人把计算机控制技术应用到了仓库中，从此开始了立体仓库的自动化、智能化的发展，发展范围涉及欧洲、日本等多个国家的绝大多数行业。

我国对立体仓库的研究起始于建国初期，1950 年左右第一台 1. 25t 桥式堆垛起重机研制成功。1974 年，第一个 U 形巷道和三排货架组成的简单立体仓库在郑州纺织机械厂改造成功并投入使用。1980 年，我国第一座自动化立体仓库在北京汽车制造厂诞生。从那时起，我国的自动化立体仓库就开始迅速发展。到现在，青岛海尔集团、京东“亚洲一号”等的全自动化物流系统已达到世界先进水平。

由于现代自动控制技术的发展和电子计算机的普及，使立体仓库的自动化迅速在我国发展成为可能。我国是个大国，厂矿企业、百货商业、邮电、图书、物资储备、港口码头等各种军用、民用仓库星罗棋布。由于城市用地日趋紧张，物流速度日益加快，仓库建设和改造向高空发展，向机械化、自动化发展已迫在眉睫，建设大批自动化立体仓库是今后发展的必然趋势。随着国民经济的发展、经济体制的日趋完善，以及生产水平的大大提高，自动化立体仓库将得到更好的应用与发展。因此，仓储自动化的普及是我国仓储业的未来趋势。

习题与思考题

1. 详细阐述 3D 打印机的组成及工作原理。
2. 简述 3D 打印的文件处理流程。
3. 激光切割原理是什么？
4. 激光切割机由哪些部分组成？
5. 常用的激光切割设备有哪些？
6. 三坐标测量机由哪几部分组成？
7. 简述三坐标测量机测头的结构及原理。
8. 三坐标测量机测针的选用原则有哪些？
9. 自动化立体仓库系统由哪几部分组成？
10. 自动化立体仓库的物流设施由哪些设备组成？
11. 简述堆垛机控制系统的功能与结构。
12. 巷道式堆垛机由哪几部分组成？

第四部分

实　践　篇

第7章 CHAPTER 7 工业机器人的机电一体化系统设计

主要内容

本章明确了工业机器人的机电一体化系统设计的相关知识，重点阐述了工业机器人的机械本体设计、控制系统的硬件及软件设计。

重点知识

1）机器人及工业机器人的认知。
2）工业机器人的机械本体设计。
3）工业机器人控制系统硬件设计。
4）工业机器人控制系统软件设计。

7.1 机器人认知

机器人自从问世以来，经过几十年的发展，目前已被公认为是一种现代科学技术的典型产物。机器人技术是随着电子计算机的发展而发展起来的，综合了各个技术领域里的最新成果，具有广泛的通用性，是自动化程度很高的自动控制技术。工业机器人是集机械、电子、控制、计算机、传感器、人工智能等多学科先进技术于一体的现代制造业重要的自动化装备。工业机器人是面向工业领域的多关节机械手或多自由度的机器人，它可以接受人类指挥，也可以按照预先编排的程序运行，已成为先进制造系统中的自动化工具。

广泛采用工业机器人，不仅可提高产品的质量与产量，而且对保障人身安全、改善劳动环境、减轻劳动强度、提高劳动生产率、节约原材料消耗以及降低生产成本，有着十分重要的意义。和计算机、网络技术一样，工业机器人的广泛应用正在日益改变着人类的生产和生活方式。工业机器人应用实景如图 7-1 所示。

7.1.1 机器人定义及分类

1. 机器人定义

机器人（Robot）一词来源于 1920 年捷克作家卡雷尔·查培克（Kapel Capek）所编写

图 7-1 工业机器人应用实景

的戏剧中的人造劳动者，在那里机器人被描写成像奴隶那样进行劳动的机器，现在已被人们作为机器人的专用名词。机器人的称谓难以定义，国际学术界至今也没有对机器人做出统一公认的、文字严格的定义。不同的专家往往给以不同的说法，不同的国家也往往沿用各自习惯的解释。有一些描述可以看作对机器人的总括性的、理想化的定义。例如，日本早稻田大学加藤一郎认为：机器人是由能工作的手、能行动的脚和有意识的头脑组成的一个个体，同时具有非接触传感器（相当于耳、目）、接触传感器（相当于皮肤）及感觉器官和能力。但是，按照这种定义，当今世界上已有的机器人无疑都要受到质疑，即使未来的机器人，恐怕也只能具备适应不同场合所必需的功能。于是，也有一些针对不同形式的机器人分别给以具体解释的定义，而机器人则是一种总称。例如，日本工业机器人协会（JIRA）就列举描述了六种形式的机器人，具体内容如下。

1）操纵器——人操纵的机械手。

2）固定程序机器人——按照预先设定的顺序、逐个进行动作的操作器，设定的信息不容易改变。

3）可变程序机器人——按照预先设定的顺序、逐个进行动作的操作器，设定的信息容易改变。

4）示教再现机器人——由人事先进行示教、存储其作业顺序、位置、时间信息，根据要求读出并进行作业的操作器。

5）数控机器人——把作业顺序、位置、时间信息编成数字指令，按指令进行作业的机器人。

6）智能机器人——能用感觉和识别功能做决策行动的机器人。

目前，机器人是一种用于移动各种材料、零件、工具或专用装置，通过可编程序动作来执行任务，并具有编程能力的多功能机械手，是一种仿人操作、自动控制、可重复编程、能在三维空间完成各种作业的机电一体化设备。

2. 机器人的分类

机器人的快速发展将会有效地节约人力成本，提高工作效率，有效地解决人口老龄化、青壮年劳动力缺乏等诸多问题。种类繁多，具有各式各样用途的机器人根据不同的标准可以进行不同的分类。

国际上通常将机器人分为工业机器人和服务机器人两大类，如图 7-2 所示。

服务机器人是机器人家族中的一个年轻成员，可以分为专业领域服务机器人和个人/家用机器人。服务机器人的应用范围很广，主要从事维护保养、修理、运输、清洗、保安、救援、监护等工作。

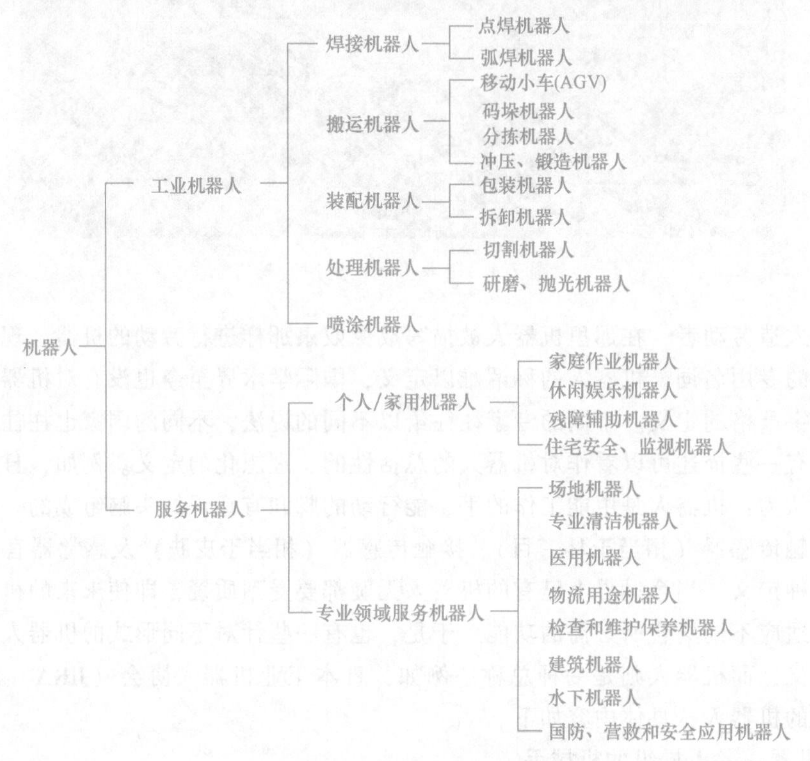

图 7-2　机器人的分类

我国机器人专家将机器人分为工业机器人和特种机器人两大类。所谓工业机器人就是面向工业领域的多关节机械手或多自由度机器人。而特种机器人则是除工业机器人之外的、用于非制造业并服务于人类的各种先进机器人，包括服务机器人、水下机器人、娱乐机器人、军用机器人、农业机器人、机器人化机器等。在特种机器人中，有些分支发展很快，有独立成体系的趋势，如服务机器人、水下机器人、军用机器人、微操作机器人等。特种机器人属于非制造环境下的机器人，这和国外的服务机器人逻辑上是一致的。

3. 机器人的应用

机器人经过数十年的发展，已在越来越多的领域得到了应用。在制造业中，尤其是在汽车产业中，工业机器人得到了广泛的应用。如在毛坯制造（冲压、压铸、锻造等）、机械加工、焊接、热处理、表面涂覆、上下料、装配、检测及仓库堆垛等作业中，机器人都在逐步取代人工作业。随着工业机器人向更深、更广方向的发展以及机器人智能化水平的提高，机器人的应用范围还在不断地扩大，已从汽车制造业推广到其他制造业，进而推广到诸如采矿、建筑业以及水电系统维护维修等各种非制造行业。此外，在国防军事、医疗卫生、生活服务等领域机器人的应用也越来越多，如无人侦察机（飞行器）、警备机器人、医疗机器人、家政服务机器人等均有应用实例（图 7-3）。机器人正在为提高人类的生活质量发挥重要的作用。

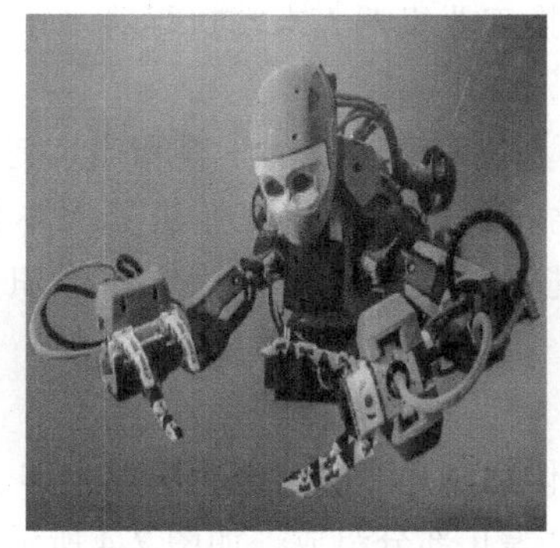
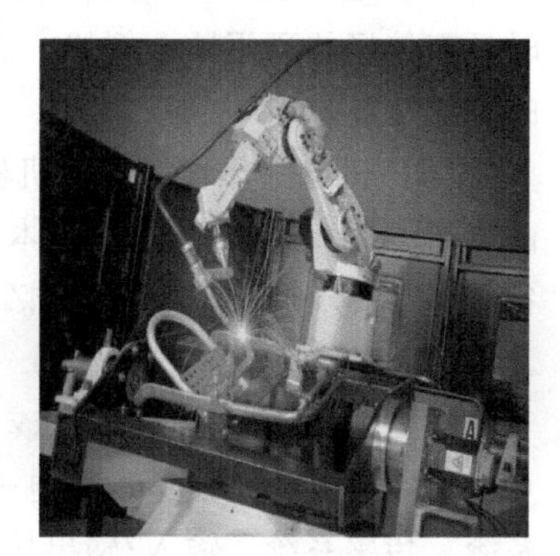

图 7-3 机器人应用的实例

比尔·盖茨曾断言机器人与自动化技术在未来将“主宰”世界，而这一现实正加速到来。随着人力成本的不断上升，工业机器人作为一种新型劳动力，正悄然改变着制造业的用工方式。目前的以人为主的生产模式，将慢慢被以机器人为主导的模式所取代，后者以高劳动率和低成本优势正越来越受到工业企业的关注。

7.1.2 工业机器人的认知

1. 工业机器人的定义和特点

工业机器人（Industrial Robot）是在工业生产上应用的机器人，是一种具有高度灵活性的自动化机器，是一种复杂的机电一体化设备。

美国机器人工业协会（RIA）提出的工业机器人定义为：机器人是一种用于移动各种材料、零件、工具或专用装置，通过程序动作来执行各种任务，并具有编程能力的多功能操作机。可见，这里的机器人是指工业机器人。日本工业机器人协会（JIRA）的定义为：工业机器人是一种装备有记忆装置和末端执行装置、能够完成各种动作来代替人类劳动的通用机器。国际标准化组织（ISO）曾于 1987 年对工业机器人给出了定义：工业机器人是一种自动的、位置可控的、具有编程能力的多功能机械手。这种机械手具有几个轴，能够借助于可编程序动作来处理各种材料、零件、工具和专用装置，以执行各种任务。

我国国家标准 GB/T 12643—2013 将工业机器人定义为：工业机器人是一种能自动控制、可重复编程、多功能、多自由度的操作机，能搬运材料、工件或操持工具，用以完成各种作业。由此可见，工业机器人的基本工作原理是：通过操作机上各运动构件的运动，自动实现手部作业的动作功能及技术要求。

综合上述定义，可知工业机器人具有以下几个最显著的特点：

（1）可以再编程　生产自动化的进步发展是柔性自动化。工业机器人可随其工作环境变化的需要而再编程，因此它在小批量、多品种、具有均衡高效率的柔性制造过程中能发挥很好的功用，是柔性制造系统（FMS）中的一个重要组成部分。

（2）拟人化　工业机器人在机械结构上有类似人的行走、腰部、大臂、小臂、手腕、手爪等部分，在控制上有计算机。此外，智能化工业机器人还有许多类似人类的“生物传感器”，如皮肤型接触传感器、力传感器、视觉传感器、声学传感器、语言传感器等，传感器提高了工业机器人对周围环境的自适应能力。

(3) 通用性　除了专门设计的工业机器人外，一般工业机器人在执行不同的作业任务时具有较好的通用性。例如，更换工业机器人末端执行器（手爪、工具等），便可执行不同的作业任务。

(4) 机电一体化　工业机器人技术所涉及的学科相当广泛，但是归纳起来是机械学和微电子学的结合——机电一体化技术。第三代工业机器人不仅具有获取外部环境信息的各种传感器，而且还具有记忆能力、语言理解能力、图像识别能力、推理判断能力等人工智能。

2. 工业机器人的基本组成

工业机器人是典型的机电一体化产品。它一般由机械本体、驱动伺服单元、计算机控制系统、传感系统、输入/输出接口等几部分组成，如图 7-4 所示。

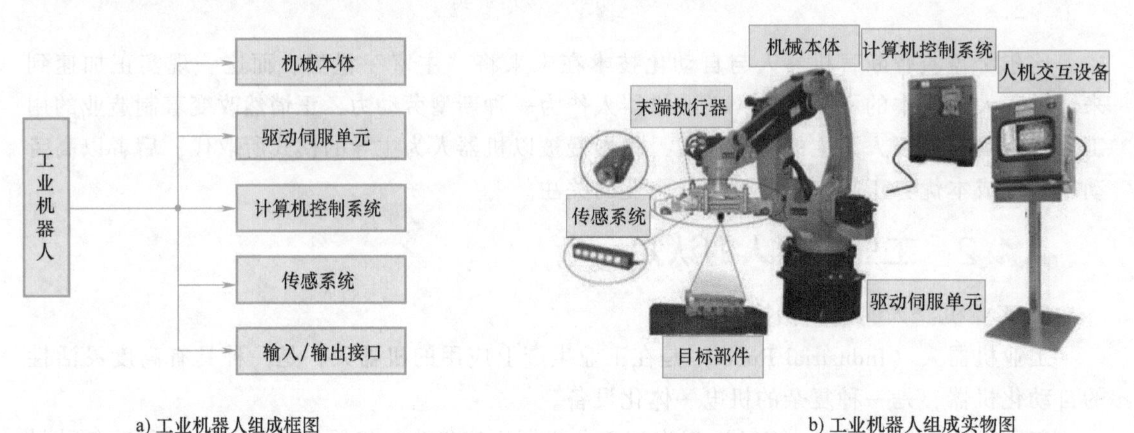

图 7-4　机器人的组成

(1) 机械本体　机器人的机械本体机构基本上分为两大类：一类是操作本体机构，它类似于人的手臂和手腕，配上各种手爪与末端操作器后可进行各种抓取动作和操作作业，工业机器人主要采用这种结构，如图 7-5 所示；另一类为移动型本体机构，主要目的是实现移动功能，主要有轮式、履带式、足腿式结构以及蛇行、蠕动、变形运动等机构。壁面爬行、水下推动等机构也可归于这一类。

(2) 驱动伺服单元　机器人本体机械结构的动作是依靠关节机器人的关节驱动，而大多数机器人是基于闭环控制原理进行的。伺服控制器的作用是使驱动单元驱动关节并带动负载向减小偏差的方向动作。驱动方式按动力源分为液压、气动和电动三种基本类型，根据需要也可将这三种类型组合成复合式的驱动系统。近年来，随着特种用途机器人如微型机器人的出现，动力来自压电效应、超声波、化学反应的驱动系统相继出现。目前在载荷为 1kN 以下的机器人中多采用电动驱动系统。

(3) 计算机控制系统　各关节伺服驱动的指令值由主计算机计算后，在各采样周期给出。主计算机根据示教点参考坐标的空间位置、方位及速度，通过运动学逆运算把数据转变为关节的指令值。

通常的机器人采用主计算机与关节驱动伺服计算机两级计算机控制，有时为了实现智能

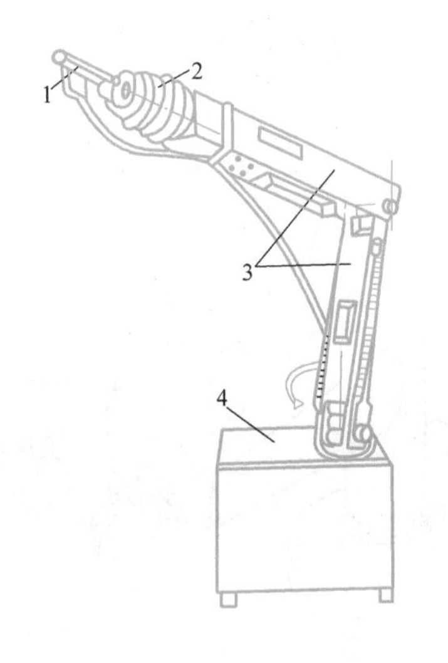

图 7-5 工业机器人机械结构组成

1—手部结构 2—腕部结构 3—臂部结构 4—机身结构

控制，还需对包括视觉等各种传感器信号进行采集、处理并进行模式识别、问题求解、任务规划、判断决策等，这时空间的示教点将由另一台计算机（上级计算机）根据传感信号产生，形成三级计算机系统。

（4）传感系统 为了使机器人正常工作，必须与周围环境保持密切联系，除了关节伺服驱动系统的位置传感器（称作内部传感器）外，还要配备视觉、力觉、触觉、接近觉等多种类型的传感器（称作外部传感器）以及传感信号的采集处理系统。

（5）输入/输出接口 为了与周边系统及相应操作进行联系与应答，还应有各种通信接口和人机通信装置。工业机器人提供一内部 PLC，它可以与外部设备相连，完成与外部设备间的逻辑与实时控制。一般还有一个以上的串行通信接口，以完成数据存储、远程控制及离线编程、双机器人协调等工作。一些新型机器人还包括语音合成和识别技术以及多媒体系统，实现人机对话。

3. 工业机器人的技术参数

（1）自由度 自由度是指机器人具有的独立运动的数目，一般不包括末端操作器的自由度（如手爪的开合）。在三维空间中，描述一个物体的位姿（位置和姿态）需要 6 个自由度，其中三个用于确定位置（x、y、z），另三个用于确定姿态（绕 x、y、z 的旋转）。工业机器人的自由度是根据其用途而设计的，可能小于 6 个自由度，也可能大于 6 个自由度，如图 7-6 所示。

（2）关节 机器人的机械结构部分可以看作是由一些连杆通过关节组装起来的，如图 7-6 所示。由关节完成连杆之间的相对运动。通常有两种关节，即转动关节和移动关节。

转动关节主要是电动驱动的，主要由步进电动机或伺服电动机驱动。

移动关节主要由气缸、液压缸或者线性电驱动器驱动。

（3）精度 精度包括定位精度和重复定位精度。定位精度是指机器人手部实际到达位置与目标位置之间的差异，主要受机械误差、控制算法误差与分辨率系统误差的影响。重复定位精度是指机器人手部重复定位于同一目标位置的能力（用标准偏差表示）。

(4) 工作空间　工作空间是指工业机器人正常运行时，其手腕参考点在空间所能达到的区域，用来衡量机器人工作范围的大小。由于末端执行器的形状和尺寸是多种多样的，为真实反映机器人的特征参数，故工作范围是指不安装末端执行器时的工作区域。

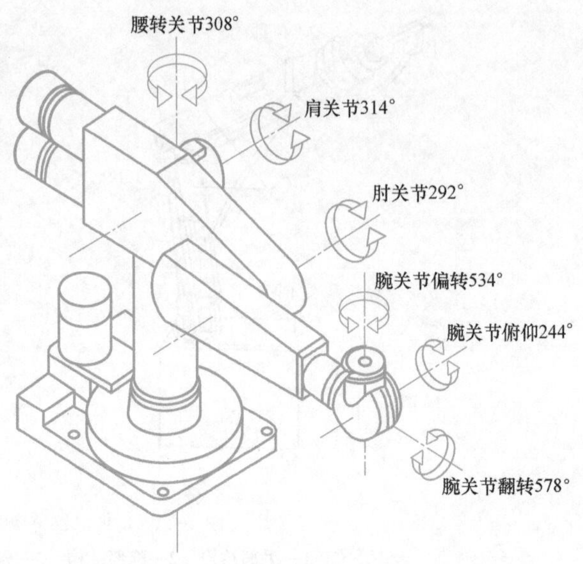

图 7-6　六自由度机器人关节示意图

工作范围的形状和大小是十分重要的，机器人在执行某作业时可能会因存在手部不能到达的作业死区（dead zone）而不能完成任务。

(5) 最大工作速度　机器人生产厂家不同，对最大工作速度规定的内容亦有不同，有的厂家定义为工业机器人主要自由度上最大的稳定速度，有的厂家定义为手臂末端最大合成速度，通常在技术参数中加以说明。

(6) 承载能力　承载能力是指机器人在工作范围内的任何位姿上所能承受的最大质量。承载能力不仅决定于负载的质量，还与机器人运行的速度和加速度有关。机器人的承载能力与其自身质量相比往往非常小。

4. 常见机器人的结构形式

机器人的结构形式通常由机器人的关节坐标来确定，如图 7-7 所示。常见的结构形式有直角坐标型机器人、圆柱坐标型机器人、极坐标型机器人、多关节型机器人等。

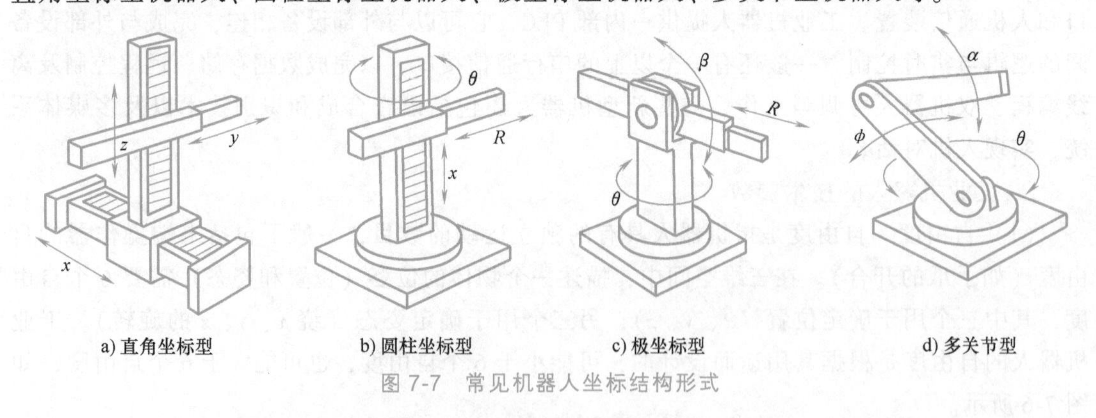

a) 直角坐标型　b) 圆柱坐标型　c) 极坐标型　d) 多关节型

图 7-7　常见机器人坐标结构形式

(1) 直角坐标型机器人　直角坐标型机器人结构如图 7-7a 所示，它主要是以直线运动轴为主，各个运动轴通常对应直角坐标系中的 x 轴、y 轴和 z 轴，一般 x 轴和 y 轴是水平面内运动轴，z 轴是上下运动轴。在一些应用中 z 轴上带有一个旋转轴，或带有一个摆动轴和一个旋转轴。在绝大多数情况下，直角坐标型机器人的各个直线运动轴间的夹角为直角。直角坐标型机器人可以在三个互相垂直的方向上做直线伸缩运动，这类机器人各个方向的运动是独立的，计算和控制比较方便，但占地面积大，限于特定的应用场合，有较多的局限性。

（2）圆柱坐标型机器人　圆柱坐标型机器人的结构如图 7-7b 所示，R、θ 和 x 为坐标系的三个坐标，其中 R 是手臂的径向长度，θ 是手臂的角位置，x 是垂直方向上手臂的位置。如果机器人手臂的径向坐标 R 保持不变，机器人手臂的运动轨迹将形成一个圆柱表面。圆柱坐标型机器人有一个围绕基座轴的旋转运动和两个在相互垂直方向上的直线伸缩运动。它适用于采用油压（或气压）驱动机构，在操作对象位于机器人四周的情况下，操作最为方便。

（3）极坐标型机器人　极坐标型机器人又称为球坐标型机器人，其结构如图 7-7c 所示，R、θ 和 β 为坐标系的坐标。其中 θ 是绕手臂支撑底座垂直的转动角，β 是手臂在铅垂面内的摆动角。这种机器人运动所形成的轨迹表面是半球面。极坐标型机器人的动作形态包括围绕基座轴的旋转、一个回转和一个直线伸缩运动，其特点类似于圆柱型机器人。

（4）多关节型机器人　多关节型机器人的结构如图 7-7d 所示，它是以其各相邻运动部件之间的相对角位移作为坐标系的。θ、α 和 ϕ 为坐标系的坐标，其中 θ 是绕底座铅垂轴的转角，ϕ 是过底座的水平线与第一臂之间的夹角，α 是第二臂相对于第一臂的转角。这种机器人手臂可以达到球形体积内绝大部分位置，所能达到区域的形状取决于两个臂的长度比例。多关节型机械手最接近于人臂的构造。它主要由多个回转或旋转关节所组成，一般都采用电动机驱动机构。运用不同的关节连接方式，可以完成各种复杂的操作。由于具有占地面积小、动作范围大、空间移动速度快而灵活等特点，因此多关节型机械手在各种智能机器人中被广为采用。

7.1.3　工业机器人的发展

工业机器人的发展与微电子技术的应用，特别是计算机技术的应用密切相关。因此，机器人技术的发展必将带动其他技术的发展，机器人技术的发展和应用水平也可以验证一个国家科学技术和工业技术的发展和水平。工业机器人的发展过程可分为以下三个阶段。

（1）第一代机器人　20 世纪五六十年代，随着机构理论和伺服理论的发展，机器人进入了实用阶段。1954 年，美国的 G. C. Devol 发表了“通用机器人”专利；1960 年，美国 AMF 公司生产了柱坐标型 Versatran 机器人，可进行点位和轨迹控制，这是世界上第一种应用于工业生产的机器人。20 世纪 70 年代，随着计算机技术、现代控制技术、传感技术、人工智能技术的发展，机器人也得到了迅速的发展。1974 年，Cincinnati-Milacron 公司成功开发了多关节机器人。1979 年，Unimation 公司又推出了 PUMA 机器人，它是一种多关节、全电动机驱动、多 CPU 二级控制的机器人，采用 VAL 专用语言，可配视觉、触觉、力觉传感器，在当时是技术最先进的工业机器人。现在的工业机器人在结构上大体都以此为基础，这一时期的机器人属于“示教再现”（Teach-in/Playback）型机器人，只具有记忆、存储能力，按相应程序重复作业，对周围环境基本没有感知与反馈控制能力。

（2）第二代机器人　进入 20 世纪 80 年代，随着传感技术，包括视觉传感器、非视觉传感器（力觉、触觉、接近觉等）及信息处理技术的发展，出现了第二代机器人——有感觉的机器人。它能够获得作业环境和作业对象的部分相关信息，并进行一定的实时处理，引导机器人进行作业。第二代机器人已进入了实用化，在工业生产中得到了广泛应用。

（3）第三代机器人　第三代机器人是目前正在研究的“智能机器人”，它不仅具有比第二代机器人更加完善的环境感知能力，而且还具有逻辑思维、判断和决策能力，可根据作业要求与环境信息自主地进行工作。这一代工业机器人目前仍处在实验室研制阶段。

7.2 工业机器人的机械本体设计

机械系统又叫操作机（Manipulator），是工业机器人的执行机构。它又可分成机身、臂部、手腕和手部四部分。

7.2.1 机身和臂部

1. 机身与臂部结构

（1）机身结构　机身是直接连接、支承和传动手臂及行走机构的部件。它是由臂部运动（升降、平移、回转和俯仰）机构及有关的导向装置、支撑件等组成的。由于机器人的运动形式、使用条件、负载能力各不相同，所采用的驱动装置、传动机构、导向装置也不同，致使机身结构有很大差异。

一般情况下，实现臂部的升降、回转或俯仰等运动的驱动装置或传动件都安装在机身上。臂部的运动越多，机身的结构和受力越复杂。机身既可以是固定式的，也可以是行走式的，即在它的下部装有能行走的机构，可沿地面或架空轨道运行。常用的机身结构有升降回转型机身结构、俯仰型机身结构、直移型机身结构、类人机器人机身结构。

（2）臂部结构　手臂部件（简称臂部）是机器人的主要执行部件，它的作用是支撑腕部和手部，并带动它们在空间运动。机器人的臂部主要包括臂杆以及与其伸缩、屈伸或自转等运动有关的构件，如传动机构、驱动装置、导向定位装置、支撑连接和位置检测元件等。此外，还有与腕部或手臂的运动和连接支撑等有关的构件、配管、配线等。

根据臂部的运动和布局、驱动方式、传动和导向装置的不同，臂部结构可分为伸缩型臂部结构、转动伸缩型臂部结构、驱伸型臂部结构及其他专用的机械传动臂部结构。

机身和臂部的配置形式基本上反映了机器人的总体布局。由于机器人的运动要求、工作对象、作业环境和场地等因素的不同，出现了各种不同的配置形式。目前常用的有如下几种形式：横梁式、立柱式、机座式、驱伸式。

2. 机身和臂部设计

机身和臂部的工作性能对机器人的负荷能力和运动精度影响很大，在设计时有如下要求。

（1）刚度　刚度是指机身或臂部在外力作用下抵抗变形的能力。它是用外力和在外力作用方向上的变形量（位移）之比来度量的。变形越小，则刚度越大。机器人的机身和臂部的刚度是一个比强度更重要的性能指标。为提高刚度，应考虑以下几点。

1）根据受力情况，合理选择截面形状和轮廓尺寸。机身和臂部通常既受弯曲力（不仅一个方向的弯曲），也受扭转力，应选用抗弯和抗扭刚度较大的截面形状。封闭的空心截面（圆环形和箱形）与实心截面相比，不仅在两个互相垂直的方向上抗弯刚度（J_x，J_y）较大，而且抗扭刚度也较实心和开口截面大。若适当减小壁厚，加大轮廓尺寸，则刚度可增大。采用封闭形空心截面的结构作为臂杆，不仅有利于提高结构刚度，而且空心内部还可以布置安装驱动装置、传动机构及管线等，使整体结构紧凑，外形整齐。

2）提高支承刚度和接触刚度。机身与臂杆的变形量不仅与其结构刚度有关，而且与支承刚度及支承物和机身、臂杆间的接触刚度有很大关系。要提高支承刚度，一方面要从支座的结构形状、底板的连接形式等方面考虑；另一方面，要特别注意提高配合面间的接触刚度，即保证配合表面的加工精度和表面粗糙度，如果采用滚动导轨或滚动轴承，装配时应考虑施加预紧力，以提高接触刚度。

3）合理布置作用力的位置和方向。设计臂杆时，要尽量减少弯矩，减少臂杆的弯曲变形。关于合理布置作用力的问题，在结构设计时，应结合具体受力情况加以全面考虑。例如，可设法使各作用力引起的变形相互抵消。

（2）精度　机器人的精度最终集中反映在手部的位置精度上。显然，它与臂和机身的位置精度密切相关。影响机身和臂部位置精度的因素除刚度外，还有各主要运动部件的制造和装配精度、手部或腕部在臂上的定位和连接方式以及臂部和机身运动的导向装置和定位方式等。就导向装置而言，其导向精度、刚度和耐磨性等对机器人的精度和其他工作性能影响很大，在设计时必须注意。

（3）平稳性　机身和臂部的运动较多，质量较大，如果运动速度和负荷又较大，当运动状态变化时，将产生冲击和振动，这不仅会影响机器人的精确定位，甚至会使其不能正常运转。为了提高工作平稳性，在设计时应采取有效的缓冲装置以吸收能量。从减少能量的产生方面来看，一般应考虑以下几点。

1）臂部和机身的运动部件应力求紧凑、质量小，以减少惯性力。例如，有些机器人臂部构件采用铝合金或非金属材料。

2）必须注意运动部件各部分的质量对转轴或支承的分布情况，即重心的布置。如图7-8所示，由于臂部总重心 G_H 与机身立柱转轴不重合，偏心距为 L，因此在立柱和导套间将作用一附加力矩 G_HL，使立柱和导套变形，对臂的转动和升降运动均产生影响。如重心与转轴不重合，将增大转动惯量，同时会使转轴受到附加的动压力，其方向在臂部转动中是不断变化的。臂部做俯仰运动时，情况相似。当转速较高和速度变化剧烈时，将有较大的冲击和振动。

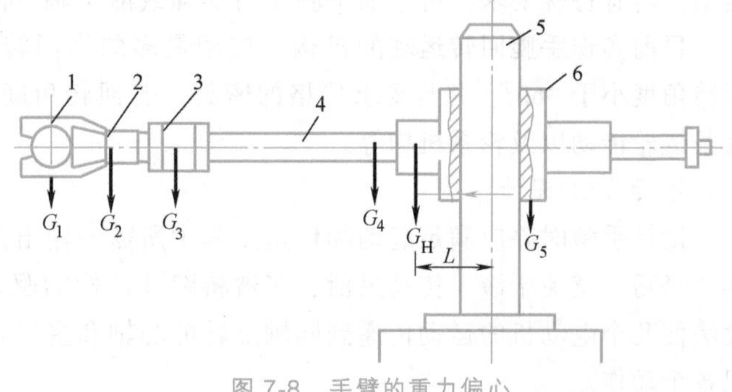

图7-8　手臂的重力偏心

G_1—工件重量　G_2—手部重量　G_3—腕部重量

G_4—臂部重量　G_5—臂架重量　G_H—总重

1—工件　2—手部　3—腕部　4—臂部　5—立柱　6—臂架

（4）其他

1）传动系统应力求简短，以提高传动精度和效率。

2）各驱动装置、传动件、管线系统及各个运动的测控元件等布置要合理紧凑，操作维护要方便。

3）对于在特殊条件下工作的机器人，设计时应有针对性地采取相应措施。例如，高温环境应考虑热辐射的影响；腐蚀性介质环境应考虑防腐问题；粉尘环境应考虑防尘问题；危险环境应考虑防爆问题等。

7.2.2 手腕

手腕是连接手部（末端执行器）和手臂的部件，它的作用是调整或改变工件的方位，因而它具有独立的自由度，以使机器人手部适应复杂的动作要求。

1. 手腕结构

确定手部的作业方向，一般需要3个自由度，由3个回转关节组合而成，组合的方式有多种多样，常用的如图7-9所示。为说明手腕回转关节的组合形式，先介绍各回转方向的名称。

1）臂转：绕小臂轴线方向的旋转称臂转。

2）腕摆：使手部相对于手臂进行的摆动称腕摆。

3）手转：使手部绕自身轴线方向的旋转称手转。

图7-9a所示的腕部关节配置为臂转、腕摆、手转结构；图7-9b所示为臂转、双腕摆、手转结构。

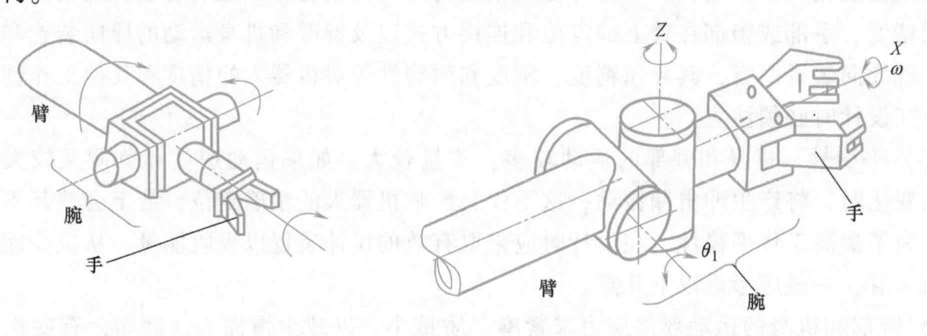

a) 臂转、腕摆、手转结构　　b) 臂转、双腕摆、手转结构

图7-9　腕部关节配置

根据使用要求，手腕的自由度不一定是3个，可以是1个、2个或比3个多。手腕自由度的选用与机器人的通用性、加工工艺要求、工件放置方位和定位精度等许多因素有关。一般手腕设有回转或再增加一个上下摆动即可满足工作的要求，也有的专用机器人没有手腕的运动。若有特殊要求，可增加手腕左右摆动或沿 Y 轴方向的横向移动。

目前实现手腕回转运动的机构，应用最多的为回转液压（气）缸，它的结构紧凑，但回转角度小于360°，并且要求严格的密封。若回转角度等于360°，可采用齿轮齿条传动或链条链轮传动以及轮系机构等。

2. 手腕的设计

设计手腕时除应满足起动和传送过程中所需的输出力矩外，还要求手腕的结构简单、紧凑、轻巧、避免干涉、传动灵活，多数将腕部结构的驱动部分安排在小臂上，使外形整齐，设法使几个电动机的运动传递到同轴旋转的心轴和多层套筒上去，运动传入腕部后再分别实现各个动作。

7.2.3 手部

手部即末端执行件，是操作机直接参与工作的部分。末端执行器是机器人直接用于抓取和握紧（或吸附）工件或夹持专用工具（如喷枪、扳手、焊接工具）进行操作的部件。它具有模仿人手动作的功能，并安装于机器人手臂的前端。由图7-10可见，末端执行器大致可分为以下几类。

1）夹钳式取料手，如图 7-10a 所示。

2）吸附式取料手，如图 7-10b 所示。

3）仿生多指灵巧手，如图 7-10c 所示。

4）专用操作器及转换器，如图 7-10d 所示。

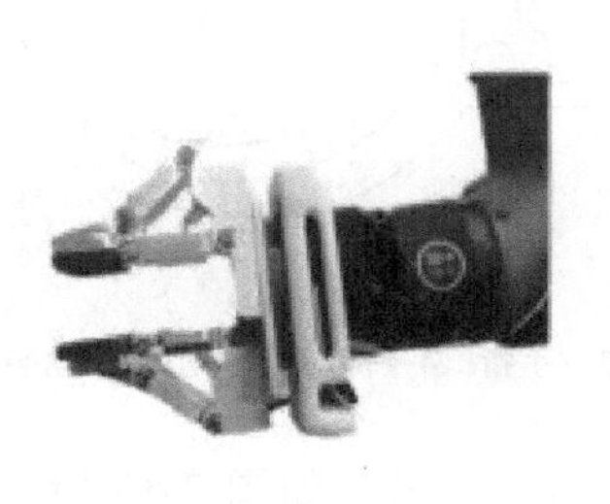

a) 夹钳式取料手

b) 吸附式取料手

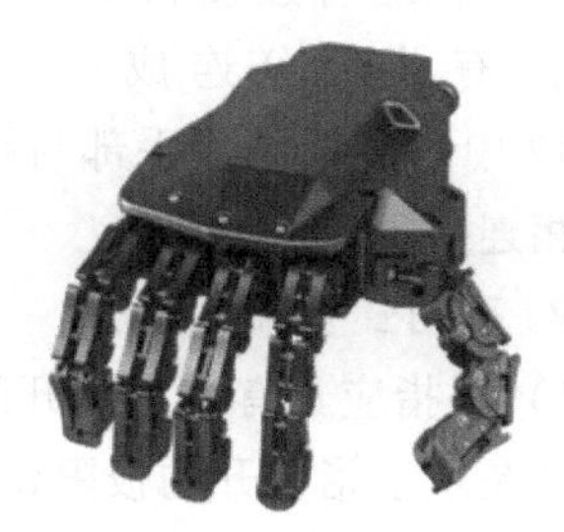

c) 仿生多指灵巧手

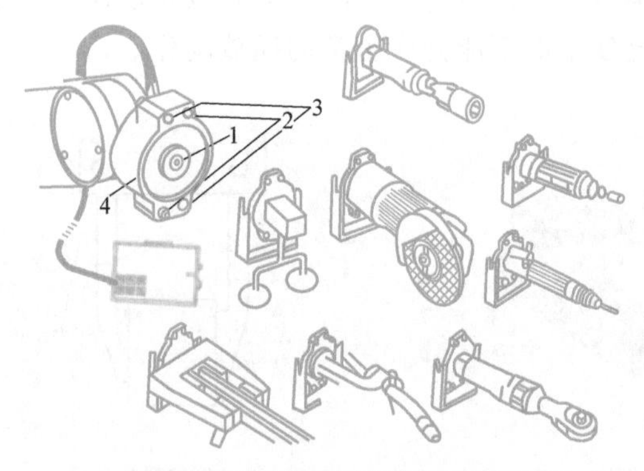

d) 各种专用末端操作器和电磁吸盘式换接器

图 7-10 机器人末端执行器

1—气路接口 2—定位销头 3—电插头 4—电磁吸盘

手部操作时，往往要求末端执行件不仅能达到指定的位置，而且要有正确的取向。为了完成所要求的操作，有时即使臂端的位置坐标几乎完全相同，也仍可能因为要求末端执行件有不同的取向，而使臂部采取完全不同的姿态，图 7-11 所示的焊接操作便是这样的一个例子。本节重点介绍夹钳式手部。

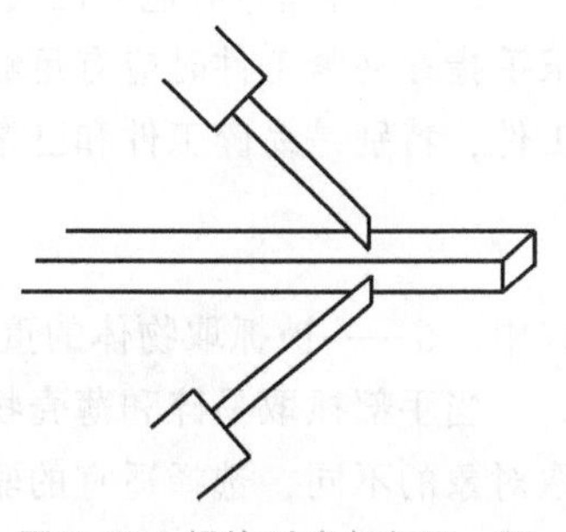

图 7-11 焊接时坐标相同，取向不同对臂杆姿态的要求

1. 夹钳式手部的结构

夹钳式手部的结构与人手类似，是机器人中广为应用的一种手部形式，由图 7-12 可见，一般夹钳式手部由以下几部分组成。

1）手指：它是直接与工件接触的构件。手部松开和夹紧工件，就是通过手指的张开和闭合来实现的。一般情况下，机器人的手部只有两个手指，少数有三个或多个手指。它们的结构形式常取决于被夹持工件的形状和特性。

2）传动机构：它是向手指传递运动和动力、以实现夹紧和松开动作的机构。

3）驱动装置：它是向传动机构提供动力的装置。按驱动方式不同，有液压、气动、电动和机械驱动之分。由于液压驱动成本过高，在选择驱动方式时应尽量避免采用。

此外，还有连接和支承元件，它们将上述有关部分连成一个整体，如图 7-12 中的支架 1 使手部与机器人的腕或臂相连接。

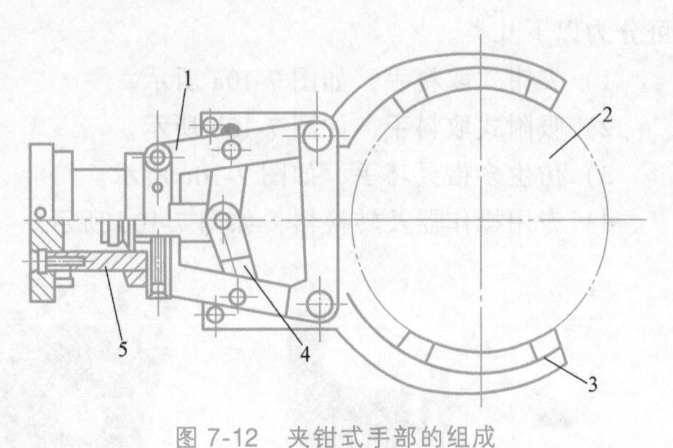

图 7-12　夹钳式手部的组成

1—支架　2—工件　3—手指　4—传动机构　5—驱动装置

2. 夹钳式手部设计

1）手指应具有一定的开闭范围。此范围就是从手指张开的极限位置到闭合夹紧时每个手指位置的变动量，如图 7-13 所示。回转型手部的开闭范围可用手指的开闭角（手指从张开到闭合绕支点转过的角度）来表示；平移型手部的开闭范围可用手指从张开到闭合的直线移动距离来表示。开闭范围太小，将限制手部的通用性，甚至使手部不能完成正常的抓放动作。

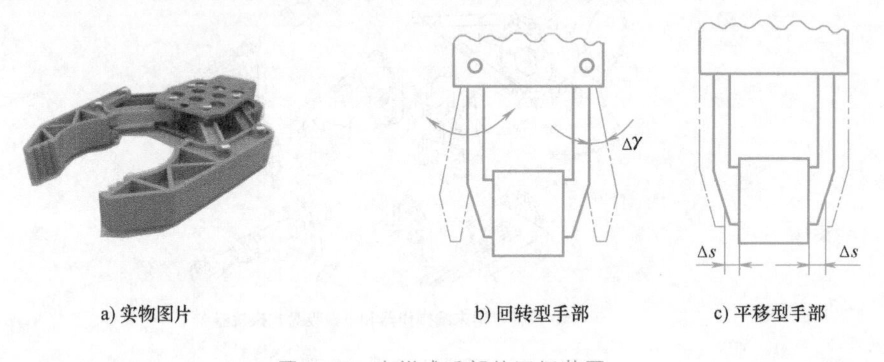

a) 实物图片　　b) 回转型手部　　c) 平移型手部

图 7-13　夹钳式手部的开闭范围

2）手指应具有适当的夹紧力。为使手指能夹紧工件，并保证在运动过程中不脱落，要求手指在夹紧工件时应有足够的夹紧力。但是，夹紧力也不宜过大，以免在夹持过程中损坏工件，特别是易碎工件和已精加工的工件。机器人手部对物体的抓紧力 F 一般取为

$$F=(2\sim3)G \tag{7-1}$$

式中　G——被抓取物体的重量。

当手部抓取易碎和薄壳物体时，不应将工件压碎和变形，因此设计手部时，应根据被抓取对象的不同，选择适宜的驱动装置，以产生合适的夹紧力。

3）要保证工件在手指内的定位精度。根据工件形状和位置要求及工件的加工精度和装配精度的要求，选择适当的手指形状和手部结构，以保证工件在手内的相对位置精度。工件在手指内的定位精度直接影响到工业机器人系统的精度，因此在设计时应当着重考虑。

4）结构紧凑，重量轻，效率高。手部处于腕和臂部的最前端，运动状态多变，其结构、重量及动力负荷将直接影响到腕和臂的结构。因此，在设计手部时，必须力求结构紧凑、重量轻和效率高。

5）通用性和可换性。一般情况下手部多是专用的。为了扩大它的使用范围，提高通用化程度，以适应夹持不同尺寸和形状的工件需要，通常采用可调整的办法，如更换手指，甚至更换整个手部。也可以为手部专门设计转换接头，以迅速准确地更换工具。有鉴于此，在选用手部材料时，应尽量选用铝合金等高强度且轻质材料。

7.3 工业机器人控制系统设计

控制系统是智能机器人的重要组成部分，它的机能类似于人脑。智能机器人要与外围设备协调动作，共同完成作业任务，就必须具备一个功能完善、灵敏可靠的控制系统。

7.3.1 工业机器人控制系统的功能、组成与分类

1. 工业机器人控制系统的功能

机器人控制系统是机器人的重要组成部分，用于对操作机的控制，以完成特定的工作任务，其基本功能如下。

1）记忆功能：存储作业顺序、运动路径、运动方式、运动速度和与生产工艺有关的信息。

2）示教功能：离线编程，在线示教，间接示教。在线示教包括示教器和导引示教两种。

3）与外围设备联系功能：输入和输出接口、通信接口、网络接口、同步接口。

4）坐标设置功能：有关节、绝对、工具、用户自定义四种坐标系。

5）人机接口：示教器、操作面板、显示屏。

6）传感器接口：位置检测、视觉、触觉、力觉等。

7）位置伺服功能：机器人多轴联动、运动控制、速度和加速度控制、动态补偿等。

8）故障诊断安全保护功能：运行时系统状态监视、故障状态下的安全保护和故障自诊断。

2. 工业机器人控制系统的组成

工业机器人控制系统由以下几个部分组成，其组成框图如图 7-14 所示。

1）控制计算机：控制系统的调度指挥机构。一般为微型机、微处理器（32 位、64 位）等，如奔腾系列 CPU 以及其他类型 CPU。

2）示教器：示教机器人的工作轨迹和参数设定，以及所有人机交互操作，拥有自己独立的 CPU 以及存储单元，主计算机之间以串行通信方式实现信息交互。

3）操作面板：由各种操作按键、状态指示灯构成，只完成基本功能操作。

4）磁盘存储器：机器人工作程序的外围存储器。

5）数字量和模拟量输入/输出：各种状态和控制命令的输入或输出。

6）打印机接口：记录需要输出的各种信息。

7）传感器接口：用于信息的自动检测，实现机器人柔顺控制，一般为力觉、触觉和视觉传感器。

8）轴控制器：完成机器人各关节位置、速度和加速度控制。

9）辅助设备控制：用于和机器人配合的辅助设备控制，如手爪变位器等。

10）通信接口：实现机器人和其他设备的信息交换，一般有串行接口、并行接口等。

11）网络接口：①以太网（Ethernet）接口，即网卡的接口。可通过以太网实现数台或单台机器人的直接PC通信，数据传输速率高达10Mbit/s，可直接在PC上用windows库函数进行应用程序编程之后，支持TCP/IP通信协议，通过Ethernet接口将数据及程序装入各个机器人控制器中。②Fieldbus接口，支持多种流行的现场总线规格，如Device net、ABRemote I/O、Interbus-s、profibus-DP、M-NET等。

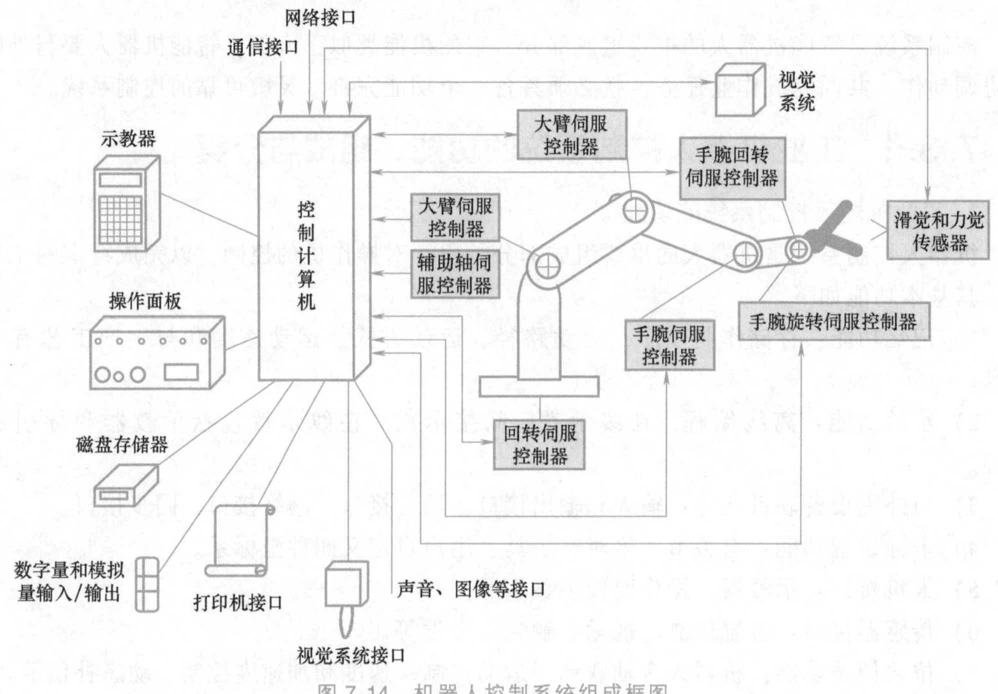

图7-14　机器人控制系统组成框图

3. 工业机器人控制系统的分类

工业机器人控制系统的分类如图7-15所示。

7.3.2　工业机器人控制系统工作流程

对于一个具有高度智能的机器人，它的控制实际上包含了“任务规划”“动作规划”“轨迹规划”和基于规模的“伺服控制”等多个层次，如图7-16所示。

机器人首先要通过人机接口获取操作者的指令，指令的形式可以是人的自然语言，或者是由人发出的专用的指令语言（用在大部分服务机器人上），也可以是通过示教工具输入的示教指令（如一般的示教控制机器人），或者键盘输入的机器人指令语言以及计算机程序指令（如大部分工业机器人）。机器人首先要对控制命令进行解释理解，把操作者的命令分解为机器人可以实现的“任务”，这就是任务规划；然后机器人针对各个任务进行动作分解，这即是动作规划；为了实现机器人的一系列动作，应该对机器人每个关节的运动进行设计，这是机器人的轨迹规划；最底层为关节运动的伺服控制。

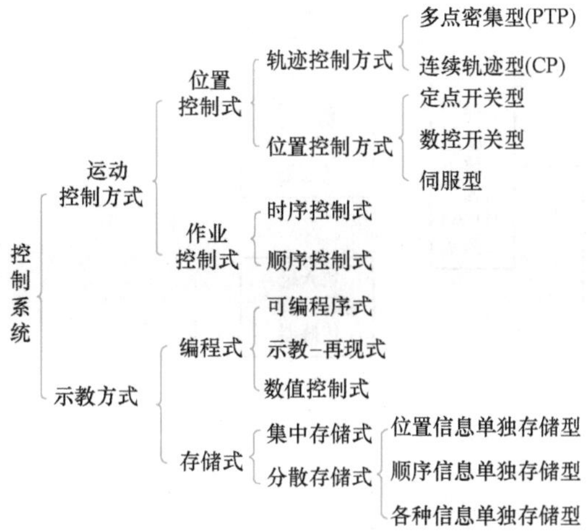

控制系统
运动控制方式
位置控制式
轨迹控制方式
多点密集型(PTP)
连续轨迹型(CP)
位置控制方式
定点开关型
数控开关型
伺服型
作业控制式
时序控制式
顺序控制式
示教方式
编程式
可编程序式
示教−再现式
数值控制式
存储式
集中存储式
分散存储式
位置信息单独存储型
顺序信息单独存储型
各种信息单独存储型

图 7-15 工业机器人控制系统的分类

人机接口
理解命令
任务规划
动作规划
机器人示教
轨迹规划生成
传感器
伺服控制
电流/电压控制
机器人控制器的功能
驱动器

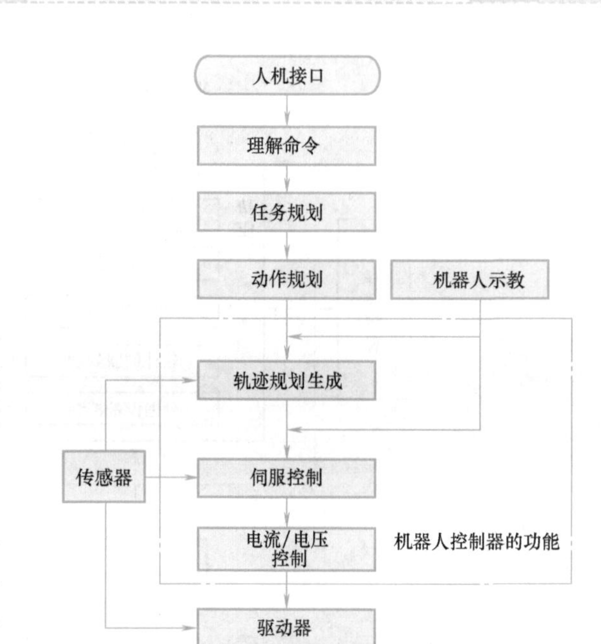

图 7-16 工业机器人控制系统工作流程图

实际应用的机器人，并不一定都具有各个层次的功能。大部分机器人的“任务规划”和“动作规划”是由操作人员完成的，有的甚至连“轨迹规划”也要由人工编程来实现。一般的机器人，设计者已经完成轨迹规划的工作，因此操作者只要为机器人设定动作和任务即可。由于机器人的任务通常比较专一，为这样的机器人设计任务，对用户来说并不是件困难的事情。

7.3.3 工业机器人控制方式

工业机器人控制系统按其控制方式可分为集中控制系统、主从控制系统及分散控制系统三类。

1. 集中控制系统（Centralized Control System）

用一台计算机实现全部控制功能，结构简单，成本低，但实时性差，难以扩展，在早期的机器人中常采用这种结构，其构成框图如图 7-17 所示。基于 PC 的集中控制系统里，充分利用了 PC 资源开放性的特点，可以实现很好的开放性：多种控制卡、传感器设备等都可以通过标准 PCI 插槽或通过标准串口、并口集成到控制系统中。

集中式控制系统的优点是：硬件成本较低，便于信息的采集和分析，易于实现系统的最优控制，整体性与协调性较好，基于 PC 的系统硬件扩展较为方便。其缺点也显而易见：系统控制缺乏灵活性，控制危险容易集中，一旦出现故障，其影响面广，后果严重；由于工业机器人的实时性要求很高，当系统进行大量数据计算时，会降低系统实时性，系统对多任务的响应能力也会与系统的实时性相冲突；此外，系统连线复杂，会降低系统的可靠性。早期的机器人中，如 Hero-I、Robot-I 等，就采用这种结构，但控制过程中需要许多计算（如坐标变换），因此这种控制结构速度较慢。

2. 主从控制系统

采用主、从两级处理器实现系统的全部控制功能，也称双微型计算机控制系统。主

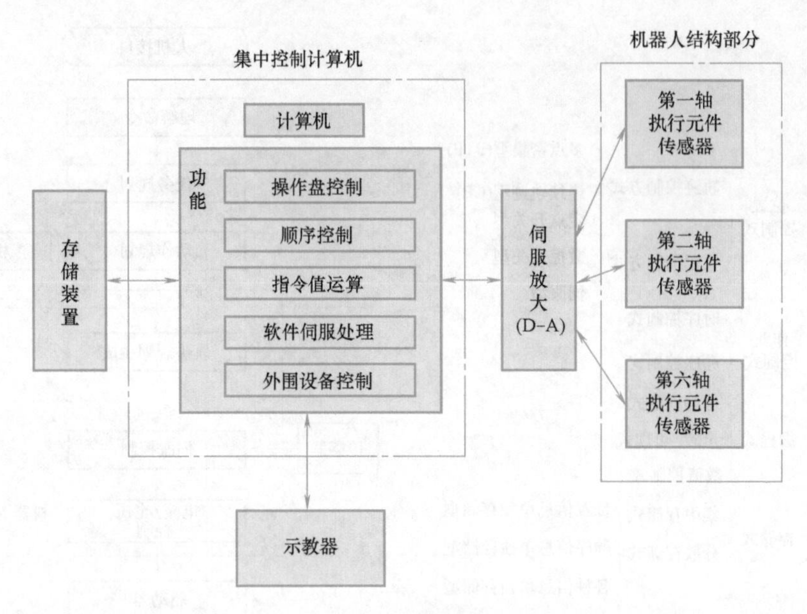

图 7-17　集中控制系统框图

CPU 实现管理、坐标变换、轨迹生成和系统自诊断等；从 CPU 实现所有关节的动作控制，其构成框图如图 7-18 所示。主从控制方式系统实时性较好，适于高精度、高速度控制，但其系统扩展性较差，维修困难。日本于 20 世纪 70 年代生产的 Motoman 机器人（5 关节，直流电动机驱动）的计算机系统就属于这种主从式结构。

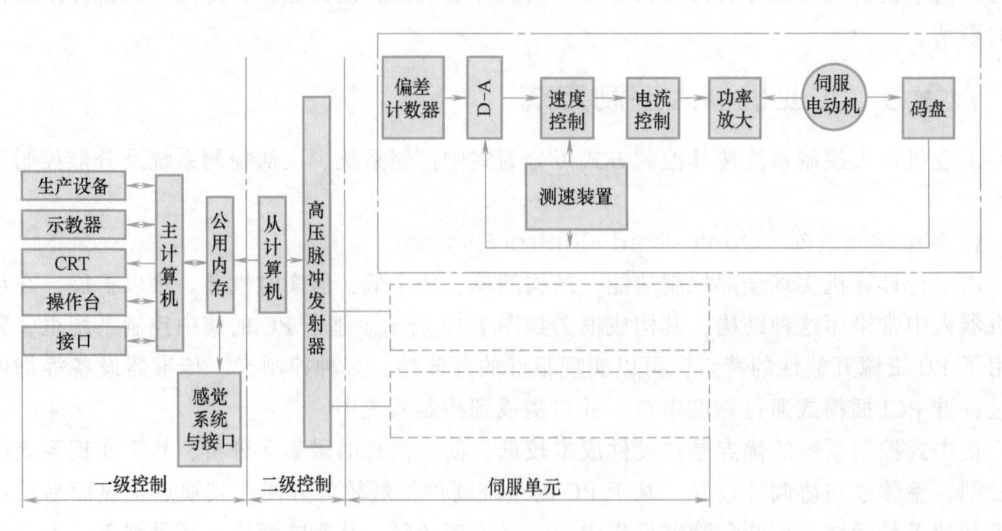

图 7-18　主从控制系统框图

3. 分散控制系统（Distributed Control System）

按系统的性质和方式将系统控制分成几个模块，每一个模块各有不同的控制任务和控制策略，各模式之间可以是主从关系，也可以是平等关系。这种方式实时性好，易于实现高速、高精度控制，易于扩展，可实现智能控制，是目前流行的方式，其控制框图如图 7-19 所示。其主要思想是“分散控制，集中管理”，即系统对其总体目标和任务可以进行综合协调和分配，并通过子系统的协调工作来完成控制任务，整个系统在功能、逻辑和物理等方面都是分散的，所以 DCS 又称为集散控制系统或分散控制系统。这种结构中，子系统是由控制器和不同被控对象或设备构成的，各个子系统之间通过网络等相互通信。分布式控制结构提供了一个开放、实时、精确的机器人控制系统。分布式系统中常采用两级控制方式，目前世界上大多数商品化机器人控制器都是这种结构。

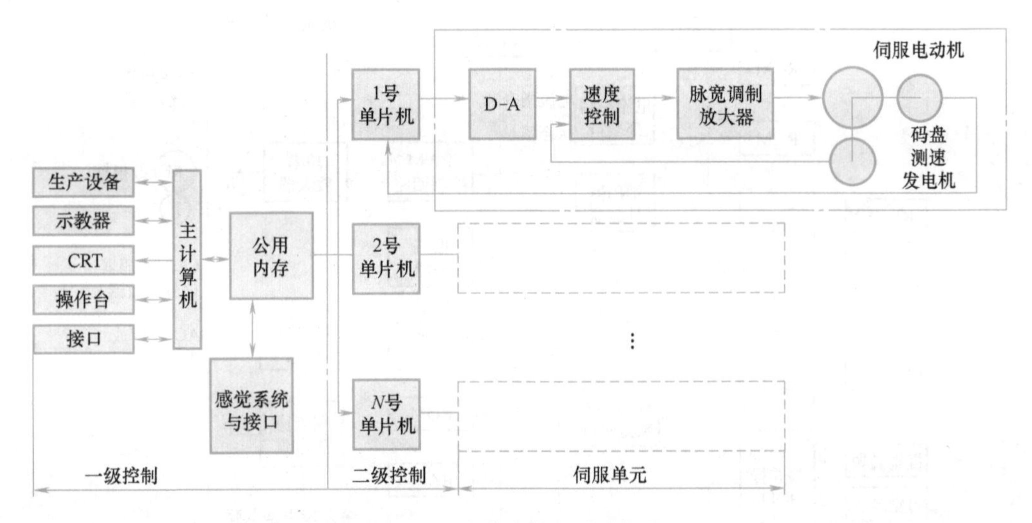

图 7-19　分散式控制系统框图

两级分布式控制系统通常由上位机、下位机和网络组成。上位机可以进行不同的轨迹规划和控制算法，下位机进行插补细分、控制优化等的研究和实现。上位机和下位机通过通信总线相互协调工作，这里的通信总线可以是 RS232、RS485、IEEE-488 以及 USB 总线等形式。现在，以太网和现场总线技术的发展为机器人提供了更快速、稳定、有效的通信服务。尤其是现场总线，它应用于生产现场、在微机化测量控制设备之间实现双向多节点数字通信，从而形成了新型的网络集成式全分布控制系统——现场总线控制系统（Filed-bus Control System，FCS）。在工厂生产网络中，将可以通过现场总线连接的设备统称为“现场设备/仪表”。从系统论的角度来说，工业机器人作为工厂的生产设备之一，也可以归纳为现场设备。在机器人系统中引入现场总线技术后，更有利于机器人在工业生产环境中的集成。

7.3.4 工业机器人控制系统硬件设计

工业机器人控制系统的硬件主要由以下几个部分组成。

（1）传感装置　这类装置主要用以检测工业机器人各关节的位置、速度和加速度等，即感知其本身的状态，可称为内部传感器，而外部传感器就是所谓的视觉、力觉、触觉、听觉、滑觉等传感器，它们可使工业机器人感知工作环境和工作对象的状态。

（2）控制装置　控制装置用于处理各种感觉信息，执行控制软件，产生控制指令。它一般由一台微型或小型计算机及相应的接口组成。

（3）关节伺服驱动部分　这部分主要根据控制装置的指令使关节运动。图 7-20 是工业机器人控制系统的一种典型的硬件结构，它是一个两级计算机控制系统。CPU2 的作用是进行电流控制；CUP1 的作用是进行轨迹计算和伺服控制，以及作为人机接口和与周边装置连接的通信接口。图中所表示的仅是机器人控制器最基本的硬件构成，如果要求硬件结构具有更高的运算速度，那么必须再增加两个 CPU，如果要增加能进行浮点运算的微处理器，则需要 32 位的 CPU。

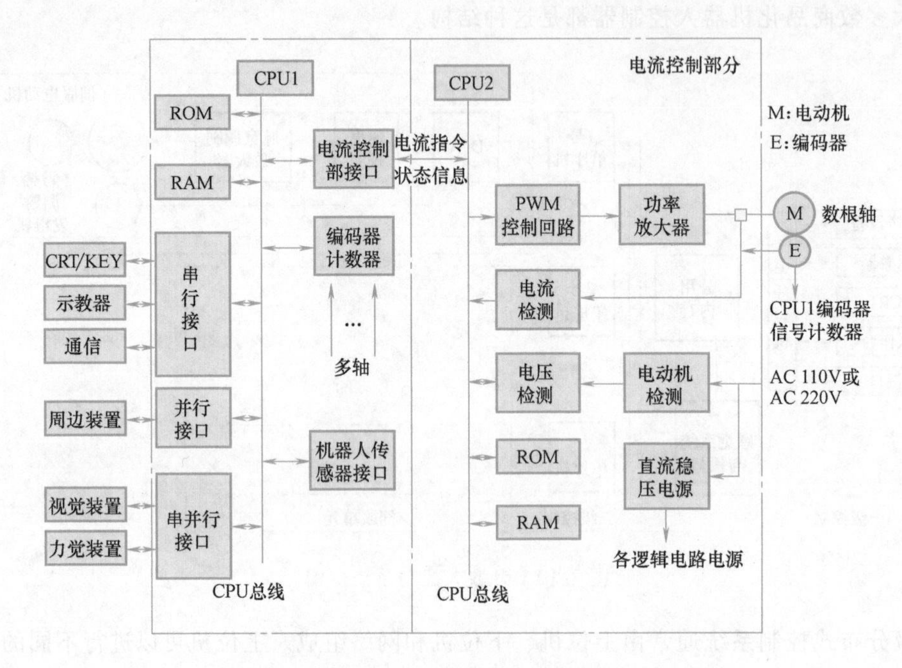

图 7-20　工业机器人控制器的硬件构成（1）

图 7-21 表示另一种工业机器人控制器的硬件构成。图中 CPU1A 的作用是对机器人语言进行解释和实施，以及作为与周边装置连接的通信接口。CPU1B 的作用对轨迹、位置与速度等参数进行软伺服控制。CPU2A～CPU2N 的作用是对电动机的电流进行控制，有时 CPU1A 还通过制造自动化协议（Manufacturing Automation Protocol，MAP）系统进行高速通信。

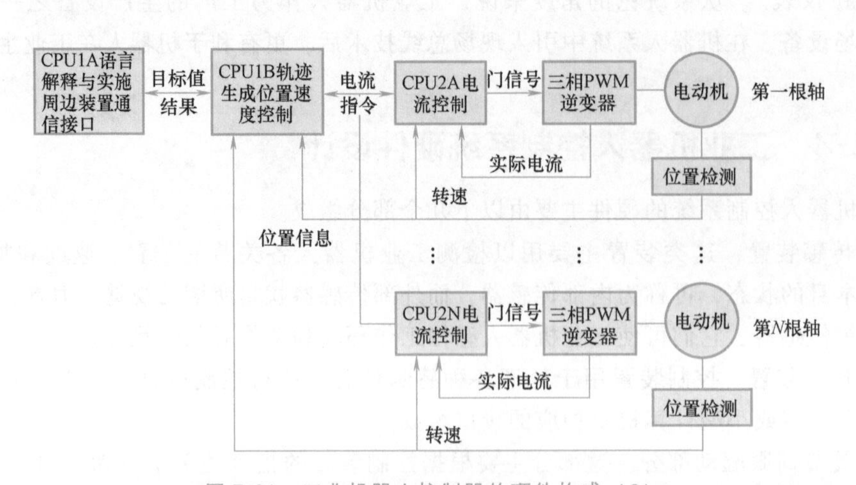

图 7-21　工业机器人控制器的硬件构成（2）

(4) 工业机器人控制系统的结构　工业机器人控制系统的种类很多，从结构上分为三种：以单片机为核心的机器人控制系统、以 PLC 为核心的机器人控制系统、以运动控制器为核心的机器人控制系统。

1) 以单片机为核心的机器人控制系统。该系统把单片机（MCU）嵌入运动控制器中，能够独立运行并且带有通用接口方式方便与其他设备通信。系统如图 7-22 所示。单片机是单一芯片，集成了中央处理器、动态存储器、只读存储器、输入/输出接口等，利用它设计的运动控制器电路原理简洁、运行性能良好、系统的成本低。

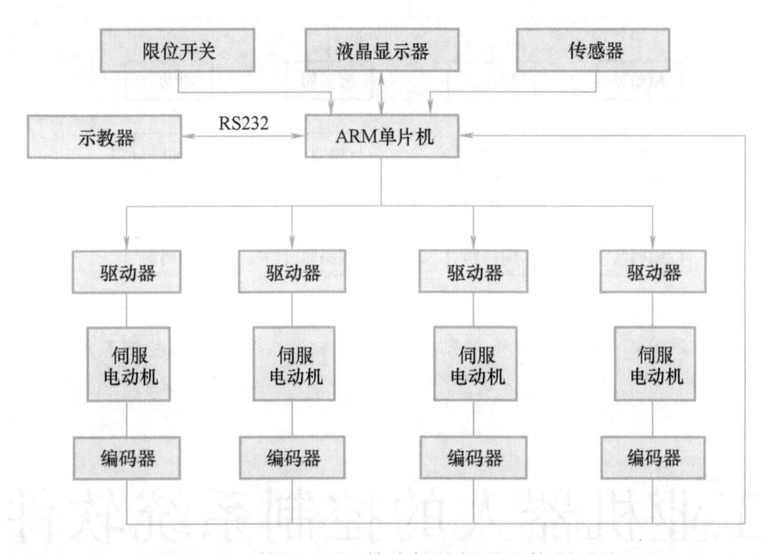

图 7-22　基于 ARM 单片机的机器人控制系统

2) 以 PLC 为核心的机器人控制系统。PLC 即可编程序逻辑控制器，一种用于自动化实时控制的数位逻辑控制器，专为工业控制设计的计算机，符合工业环境要求。它是自控技术与计算机技术结合而成的自动化控制产品，系统如图 7-23 所示，广泛应用于目前的工业控制各个领域。以 PLC 为核心的机器人控制系统技术成熟、编程方便，在可靠性、扩展性、对环境的适应性方面有明显优势，并且有体积小、方便安装维护、互换性强等优点；有整套技术方案供参考，缩短了开发周期。但是和以单片机为核心的机器人控制系统一样，不支持先进的复杂算法，不能进行复杂的数据处理，虽然一般环境可靠性好，但在高频环境下运行不稳定，不能满足机器人系统的多轴联动等复杂的运动轨迹。

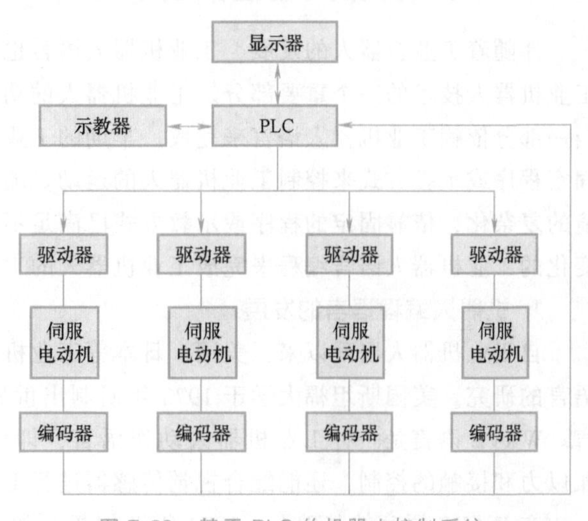

图 7-23　基于 PLC 的机器人控制系统

3) 以 IPC+运动控制器的机器人控制系统。基于 IPC+运动控制器是工业机器人系统的应用主流和发展趋势。基于 IPC 机器人控制系统的软件开发成本低，系统兼容性好，系统可靠性强，计算能力优势明显，因此，由于计算机平台和嵌入式实时系统的使用为动态控制算法和复杂轨迹规划提供了硬件方面的保障，系统结构如图 7-24 所示。

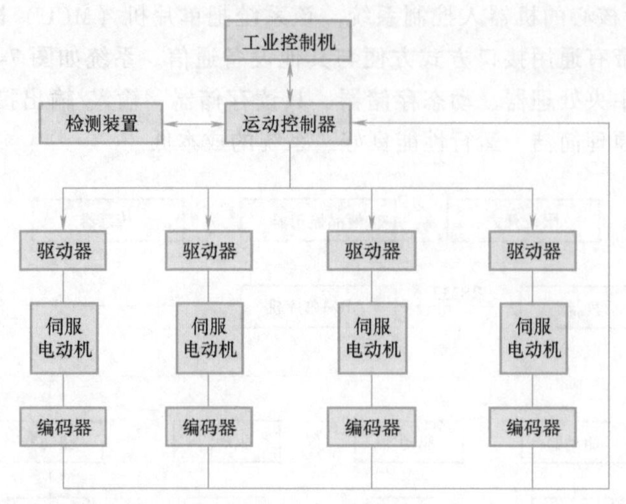

图 7-24　基于“工业控制机+运动控制器”的机器人控制系统

7.4　工业机器人的控制系统软件设计

工业机器人控制系统中，软件系统具有无可替代的重要作用。软件系统能够帮助实现人们期望机器人完成的操作。机器人控制软件的功能、实现的方式以及层次结构等，无不关系着控制系统的优劣，从而决定着整个机器人系统的性能。

7.4.1　机器人编程语言认知

伴随着工业机器人的发展，工业机器人语言也得到发展和完善。工业机器人语言已成为工业机器人技术的一个重要部分。工业机器人的功能除了依靠工业机器人硬件的支持外，相当一部分依赖工业机器人语言来完成。早期的工业机器人由于功能单一，动作简单，可采用固定程序或示教方式来控制工业机器人的运动。随着工业机器人作业动作的多样化和作业环境的复杂化，依靠固定的程序或示教方式已满足不了要求，必须依靠能适应作业和环境随时变化的工业机器人语言编程来完成工业机器人的工作。

1. 机器人编程语言的发展

自工业机器人出现以来，美国、日本等工业机器人的原创国也同时开始进行工业机器人语言的研究。美国斯坦福大学于 1973 年研制出世界上第一种工业机器人语言——WAVE 语言。WAVE 语言是一种工业机器人动作语言，即语言功能以描述工业机器人的动作为主，兼以力和接触的控制，还能配合视觉传感器进行工业机器人的手、眼协调控制。

在 WAVE 语言的基础上，1974 年斯坦福大学人工智能实验室又开发出一种新的语言，称为 AL 语言。这种语言与高级计算机语言 ALGOL 结构相似，是一种编译形式的语言，带有一个指令编译器，能在实时机上控制，用户编写好的工业机器人语言源程序经编译器编译后对工业机器人进行任务分配和作业命令控制。AL 语言不仅能描述手爪的动作，而且可以记忆作业环境和该环境内物体和物体之间的相对位置，实现多台工业机器人的协调控制。

美国 IBM 公司也一直致力于工业机器人语言的研究，取得了不少成果。1975 年，IBM 公司研制出 ML 语言，主要用于工业机器人的装配作业。随后该公司又研制出另一种语言——AUTOPASS 语言，这是一种用于装配的更高级语言，它可以对几何模型类任务进行半自动编程。

美国的 Unimation 公司于 1979 年推出了 VAL 语言。它是在 BASIC 语言基础上扩展的一种工业机器人语言，因此具有 BASIC 语言的内核与结构，编程简单，语句简练。VAL 语言成功地用于 PUMA 和 UNIMATE 型工业机器人。1984 年，Unimation 公司又推出了在 VAL 语言基础上改进的工业机器人语言——VAL Ⅱ 语言。VAL Ⅱ 语言除了含有 VAL 语言的全部功能外，还增加了对传感器信息的读取，使得可以利用传感器信息进行运动控制。

20 世纪 80 年代初，美国 Automatix 公司开发了 RAIL 语言，该语言可以利用传感器的信息进行零件作业的检测。同时，麦道公司研制了 MCL 语言，这是一种在数控自动编程语言——APT 语言的基础上发展起来的一种工业机器人语言。MCL 语言特别适用于由数控机床、工业机器人等组成的柔性加工单元的编程。

工业机器人语言品种繁多，而且新的语言层出不穷。这是因为工业机器人的功能不断拓展，需要新的语言来配合其工作。另一方面，工业机器人语言多是针对某种类型的具体工业机器人而开发的，所以工业机器人语言的通用性很差，几乎一种新的工业机器人问世，就有一种新的工业机器人语言与之配套。

2. 机器人编程语言组成

机器人编程语言用以描述可被机器人执行的作业操作，一个可用的机器人编程语言应由以下几部分组成。

1）指令集合。随语言水平不同，指令个数可由数个到数十个，越简单越好。

2）程序的格式与结构。这是关键部分，应有通用性。

3）程序表达码和载体。用以传递源程序。

3. 机器人编程语言分类

机器人编程语言是方法、算法和编程技巧的结合。由于机器人的类型、作业要求、控制装置、传感信息种类等多种多样，所以编程语言也是各种各样，功能、风格差别都很大。目前流行有多种机器人编程语言，如果按照编程功能，可将之分为如下几个不同的级别。

（1）面向点位控制的编程语言　这种语言要求用户采用示教器上的操作按钮或移动示教操作杆，引导机器人做一系列的运动，然后将这些运动转变成机器人的控制指令。

（2）面向运动的编程语言　这种语言以描述机器人执行机构的动作为中心。编程人员使用编程语言来描述操作机所要完成的各种动作序列，数据是末端执行器在基座坐标系（或绝对坐标系）中位置和姿态的坐标序列。语言的核心部分是描述手部的各种运动语句，语言的指令由系统软件解释执行，如 VAL、EMUY、RCL 语言等。

（3）结构化编程语言　这种语言是在 PASCAL 语言基础上发展起来的，具有较好的模块化结构。它由编译程序和运行时间系统组成。编译程序对原码进行扫描分析和校验，生成可执行的动作码，将动作码和有关控制数据送到运行时间系统进行轨迹插补及伺服控制，以实现对机器人的动作控制，如 AL、MCL、MAPL 语言等。

（4）面向任务的编程语言　这类语言是以描述作业对象的状态变化为核心。编程人员通过工件（作业对象）的位置、姿态和运动来描述机器人的任务。编程时只需规定出相应的任务（如用表达式来描述工件的位置和姿态，工件所承受的力、力矩等），由编辑系统根据有关机器人环境及其任务的描述，做出相应的动作规则，如根据工件几何形状确定抓取的位置和姿态、回避障碍等，然后控制机器人完成相应的动作。

4. 常见机器人编程语言

（1）AL 语言　AL 语言是由斯坦福大学 1974 年开发的一种高级程序设计系统，描述诸如装配一类的任务。它有类似 ALGOL 的源语言，有将程序转换为机器码的编译程序和由控制操作机械手和其他设备的实时系统。编译程序采用高级语言编写，可在小型计算机上实时运行，近年来该程序已能够在微型计算机上运行。AL 语言对其他语言有很大的影响，在一般机器人语言中起主导作用。

（2）AML 语言　AML 语言是由 IBM 公司开发的一种交互式面向任务的编程语言，专门用于控制制造过程（包括机器人）。它支持位置和姿态示教、关节插补运动、直线运动、连续轨迹控制和力觉，提供机器人运动和传感器指令、通信接口和很强的数据处理功能（能进行数据的成组操作）。这种语言已商品化，可应用于内存不少于 192KB 的小型计算机控制的装配机器人。

（3）MCL 语言　MCL 语言是由美国麦道飞机公司为工作单元离线编程而开发的一种机器人语言。工作单元可以是各种形式的机器人及外围设备、数控机械、触觉和视觉传感器。它支持几何实体建模和运动描述，提供手爪命令，软件是在 IBM360APT 的基础上用 FORTRAN 语言和汇编语言写成的。

（4）SERF 语言　SERF 语言是由日本三协精机制作所开发的控制 SKILAM 机器人的语言。它包括工件的插入、装箱、手爪的开合等。与 BASIC 语言相似，这种语言简单，容易掌握，具有较强的功能，如三维数组、坐标变换、直线及圆弧插补、任意速度设定、子程序、故障检测等，其动作命令和 I/O 命令可并行处理。

（5）SIGLA 语言　SIGLA 语言是由意大利 Olivetti 公司开发的一种面向装配的语言，其主要特点是为用户提供了定义机器人任务的能力。Sigma 型机器人的装配任务常由若干个子任务组成，如取螺钉旋具、在上料器上取螺钉、搬运该螺钉、螺钉定位、螺钉装入和拧紧螺钉等。为了完成对子任务的描述及回避碰撞的命令，可在微型计算机上运行。

（6）AutoPASS 语言　AutoPASS 语言是一种对象级语言。对象级语言是靠对象物状态的变化给出大概的描述，把机器人的工作程序化的一种语言。AutoPASS、LUMA、RAFT 等都属于这一级语言。AutoPASS 是 IBM 公司属下的一个研究所提出来的机器人语言，它是针对机器人操作的一种语言，程序把工作的全部规划分解成放置部件、插入部件等宏功能状态变化指令来描述。AutoPASS 的编译是应用称作环境模型的数据库，边模拟工作执行时环境的变化边决定详细动作，得到控制机器人的工作指令和数据。

7.4.2 VAL 机器人编程语言

1. VAL 语言及特点

VAL 语言是美国 Unimation 公司于 1979 年推出的一种机器人编程语言，主要配置在 PUMA 和 UNIMATION 等型机器人上，是一种专用的动作类描述语言。VAL 语言是在 BASIC 语言的基础上发展起来的，所以与 BASIC 语言的结构很相似。在 VAL 语言的基础上 Unimation 公司推出了 VALⅡ语言。

VAL 语言可应用于上下两级计算机控制的机器人系统。上位机为 LSI-11/23，编程在上位机中进行，上位机进行系统的管理；下位机为 6503 微处理器，主要控制各关节的实时运动。编程时可以 VAL 语言和 6503 汇编语言混合编程。

VAL 语言命令简单、清晰易懂，描述机器人作业动作及与上位机的通信均较方便，实时功能强；可以在在线和离线两种状态下编程，适用于多种计算机控制的机器人；能够迅速地计算出不同坐标系下复杂运动的连续轨迹，能连续生成机器人的控制信号，可以与操作者交互地在线修改程序和生成程序；VAL 语言包含有一些子程序库，通过调用各种不同的子程序可很快组合成复杂操作控制；能与外部存储器进行快速数据传输以保存程序和数据。

VAL 语言系统包括文本编辑、系统命令和编程语言三个部分。在文本编辑状态下可以通过键盘输入文本程序，也可通过示教器在示教方式下输入程序。在输入过程中可修改、编辑、生成程序，最后保存到存储器中。在此状态下也可以调用已存在的程序。

系统命令包括位置定义、程序和数据列表、程序和数据存储、系统状态设置和控制、系统开关控制、系统诊断和修改。编程语言把一条条程序语句转换执行。

2. VAL 语言的指令

VAL 语言包括监控指令和程序指令两种。其中监控指令有六类，分别为位置及姿态定义指令、程序编辑指令、列表指令、存储指令、控制程序执行指令和系统状态控制指令。各类指令的具体形式及功能如下。

（1）监控指令

1）位置及姿态定义指令。

① POINT 指令：执行终端位置、姿态的齐次变换或以关节位置表示的精确点位赋值。

其格式有两种：POINT <变量>[=<变量 2>…<变量 n>] 或 POINT <精确点>[=<精确点 2>]。

例如：POINT PICK1=PICK2　指令功能是置变量 PICK1 的值等于 PICK2 的值。

又如：POINT #PARK　是准备定义或修改精确点 PARK。

② DPOINT 指令：删除包括精确点或变量在内的任意数量的位置变量。

③ HERE 指令：此指令使变量或精确点的值等于当前机器人的位置。

例如：HERE PLACK　是定义变量 PLACK 等于当前机器人的位置。

④ WHERE 指令：该指令用来显示机器人在直角坐标空间中的当前位置和关节变量值。

⑤ BASE 指令：用来设置参考坐标系，系统规定参考坐标系原点在关节 1 和 2 轴线的交点处，方向沿固定轴的方向。

格式：BASE [<dX>]，[<dY>]，[<dZ>]，[<Z 向旋转方向>]。

例如：BASE 300，-50，30　是重新定义基准坐标系的位置，它从初始位置向 X 方向移

300，沿 Z 的负方向移 50，再绕 Z 轴旋转 30°。

⑥ TOOLI 指令：此指令的功能是对工具终端相对工具支承面的位置和姿态赋值。

2）程序编辑指令。

EDIT 指令：此指令允许用户建立或修改一个指定名字的程序，可以指定被编辑程序的起始行号。

格式：EDIT [<程序名>]，[<行号>]。

如果没有指定行号，则从程序的第一行开始编辑；如果没有指定程序名，则上次最后编辑的程序被响应。用 EDIT 指令进入编辑状态后，可以用 C、D、E、I、L、P、R、S、T 等命令来进一步编辑。例如：

C 命令：改变编辑的程序，用一个新的程序代替。

D 命令：删除从当前行算起的 n 行程序，n 被省略时为删除当前行。

E 命令：退出编辑返回监控模式。

I 命令：将当前指令下移一行，以便插入一条指令。

P 命令：显示从当前行往下 n 行的程序文本内容。

T 命令：初始化关节插值程序示教模式，在该模式下，按一次示教器上的“RECODE”按钮就将 MOVE 指令插到程序中。

3）列表指令。

① DIRECTORY 指令：功能是显示存储器中的全部用户程序名。

② LISTL 指令：功能是显示任意个位置变量值。

③ LISTP 指令：功能是显示任意个用户的全部程序。

4）存储指令。

① FORMAT 指令：执行磁盘格式化。

② STOREP 指令：功能是在指定的磁盘文件内存储指定的程序。

③ STOREL 指令：存储用户程序中注明的全部位置变量名和变量值。

④ LISTF 指令：功能是显示软盘中当前输入的文件目录。

⑤ LOADP 指令：功能是将文件中的程序送入内存。

⑥ LOADL 指令：功能是将文件中指定的位置变量送入系统内存。

⑦ DELETE 指令：撤销磁盘中指定的文件。

⑧ COMPRESS 指令：只用来压缩磁盘空间。

⑨ ERASE 指令：擦除磁盘内容并初始化。

5）控制程序执行指令。

① ABORT 指令：执行此指令后紧急停止（紧停）。

② DO 指令：执行单步指令。

③ EXECUTE 指令：执行用户指定的程序 n 次，n 可以从 -32768 到 32767，当 n 被省略时，程序执行一次。

④ NEXT 指令：控制程序在单步方式下执行。

⑤ PROCEED 指令：实现在某一步暂停、急停或运行错误后，自下一步起继续执行程序。

⑥ RETRY 指令：功能是在某一步出现运行错误后，仍自那一步重新运行程序。

⑦ SPEED 指令：功能是指定程序控制下机器人的运动速度，其值从 0.01 到 327.67，一般正常速度为 100。

6）系统状态控制指令。

① CALIB 指令：校准关节位置传感器。

② STATUS 指令：用来显示用户程序的状态。

③ FREE 指令：用来显示当前未使用的存储容量。

④ ENABL 指令：用于开、关系统硬件。

⑤ ZERO 指令：功能是清除全部用户程序和定义的位置，重新初始化。

⑥ DONE：停止监控程序，进入硬件调试状态。

（2）程序指令

1）运动指令。指令包括 GO、MOVE、MOVEI、MOVES、DRAW、APPRO、APPROS、DEPART、DRIVE、READY、OPEN、OPENI、CLOSE、CLOSEI、RELAX、GRASP 及 DELAY 等。这些指令大部分具有使机器人按照特定的方式从一个位姿运动到另一个位姿的功能，部分指令表示机器人手爪的开合。

例如：MOVE #PICK! 表示机器人由关节插值运动到精确 PICK 所定义的位置。“!”表示位置变量已有自己的值。

MOVET <位置>, <手开度> 功能是生成关节插值运动，使机器人到达位置变量所给定的位姿，运动中若手为伺服控制，则手由闭合改变到手开度变量给定的值。

例如：OPEN [<手开度>] 表示使机器人手爪打开到指定的开度。

2）机器人位姿控制指令。这些指令包括 RIGHTY、LEFTY、ABOVE、BELOW、FLIP 及 NOFLIP 等。

3）赋值指令。赋值指令有 SETI、TYPEI、HERE、SET、SHIFT、TOOL、INVERSE 及 FRAME。

4）控制指令。控制指令有 GOTO、GOSUB、RETURN、IF、IFSIG、REACT、REACTI、IGNORE、SIGNAL、WAIT、PAUSE 及 STOP。其中 GOTO、GOSUB 实现程序的无条件转移，而 IF 指令执行有条件转移。

格式：IF <整型变量 1> <关系式> <整型变量 2> <关系式> THEN <标识符>。

该指令比较两个整型变量的值，如果关系状态为真，则程序转到标识符指定的行去执行，否则接着下一行执行。关系表达式有 EQ（等于）、NE（不等于）、LT（小于）、GT（大于）、LE（小于或等于）及 GE（大于或等于）。

5）开关量赋值指令。指令包括 SPEED、COARSE、FINE、NONULL、NULL、INTOFF 及 INTON。

6）其他指令。其他指令包括 REMARK 及 TYPE。

（3）VAL 语言程序示例

以下是一个 VAL-Ⅱ语言程序，这个程序使机器人从 PICK 点抓住物体，放到 PLACE 的位置上，括号内容为该语句功能的解释。

OPEN（打开手指）

APPRO PICK（手指从当前位置以关节插补方式移动到与 PICK 点在 Z 方向相隔 50mm 处）

SPEED 30（表示以 30mm/s 速度运动）
MOVE PICK（手指从当前位置以关节插补方式向 PICK 点移动）
CLOSE I（手指闭合抓住物体）
DEPART 70（手指从当前位置以关节插补方式沿 PICK 点在 Z 方向移动 70mm）
APPROS PLACE 75（以直线轨迹插补方式移动到与 PLACE 点在 Z 方向相隔 75mm 处）
SPEED 20（表示以 20mm/s 速度运动）
MOVES PLACE（以直线插补方式移动到 PLACE 点）
OPENI（打开手指，放下物体）
DEPAT 50（离开 PLACE 点 50mm）

7.4.3 VAL-Ⅱ机器人编程与控制系统

机器人系统由于存在非线性、耦合、时变等特征，完全的硬件控制一般很难使系统达到最佳状态；或者是，为了追求系统的完善性，会使系统硬件设计十分复杂。而采用软件伺服的办法，往往可以达到较好的效果，而又不增加硬件成本。软件伺服控制，在这里是指利用计算机软件编程的办法，对机器人控制器进行改进。比如设计一个先进的控制算法，或对系统中的非线性进行补偿等。

一般的机器人控制器软件系统分为上位机软件和下位机软件两部分。上位机软件系统称为 VAL-Ⅰ机器人编程与控制系统，下位机软件是各关节独立伺服数字控制器系统。上位机的 VAL-Ⅰ系统包括两部分：一部分是系统软件，即操作系统部分；另一部分是提供给用户使用的系统命令和编程语言部分。

1. 上位机系统软件任务

系统软件是在高性能的 CPU 支持下，以一个实时多任务管理软件为核心，动态地管理下述四项任务的运行：

1）机器人控制任务。

2）过程控制任务。

3）网络通信控制任务。

4）系统监控任务。

任务调度方式是按时间片的轮转调度，在固定周期内各任务均可运行一次。这样每个任务的实时性均可以得到保证。在执行各任务时，对所有外部中断源的中断申请也可以实时响应。

机器人控制任务主要负责机器人各种运动形式的轨迹规划，坐标变换，以固定时间间隔的轨迹插补点的计算，与下位机的信息交换，执行用户编写的 VAL-Ⅱ语言机器人作业控制程序，示教器信息处理，机器人标定，故障检测及异常保护等。

过程控制任务主要负责执行用户编写的 VAL-Ⅱ语言过程控制程序。过程控制程序中不包含机器人运动控制指令，它主要用于实时地对传感器信息进行处理，对周边系统进行控制。通过共享变量的方式，过程控制程序可以为机器人控制任务提供数据、条件状态及信息，从而影响决策机器人控制任务的执行和运动过程。

网络通信任务的作用是当 VAL-Ⅱ系统由远程监控计算机控制时，将按网络通信协议对通信过程进行控制。通过网络通信任务的运行，过程监控计算机可以像局部终端一样工作。

VAL-Ⅱ网络通信协议以 DEC 公司 DDCM P 协议为基础，构造了四层通信功能层。

系统监控任务主要用于监视用户是否输入系统命令，并对键入的系统命令进行解释处理。它还负责 VAL-Ⅱ语言程序的编辑处理，以及错误信息显示等。

2. VAL-Ⅱ系统运行流程

VAL-Ⅱ系统运行流程如图 7-25 所示。从流程图可以看出，VAL-Ⅱ系统的运行就是在“任务调度管理程序”的控制下，反复执行机器人控制任务等若干任务的过程。

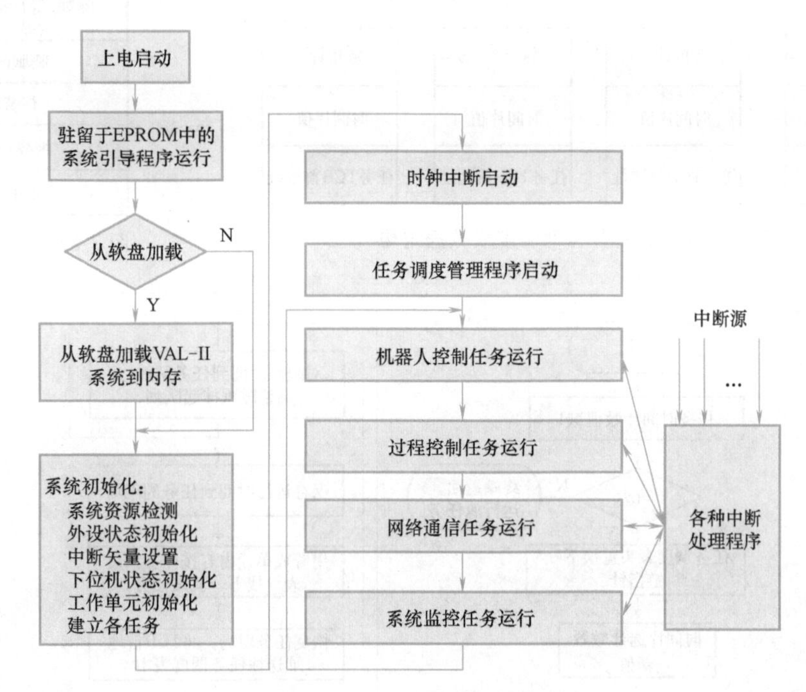

图 7-25 VAL-Ⅱ系统运行流程

3. VAL-Ⅱ系统任务的管理与调度

VAL-Ⅱ任务调度采用轮转调度的方法。在 VAL-Ⅱ系统初始化时，为每个任务分配了以时钟中断周期为时间单位的时间片，正常的任务调度切换是由时钟中断服务程序进行的。VAL-Ⅱ系统初始化时建立了一个任务调度表，其结构如图 7-26 所示，同时为各个任务建立了任务控制块（TCB）。任务的执行顺序和执行时间是由任务调度管理程序根据任务调度表进行的。任务控制块（TCB）的结构如图 7-27 所示。当建立一个任务时，在 TCB 中填入任务状态、任务入口、任务用堆栈指针、页面寄存器值等内容；任务切换或挂起时，在 TCB 中填入断点、保存各寄存器内容、挂起队列指针等；任务进入运行态时，则根据 TCB 中保存的现场值恢复现场，进入任务模块。

当建立一个任务时，该任务 TCB 的首地址被放入任务调度表中。正常的任务调度过程是通过时钟中断程序进行的。时钟中断程序框图如图 7-28 所示。

从框图可以看出，时钟中断按照任务时间片分配时间，根据任务调度表和 TCB 进行任务调度。一个任务可能处于“就绪”“运行”和“挂起”状态之一。

当任务处于“就绪态”时，其 TCB 中的任务状态置为“就绪态”值。当进行任务切换调度时，时钟中断模块用任务调度表中警戒单元的内存与 TCB 中的任务状态值相匹配。如

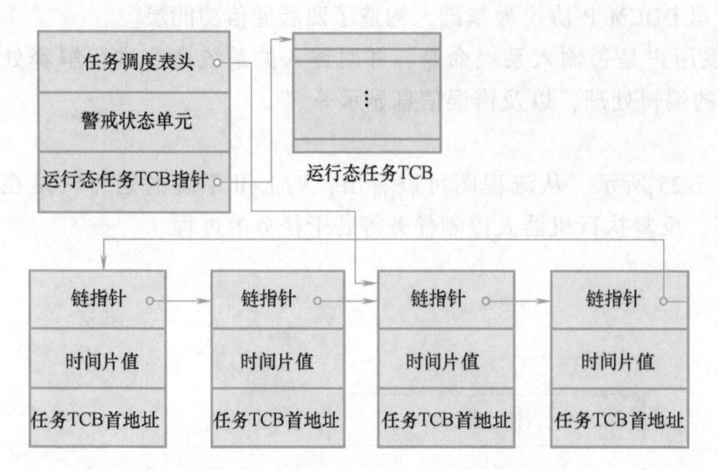

图 7-26　VAL-Ⅱ任务管理调度表数据结构

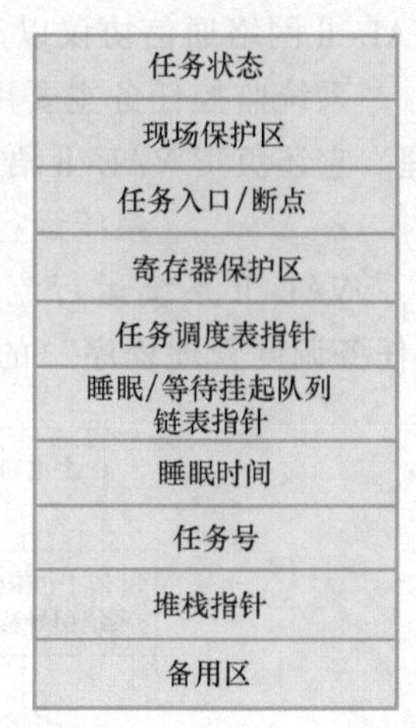

图 7-27　TCB 数据结构

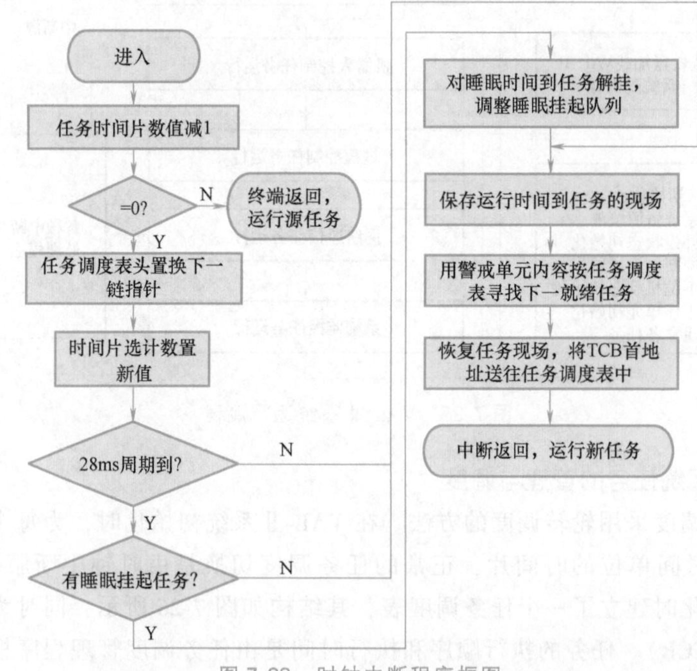

图 7-28　时钟中断程序框图

果匹配成功，则根据该任务中 TCB 保存的入口/断点值，恢复现场。当退出时钟中断后，CPU 立即运行这个任务，这个任务成为“运行态”。当时钟中断再次来到时，首先将该任务时间片计数值减 1。

如果不为零，表明运行时间未到，时钟中断返回后继续运行该任务；如果为零，表明分配的任务运行时间已到，此时时钟中断程序将修改任务调度表头并设置下一个任务的时间片计数值，然后将运行时间到的任务现场保存到该任务的 TCB 中。该任务成了“就绪态”，接着调度下一个任务投入运行。这就是各任务在规定时间内正常连续运行（即无“挂起”状态产生）时，由中断程序引发任务调度的过程。

任务调度还发生在有任务“挂起”时。某一任务执行时，往往出于某些条件不满足，不能继续运行。为提高 CPU 利用率，此时该任务释放处理机，由“运行态”变为“挂起态”，等待某种事件发生。CPU 此时可运行其他任务。在 VAL-Ⅱ系统中“挂起”原因主要有三种：①睡眠挂起；②内存信息交换缓冲区被其他任务占用，等待释放缓冲区；③任务间的同步要求。任务从“运行态”交为“挂起态”时任务调度过程是：将挂起任务的 TCB 任务状态单元置为“挂起态”；并将任务调度表中警戒单元相应的控制位清零；保护任务运行现场到任务的 TCB 中；最后寻找下一个就绪任务，并投入运行。当运行某一任务时，会动态地产生某些任务所需的解挂条件。这时要立即对挂起的任务解挂，使之重新为“就绪态”。解挂操作主要有两点：①对挂起任务的 TCB 任务状态单元置成某种“就绪态”；②对警戒单元对应的控制位置位。

7.5 工业机器人设计实例

电弧焊接是生产效率很低的作业，由于操作人员不熟练，不能按适当的焊脚进行操作，如时快时慢就会产生凹陷、堆积等焊接缺陷。近几年，国外不少厂家为了提高生产效率、提高产品质量、降低生产成本，对自动化、省力化的要求日益高涨。在提高生产效率的同时，还要求“JUST IN TIME”，即平整化生产。为了达到这个目的，需要一种高水平的焊接系统，这种系统要能满足多品种小批量生产，对焊接线的频繁变更适应性要强等。又由于电弧焊接操作环境恶劣，对工人的技术熟练程度要求较高，所以采用机器人技术就更为必要。

7.5.1 总体设计

1. 系统分析

（1）系统要求　本实例拟设计一台焊接机器人，具体要求如下：

1）该机器人应用于汽车、摩托车、家电、轻工等行业零部件焊接作业及小型装配作业中，要求重复定位精度±0.08mm；也可应用于吊装、臂装等大型零件的焊接。

2）要求工作空间大，运动速度高、运行平稳、灵活、噪声低。

3）机器人能实现点到点和连续轨迹控制；采用大屏幕的汉字编程示教器，具有编程简单、软键菜单操作、友好的人机交互界面、在线操作提示和使用方便等特点。

（2）系统的构成　焊接机器人系统一般除机器人本体及其控制装置之外，还有焊接电源、焊枪及焊丝进给装置、电缆管道、晶闸管整流焊接机、焊接用夹具、夹具控制柜、操作盘等。机器人本体及控制装置与这些外围设备的构成是容易的，而且可靠性高，同时必须具有安全的操作焊接系统的机能。

（3）驱动方式　机器人的驱动方式根据动力源及动力机构的种类不同分为液压式、电动式。在点焊、重物体的搬运等重负荷领域，虽然具有大驱动力的液压方式用途广泛，但是，从维修、效率、控制性能方面来说，液压方式不如电气驱动方式好，所以目前新设计的电弧焊、装配、轻物品的搬运等轻负荷用于机器人中，几乎都采用了电动方式。

在电动方式中，具有代表性的是使用步进电动机、直流伺服电动机和同步型感应式交流伺服电动机。

2. 技术设计

（1）机器人基本参数的确定　为了满足机器人工作空间内任一位置可达，要有 5 个自由度，但为了避障，一般应有 6 个自由度。对于焊接机器人，焊枪送丝机的质量（负载能力）一般都不大，为 5~6kg。由于机器人的空间机构不同，即使同样负载，连杆尺寸相近的机器人其空间运动范围也是相差很大的，一般来说，平行四边形结构的机器人空间运动范围小于关节型机器人。所以，吊装或臂装机器人一般用关节型机器人，点到点的运动精度一般为±0.1mm 或±0.05mm，最大运动速度为 1~1.5m/s。根据具体情况，RH6 机器人系统的基本参数见表 7-1、表 7-2。

表 7-1　RH6 机器人系统的基本参数（1）

结构能力	垂直关节行	自由度数	6
负载能力	6kg	最大回转半径	1585mm
重复定位精度	0.08mm		

表 7-2　RH6 机器人系统的基本参数（2）

项目	每轴最大运动范围	最大速度/[(°)/s]	允许转矩/(N·m)	允许最大惯性力矩/(kg·m^2)
回转(S 轴)	±170°	120		
下臂(L 轴)	±90°,−150°	120		
上臂(U 轴)	±150°,110°	140		
横摆(R 轴)	±180°	300	11.7	0.24
俯仰(B 轴)	±135°	300	9.8	0.16
回转(T 轴)	±350°	300	5.8	0.05

（2）运动方式的选择　运动形式是操作机器人手臂运动时采用的参考坐标系的形式。电弧焊机器人多采用占地面积小、动作范围比较大的关节型机构。这种机构能够以最佳状态决定焊枪的位置，可以说是最适合于电弧焊接操作的机构之一。RH6 型焊接机器人的主体采用 6 自由度垂直关节型机构。图 7-29 是这种机器人本体自由度示意图。现就其机构加以说明。

本体主要由回转部（S 自由度）、下臂部（L 自由度）、上臂部（U 自由度）和主体避障中自由度构成以 L、U 两个自由度的合成运动形成前后、上下动作面，再以 S 自由度的回转将动作领域扩展成扇形，由 L、U 自由度形成的上臂端部的动作区域如图 7-30 所示。

上臂端部装有手腕，手腕由其回转（T 自由度）和上、下摆动（B 自由度）两个自由度组成，与本体的三个自由度合在一起构成 5 自由度机构、为了在焊接过程中避开障碍物，该机器人特设计了第 6 个自由度，下臂的摆动自由度 R，因此该机器人可以同时对 6 个自由度控制。

（3）驱动方法选择　工业机器人的驱动方法可分为电力驱动、液压驱动和气压驱动三种。

1）电力驱动。目前工业机器人中采用电力驱动应用得最多。早期多采用步进电动机驱动，后来采用直流伺服电动机驱动，现在已经大量采用交流电动机驱动。根据需要，可以增加谐波减速器装置来减速。

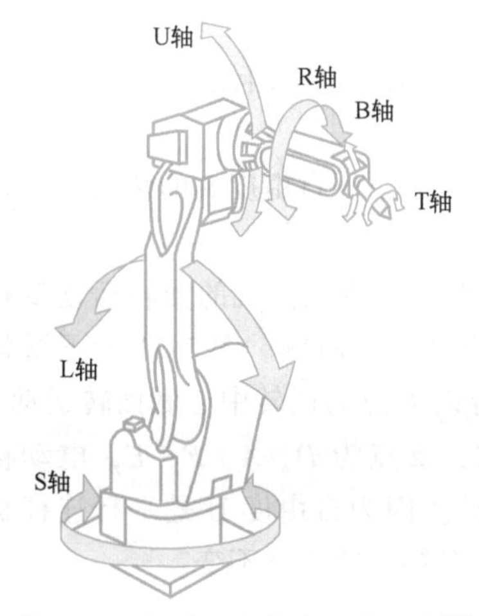

图 7-29 机器人本体自由度示意图

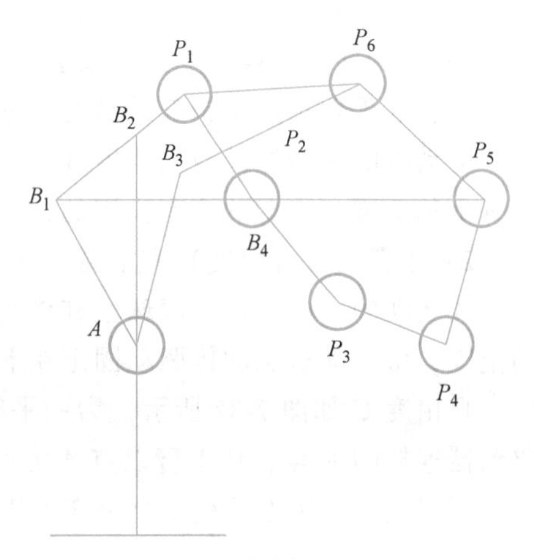

图 7-30 上臂端部的动作区域

2）液压驱动。液压驱动机器人有很大的抓取能力，抓取力可达上千牛顿，液压力可达7MPa。液压传动平稳、动作灵敏，但对密封性要求较高，不宜在较高或较低温度的场合工作，而且需要配备液压系统。

3）气压驱动。气压驱动机器人结构简单，动作迅速，价格低廉，由于空气可压缩，所以工作速度平稳性差，气压一般为0.7MPa，因而抓取力小，只有几十牛顿。

在本系统中，采用带谐波减速器的电力驱动。

（4）传感系统设计　为了使机器人正常工作，必须与周围环境保持密切联系，因此要对机器人配备传感系统。本系统的位置、速度检测传感器采用松下MINASA系列交流伺服电动机自带的17位绝对位置码盘，其配套驱动器上带有各种安全保护与报警接口，可用于保护电动机和减速器。除了关节伺服驱动系统的位置传感器（称作内部传感器）外，还要配备视觉、力觉、触觉、接近觉等多种类型的传感器（称作外部传感器）以及传感信号的采集处理系统。

（5）控制系统的总体方案的确定　目前，机器人的控制系统均采用计算机控制。机器人的计算机控制系统，除与一般计算机系统一样，有明确的软硬件分工外，最重要的是实时操作系统的开发，其次是软硬件功能的分配，因为很多任务既可以用硬件实现，又可以用软件完成。比如，速度平滑控制、自动加减速控制、机械低频共振与高频过渡振荡的防振控制等。这些任务的实现采用硬件还是软件，一方面取决于执行速度与精度是否满足系统要求，另一方面要看实现方式的难易程度（包括结构、成本、维护维修性）。

对于本系统，速度的平滑控制、自动加减速与防振控制采用软件方式实现，硬件系统配合软件系统完成系统运动控制、示教再现操作、编程与CRT显示、多轴位置、速度协调控制、I/O通信与控制接口以及各种安全与联锁控制。

7.5.2 详细设计

1. 机构设计

本机器人具有6个自由度。焊接操作时，手腕端装有焊枪，用S、L、U三个主要自由度将焊枪移向被焊接部位，焊枪在被焊接部位的方位由手腕的两个自由度决定。同时底座能够移动，用来避障，形成第六个自由度。

1）臂回转（S 自由度）用安装在 S 底座内的驱动电动机驱动底座以上部分，使其做回转运动，这是要求定位精度最高的部分。

电动机的回转经谐波减速器减速后，直接带动机身做回转运动，自由度 S 的负荷特征是由 S 上的上臂、下臂的姿态决定的，转动惯量变化幅度大。

2）下臂（L 自由度）和上臂（U 自由度）都是通过滚珠丝杠将电动机的回转运动变换为直线运动的，电动机、滚珠丝杠作为驱动体分别配置在机身 S 的两侧。图 7-31 为下臂运动范围，由电动机驱动体驱动固定在下臂上的 *C* 点，让下臂以 *B* 点为回转中心做回转运动。

自由度 U 如图 7-32 所示，为一平行四边形的连杆机构，支点为 *D*、*A*、*F*、*E*，电动机驱动器连杆的 *E* 点，让上臂以点 *A* 为回转中心做上、下运动。因为自由度 U 是平行连杆机构，所以上臂的姿态不受下臂姿态的影响，即下臂运动时可保持上臂姿态不变。

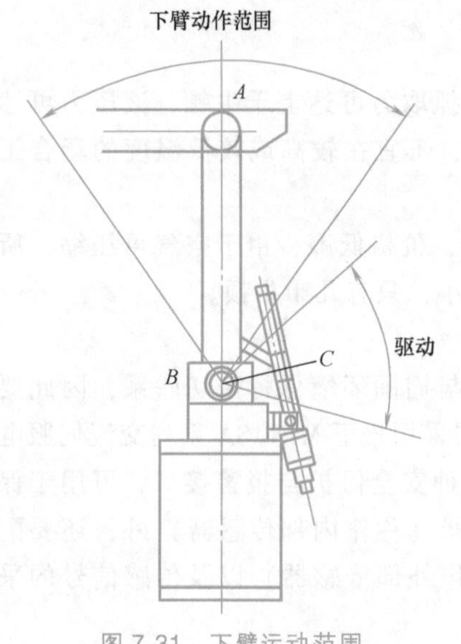

图 7-31 下臂运动范围

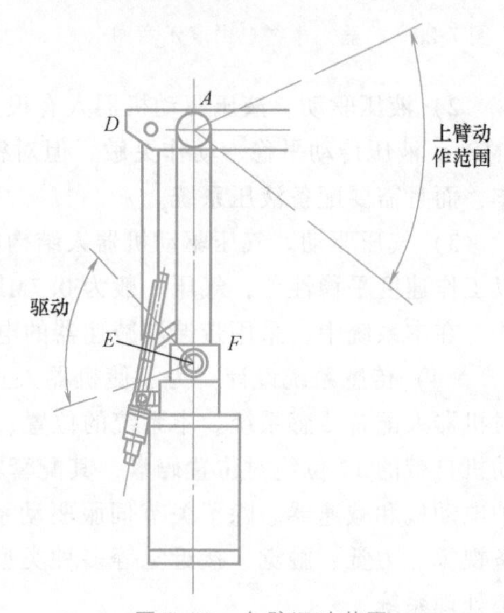

图 7-32 上臂运动范围

作为 L、U 自由度的负荷特征来说，不管运动时还是停止运动时，因为经常承受负荷，所以必须有保持其位置的力矩，即采用伺服制动。

3）手腕（自由度 T、B）都是由安装在机身 S 两侧端面上的电动机驱动的，由谐波齿轮减速器将电动机的回转运动减速，再由配置在下臂、上臂内侧面的链传动到手腕处。T 自由度通过锥齿轮传动将回转轴变换 90°，让手部做回转运动。B 自由度是手腕上下摆动。

2. 伺服电动机的选择

这种机器人所选用的伺服电动机，在满足连续定位要求的同时，必须具备 6 个自由度同时伺服控制的性能。

伺服电动机的负载能力分两个方面：一是在最高速度、最大力矩负载情况下，驱动负荷所需要的动力；另一方面是在规定的时间内能使负载加、减速所需要的动力，就这两点来说，都是必须要考虑的。在选择电动机时，多数根据后者，即加、减速能力来选择电动机及控制器。

在选择电动机时，首先要根据负荷条件算出所需功率，然后进行电动机的初选，决定最佳减速比，最后对初选的电动机，结合减速器进行综合判断，做出最终选择。

根据电动机厂家样本，结合 RH6 型机器人的特点，控制 S、L、U 自由度选用 MSMA02C1H 电机、MSDA023D1A 伺服驱动器和 XB3-80-1001 谐波减速器。控制 R、B、T 自由度选用 MSMA5AZC1H 电动机、MSDA5A3D1A 控制器和 XB3-50-1001 谐波减速器，具体见表 7-3。

表 7-3 电动机及驱动器型号

	自由度	电动机	驱动器
伺服驱动系统	S、L、U	MSMA02C1H	MSDA023D1A
	R、B、T	MSMA5AZC1H	MSDA5A3D1A
谐波减速器	S、L、U	XB3-80-1001	
	R、B、T	XB3-50-1001	

3. 计算机控制系统

RH6 机器人采用示教再现（T/P）方式工作。无论是示教过程还是再现过程，机器人的计算机系统均处于边计算边工作的状态。另外，机器人在运动过程中，需要数据传输、方式切换、急停、暂定、过冲报警等多种动作的处理，大部分都是随机发生，这就要求计算机控制系统立即响应处理。因此，该计算机控制系统具有实时中断控制与多任务处理功能。

1）硬件结构及功能如图 7-33 所示。为了使本系统运行可靠，采用了双 CPU 控制系统。一个 CPU 完成接口控制，包括显示、操作盘、示教器以及通信接口控制。另一个 CPU 完成运动控制，包括基本轴伺服控制等。双 CPU 共享双通道存储器。

在控制系统内部，采用双向 RAM 方式进行通信和数据交换，外部采用并行 I/O 口进行通信及数据交换。

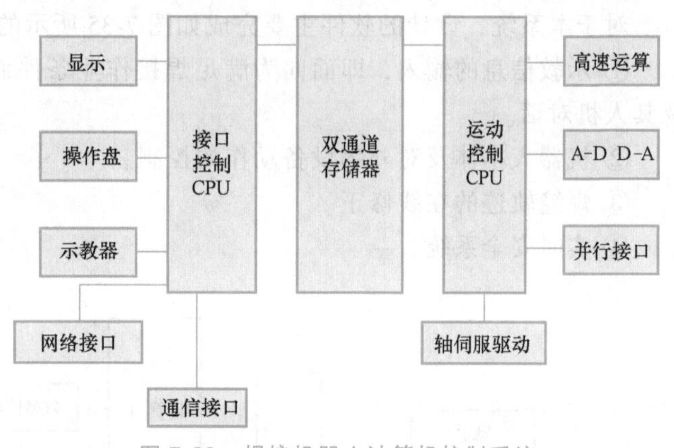

图 7-33 焊接机器人计算机控制系统

在中断方面，设置了 12 个中断，它们是示教器中断、操作盘中断、外部 I/O 中断、伺服系统故障中断、机构干涉中断、过冲干涉中断、CPU 之间故障中断、突然断电中断、急停中断、机器人作业工具碰撞事故中断、机器人作业工具故障中断和其他中断。

2）运动控制。机器人运动控制方式分为点位控制（PTP）和连续控制（CP）。

① 点位控制。机器人运动空间为点到点的直线运动，不控制两点间的运动路径，只在目标点处控制机器人末端执行器的位置和姿态。这种控制方式简单，适用于上下料、点焊搬运等作业。

② 连续控制。这种控制方式不仅要求机器人以一定的精度达到目标点，同时对运动的轨迹有一定的精度要求，运动轨迹是空间连续的曲线，机器人在空间的整个运动过程都要控制，因而比较复杂。

本系统的 PMAC 卡带有三次样条曲线的插补指令，有了路径和姿态的变化规律，便可对机器人进行连续控制。

设计的控制系统如图 7-34 所示。

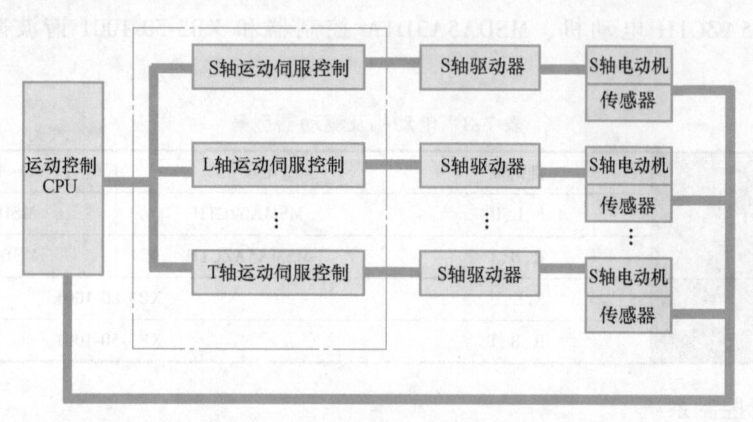

图 7-34　机器人运动系统控制框图

3）软件结构。机器人之所以能称为柔性制造系统（FMS）、计算机集成制造系统（CIMS）等的重要支柱工具，主要是因为机器人的运动轨迹、作业条件、作业顺序能自由变更，满足柔性制造系统的需要。而机器人能自由变更的灵活程度，取决于系统软件的水平。

对于本系统，设计的软件主要完成如图 7-35 所示的功能，主要是如下方面。

① 示教信息的输入，即面向为满足焊接作业条件而构成的用户工作程序的编辑与修正及其人机对话。

② 机器人本体及对外部设备动作的控制。

③ 焊缝轨迹的在线修正。

④ 实时安全系统。

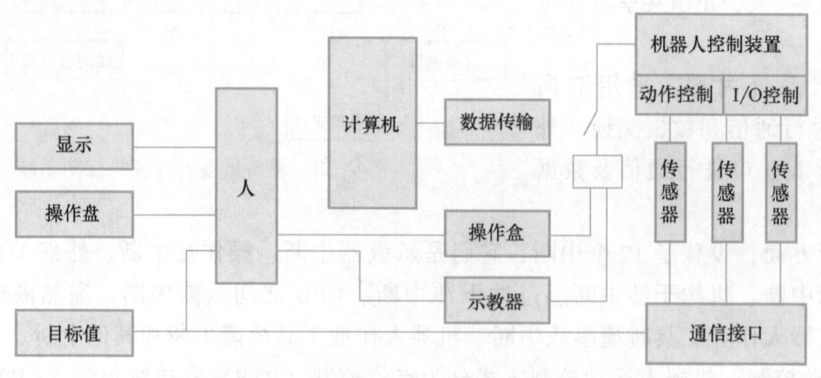

图 7-35　机器人基本动作概念与软件功能

为了实现上述基本功能，要确定如下模块。

① 机器人语言。

② 人-机对话操作方式。

③ 实时操作系统的结构。

④ 中断处理。

⑤ 数据结构。

⑥ 报警因素。

以下仅介绍示教再现过程。

7.5.3 示教、编程与再现实例

该实例以焊接如图 7-36 所示的焊接曲线进行编程。

首先通过手动操纵机器人，按照焊接工艺规范形成焊接过程数据和程序指令。然后通过操作盘修改 RAM 区地址，嵌入如图 7-37 所示的示教数据区。P_0 点位置数据下的 MOV L 命令表示从 P_0 到 P_1 点按直线运动，Speed 12 表示以 12mm/s 的速度运动，APCON 表示从 P_0 点开始引弧焊接，其焊接电压为 U_1，电流为 I_1，提前送气时间为 t_1、P_1、P_2、P_3 点下的 MOV C 表示这三点之间的轨迹是圆弧，而 P_3 点是圆弧与直线的拐点，在 P_4 点关弧，关弧电压、电流、时间分别为 U_2、I_2、t_2。

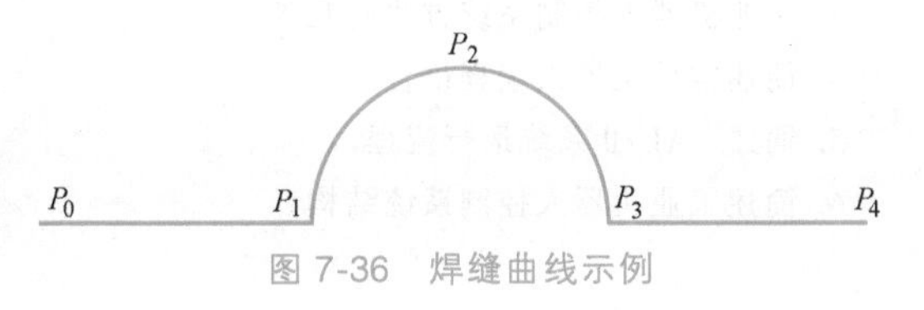

图 7-36 焊缝曲线示例

当机器人进入自动运转再现状态时，示教过程如图 7-38 所示。示教过程的用户程序就决定了机器人运动方式与工作顺序。它的内部工作过程是当计算机从运动参数内存区取出有关关节动作性质（直线、圆弧）与动作速度时，从位置数据内存区取出目标点的坐标值，按事先决定的加、减速模式和有关系统参数，进行各个插补点的参数计算，各个插补点的动作数据经机器人关节运动控制程序，将动作指令数据同时给定到 6 个关节电动机的位置环输

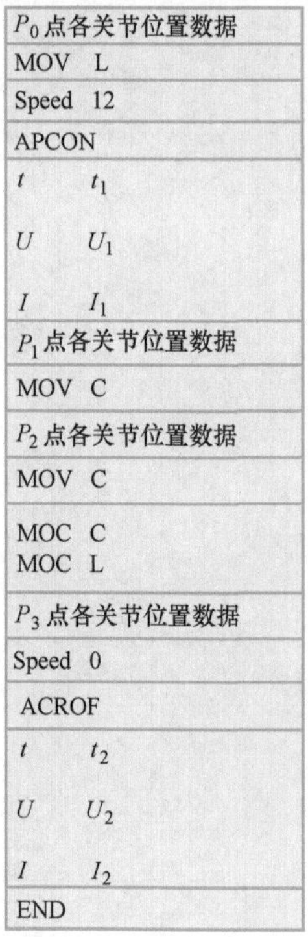

P_0点各关节位置数据
MOV L
Speed 12
APCON
t t_1 U U_1 I I_1
P_1点各关节位置数据
MOV C
P_2点各关节位置数据
MOV C
MOC C MOC L
P_3点各关节位置数据
Speed 0
ACROF
t t_2 U U_2 I I_2
END

图 7-37 示教数据区

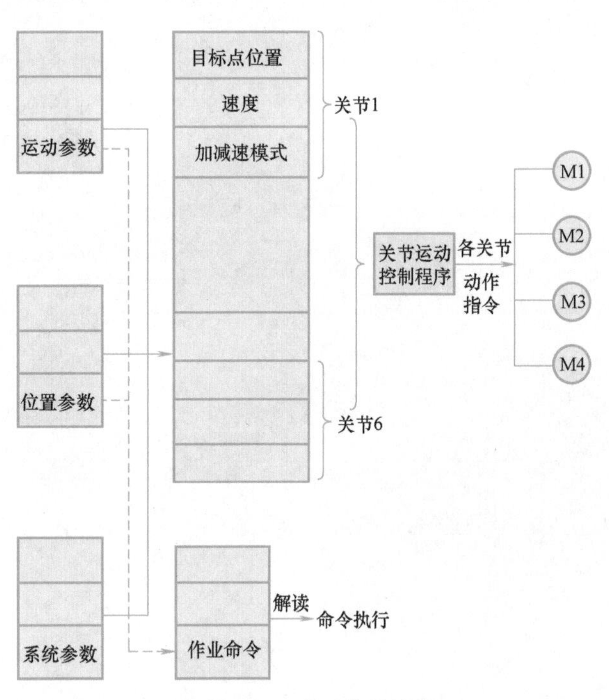

图 7-38 再现时数据流程

入端，使机器人按照规定的轨迹平稳运动，直到达到目标点。同时在运动过程中，计算机控制系统不断对其他命令进行解读，并执行各命令。

习题与思考题

1. 工业机器人由哪几部分组成？
2. 详细说明机器人控制系统的组成。
3. 工业机器人控制系统方式有几类？
4. 简述常见机器人编程语言。
5. 简述 VAL-Ⅱ系统运行流程。
6. 简述工业机器人控制系统结构。

第五部分

拓 展 篇

第8章 CHAPTER 8 柔性制造系统(FMS)和计算机集成制造系统（CIMS）

主要内容

本章明确了柔性制造技术及计算机集成技术的概念、组成、关键技术及应用。

重点知识

1）柔性制造系统（FMS）的认知。

2）计算机集成制造系统（CIMS）的认知。

8.1 柔性制造系统

随着社会的进步和科技的发展，消费市场对工业产品的质量要求越来越高，而产品的市场维持周期则变得更短，产品工艺的复杂程度却随之增高。传统的单一功能产品大批量生产方式已经跟不上时代步伐了。为了适应市场发展规律，在保证制造系统生产效率的基础上，提高制造系统的柔性，适应产品更新换代的需求，柔性自动化系统应运而生。

8.1.1 柔性制造系统的认知

1. 柔性制造系统基本概念

柔性制造（Flexible Manufacturing，FM）是指用可编程、多功能的数字控制设备更换刚性自动化设备；用易编程、易修改、易扩展、易更换的软件控制代替刚性连接的工序过程，使刚性生产线实现柔性化，以快速响应市场的需求，多快好省地完成多品种、中小批量的生产任务。需要特别指出的是，柔性制造中的柔性具有多种含义，除了加工柔性外，还包含设备柔性、工艺柔性、产品柔性、流程柔性、批量柔性、扩展柔性和生产柔性。

柔性制造单元（Flexible Manufacturing Cell，FMC）是由一台或几台设备组成，在毛坯和工具储量保证的情况下，具有部分自动传送和监控管理功能，并具有一定的生产调度能力的独立的自动加工单元。高档的FMC可进行24h无人运转。FMC工件和物料装卸的方式是：数控机床配上机械手，由机械手完成工件和物料的装卸；加工中心配上托盘交换系统，将加工工件装夹在托盘上，通过拖动托盘，可以实现加工工件的流水线式加工作业。

柔性制造系统（Flexible Manufacture System，FMS）。将 FMC 进行扩展，增加必要的加工中心数量，配备完善的物料和刀具运送管理系统，并通过一套中央控制系统管理生产进度对物料搬运和机床群的加工过程实行综合控制，就可以构成一个完善的 FMS。

2. FMS 发展历程

FMS 最早出现于 20 世纪 60 年代中期的英国和美国。1967 年，英国莫林斯公司首次根据威廉森提出的 FMS 基本概念，研制了“系统 24”。其主要设备是六台模块化结构的多工序数控机床，目标是在无人看管条件下，实现 24h 连续加工，但最终由于经济和技术上的困难而未全部建成。同年，美国的怀特·森斯特兰公司建成“Omniline Ⅰ”系统，它由八台加工中心和两台多轴钻床组成，工件被装在托盘上的夹具中，按固定顺序以一定节拍在各机床间传送和进行加工。这种柔性自动化设备适于在少品种、大批量生产中使用，在形式上与传统的自动生产线相似，所以也叫柔性自动线。日本、苏联、德国等也都在 20 世纪 60 年代末至 70 年代初，先后开展了 FMS 的研制工作。

20 世纪 70 年代末期，FMS 在技术上和数量上都有了较大发展。1976 年，日本发那科公司展出了由加工中心和工业机器人组成的柔性制造单元（FMC），为发展 FMS 提供了重要的设备形式。FMC 一般由 1~2 台数控机床与物料传送装置组成，有独立的工件储存站和单元控制系统，能在机床上自动装卸工件，甚至自动检测工件，可实现有限工序的连续生产，适于多品种小批量生产应用。

20 世纪 80 年代初期，FMS 已进入实用阶段，其中以由 3~5 台设备组成的 FMS 为最多，但也有规模更庞大的系统投入使用。1982 年，日本发那科公司建成自动化电机加工车间，由 60 个柔性制造单元（包括 50 个工业机器人）和一个立体仓库组成，另有两台自动引导台车传送毛坯和工件，此外还有一个无人化电动机装配车间，它们都能连续 24h 运转。这种自动化和无人化车间，是向实现计算机集成的自动化工厂迈出的重要一步。与此同时，还出现了若干仅具有 FMS 的基本特征，但自动化程度不很完善的经济型 FMS，使 FMS 的设计思想和技术成果得到普及应用。

迄今为止，全世界有大量的 FMS 投入了应用，国际上以 FMS 生产的制成品已经占到全部制成品生产的 75%以上，而且比率还在增加。

3. FMS 发展趋势

（1）小型化　为了适应众多中小型企业的需要，FMS 开始向小型、经济、易操作和易维修的方向发展，因此 FMS 也开始得到众多用户的认可。

（2）模块化和集成化　为了利于用户按需要、有选择地分期购买设备，逐步扩展和集成 FMS，FMS 的软硬件都向模块化方向发展，并且由这些基本模块集成 FMS，也利于今后以 FMS 为基础进一步集成到计算机集成制造系统（CIMS）。

（3）性能不断提高　采用各种新技术，提高加工精度和加工效率，综合利用先进的网络、数据库和人工智能技术，提高 FMS 各个环节的自我诊断、自我排错、自我积累和自我学习能力。

（4）应用范围逐步扩大　从加工批量上，FMS 向适合单件和小批量方向扩展；另一方面，FMS 从传统的金属切削加工向金属热加工、装配等整个机械制造范围发展。

8.1.2 FMS 组成及结构

FMS 由控制与管理、加工、物流三个子系统构成。FMS 的基本构成框架如图 8-1 所示。

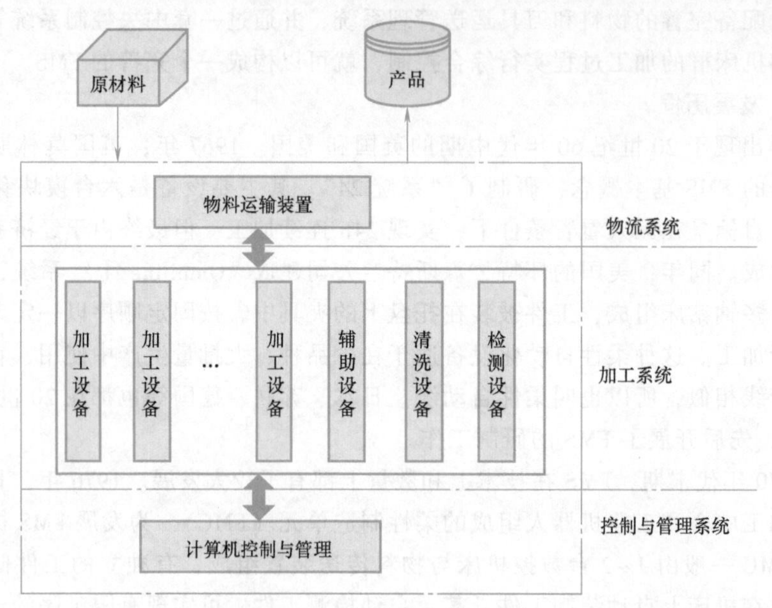

图 8-1　FMS 的基本构成框架

1）控制与管理系统可以实现在线数据的采集和处理、运行仿真和故障诊断等功能。

2）加工系统能实现自动加工多种工件、更换工件和刀具及工件的清洗和测试。

3）物流系统由工件流和刀具流组成，能满足变节拍生产的物料自动识别、存储、输送和交换的要求，并实现刀具的预调和管理等功能。

这三个子系统有机地结合，构成了 FMS 的能量流、物料流和信息流。

自动流水线作业的物流设备和加工工艺相对固定，只能加工一个或相似的几个品种的零件，缺少灵活性，所以也称为固定自动化或刚性自动化，适用于大批量、少品种的生产。

单台数控机床的加工灵活性好，但相对于自动流水线来说生产效率低，制造成本高，适用于小批量、多品种生产。

柔性制造单元或柔性制造系统综合了自动流水线和单台数控机床各自的优点，将几台数控机床与物料输送设备、刀具库等通过一个中央控制单元连接起来，形成既具有一定柔性，又具有一定连续作业能力的加工系统，适用于中等批量、中等品种生产。

1. FMS 的加工系统

（1）加工系统的构成　FMS 中的加工系统是实际完成加工任务，将工件从原材料转变为产品的执行装置。它主要由数控机床、加工中心等加工设备构成，带有工件清洗、在线检测等辅助设备。目前 FMS 的加工对象主要有棱柱体和回转体两类。

1）加工棱柱体类工件，由立卧式加工中心、数控组合机床和托盘交换器组成。

2）加工回转体类工件，由数控车床、切削中心、数控组合机床和上、下料机械手或机器人及棒料输送装置等组成。

（2）加工系统的配置　一般来说，为了适应不同的加工要求、增加 FMS 的适应性，

FMS 最少应配备 4~6 台以上的数控加工设备。

1）配置原则，主要有以下几条：

① 配多功能数控机床加工中心等以便集中工序，减少工位数和物流负担，保证加工质量。

② 选用模块化结构、外部通信功能和内部管理功能强、内装可编程序控制器、含有用户宏程序的数控系统，容易连接上、下料，检测等辅助设备并增加各种辅助功能等，保证控制功能强、可扩展性好。

③ 选用切削功能强、加工质量稳定、生产效率高的机床，采用高刚度、高精度、高速度的切削加工。

④ 节能降耗、导轨油可回收、排屑处理快速、有效延长刀具使用寿命等，节省系统运行费用，经济性好。

⑤ 操作性好，可靠性好，维修性好，具有自保护和自维护性。能设定切削力过载保护、功率过载保护、运行行程和工作区域限制等，具有故障诊断和预警等功能。

⑥ 对环境适应性与保护性好。对工作环境的湿度、温度、噪声、粉尘等要求不高，各种密封件性能可靠无泄漏，切削液不外溅，能及时排除烟雾、异味。噪声和振动小，能保持良好的工作环境。

2）配置方式，有并联、串联、混合三种。

2. FMS 中的物流管理

（1）工件流支持系统　工件在柔性制造系统中的流动是输送和存储两种功能的结合，包括夹具系统、工件输送系统、自动化仓库及工件装卸工作站。

1）夹具系统。在柔性制造系统中，加工对象多为小批量、多品种的产品，采用专用夹具会降低系统的柔性，因此多采用组合夹具、可调整夹具、数控夹具或托盘等。

2）工件输送系统。工件输送系统决定 FMS 的布局和运行方式，一般有直线输送、机器人输送、环形输送等方式。

3）自动化仓库。FMS 中输送线本身的储存能力一般较小，当要加工的工件较多时，大多设立自动化仓库，可细分成以下两种：

① 平面自动化仓库，主要应用于大型工件的存储。

② 立体自动化仓库，是通过计算机和控制系统将搬运存取、储存等功能集于一体的新型自动化仓库。

自动化仓储系统如图 8-2 所示。根据不同立体仓库的使用要求，配置多种形式堆垛机，如图 8-3 所示。

4）工件装卸工作站。它主要有毛坯入库工作站和成品出库工作站两种。入库工作站位于 FMS 物料输入的开始位置。出库工作站位于 FMS 的物料输出位置。

（2）刀具流支持系统　它主要由中央刀具库、刀具室、刀具装卸站、刀具交换装置及刀具管理系统几部分组成。FMS 的刀具流支持系统如图 8-4 所示。

1）中央刀具库是刀具系统的暂存区，它集中储存 FMS 的各种刀具，并按指定位置放置。中央刀具库通过换刀机器人或刀具传输小车为若干加工单元进行换刀服务。不同的加工单元可以共享中央刀具库的资源，提高系统的柔性程度。

2）刀具室是进行刀具预调及刀具装卸的区域。刀具进入 FMS 以前，应先在刀具预调仪

图 8-2 自动化仓储系统

图 8-3 堆垛机

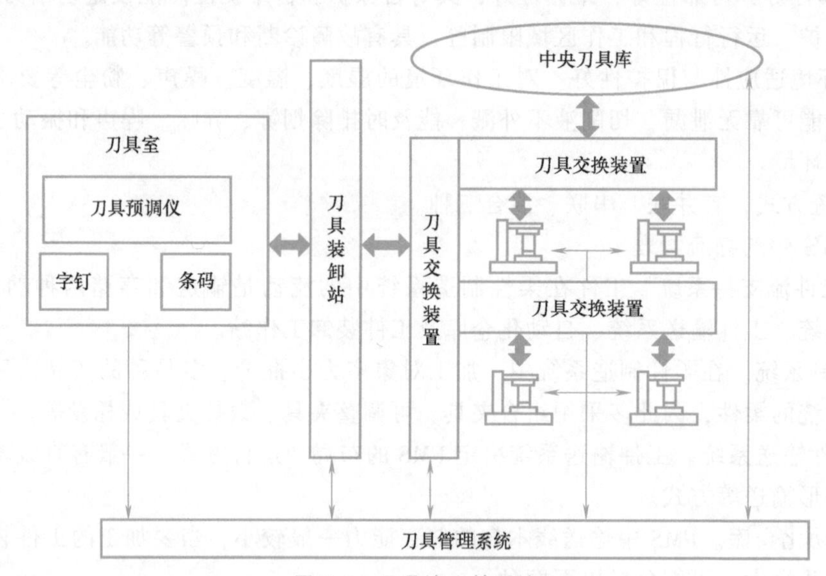

图 8-4 刀具流支持系统

(也称对刀仪）上测出其主要参数，安装刀套，打印钢号或贴条形码标签，并进行刀具登记。然后将刀具挂到刀具装卸站的适当位置，通过刀具装卸站进入 FMS。

3）刀具装卸站负责刀具进入或退出 FMS，或 FMS 内部刀具的调度，其结构多为框架式。装卸站的主要指标有刀具容量、可挂刀具的最大长度、可挂刀具的最大直径、可挂刀具的最大质量。为了保证机器人可靠地取刀和送刀，还应该对刀具在装卸站上的定位精度进行一定的技术要求。

4）刀具交换装置一般是指换刀机器人或刀具输送小车，它们完成刀具装卸站与中央刀具库或中央刀具库与加工机床之间的刀具交换。刀具交换装置按运行轨道的不同，可分为有轨和无轨的。实际系统多采用有轨装置，其价格较低，且安全可靠。无轨装置一般要配有视觉系统，其灵活性大，但技术难度大，造价高，安全性还有待提高。

5）刀具管理系统主要包括刀具存储、运输和交换，刀具状况监控，刀具信息处理等。刀具管理系统的软件系统一般由刀具数据库和刀具专家系统组成。

（3）输送设备　物流系统中的输送设备主要有输送机、输送小车和工业机器人等。

1）输送机具有连续输送量大和单位时间输送量大的特点，常应用于环形布局的 FMS 中。它的结构形式有滚子输送机、链式输送机和直线电动机输送机。

2）输送小车是一种无人驾驶的自动搬运设备，称为自动导引运输车（AGV），分有轨小车和无轨小车两种类型。

① 有轨小车由平行导向钢轨和在其上行走的小车组成，它利用定位槽销等机械结构控制小车的准确停靠，其定位精度可高达 0.1mm。有轨小车如图 8-5 所示。

② 无轨小车没有导向的钢轨，小车直接在地面上行走，其制导方式主要有磁性制导、光学制导、电磁制导、激光制导、扫描制导等。无轨小车如图 8-6 所示。

图 8-5　有轨小车

图 8-6　无轨小车

3）工业机器人（图 8-7）是一种可编程的多功能操作手，用于物料、工件和工具的搬运，通过可变编程完成多种任务。它由机器人本体、执行机构、传感器和控制系统等构成。

图 8-7　工业机器人

3. FMS 中的信息流管理

（1）FMS 信息流结构　FMS 信息流结构图如图 8-8 所示。

信息流子系统是 FMS 的核心组成部分，它完成 FMS 加工过程中系统运行状态的在线监测，数据采集、处理、分析等任务，控制整个 FMS 的正常运行。信息流子系统的核心是分布式数据库管理和控制系统，按功能可分为 4 个层次。

1）厂级信息管理。厂级信息是指总厂的生产调度、年度计划等信息。

2）车间层。它一般包括两个信息单元，即设计单元和管理单元。设计单元主要控制产品设计（CAD）、工艺设计（CAPP）、仿真分析（CAE）等设计信息的流向。管理单元管理车间级的产品信息和设备信息，包括作业计划、工具管理、在制品（包括半成品、毛坯）

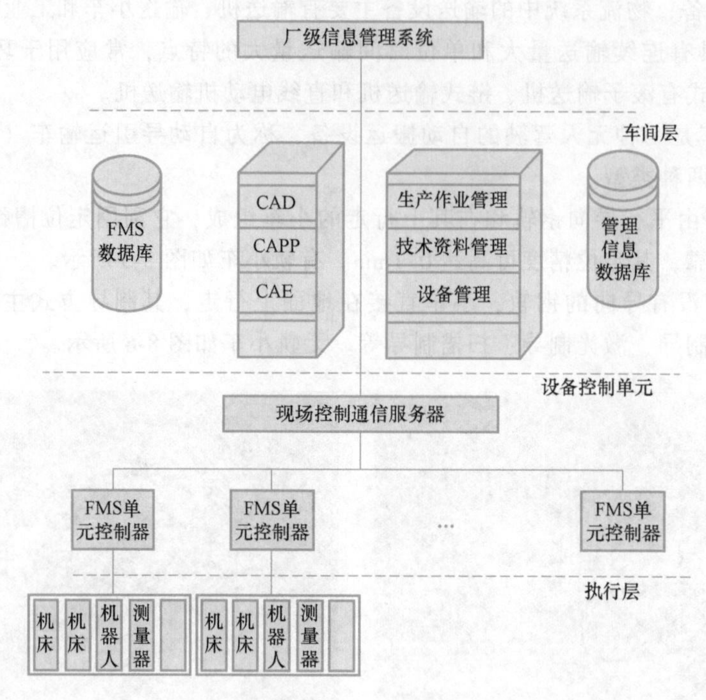

图 8-8 FMS 信息流结构图

管理、技术资料管理等。

3）设备控制单元层。它为设备控制级，包括对现场生产设备、辅助工具以及现场物流状态的各种控制设备。

4）执行层。它包括各种现场生产设备，主要是加工中心或数控机床在设备控制单元层的控制下完成规定的生产任务，并通过传感器采集现场数据和工况，以便进行加工的监测和管理。

（2）FMS 信息流特征　按 FMS 所管理的信息范围和控制对象，FMS 信息流可分为以下5类。

1）刀具信息：包括刀具的参数，使用状况，安装形式，刀具损坏原因，刀具处理情况，刀具使用频率统计和归属机床等。

2）机床状态信息：包括机床是否处于工作状况，机床的工况，机床故障发生情况，机床故障排除情况，机床加工参数等。

3）运行状态信息：包括小车的工况，托盘的工况，中央刀库刀具所处的状态（空闲或正在某机床上工作），工件的位置，测量站工况，机器人工况，清洗站工况等。

4）在线检测信息：主要指所加工产品的合格情况，不合格产品应进行报废或返工的处理等。

5）系统安全信息：包括供电系统的安全情况；系统本身的安全情况；系统工作环境的安全情况，如环境温度、湿度等；系统工作设备的安全信息，如小车保证不会相互碰撞，刀具安装可靠；以及工作人员的安全情况等。

（3）FMS 信息流程　FMS 信息流程如图 8-9 所示。

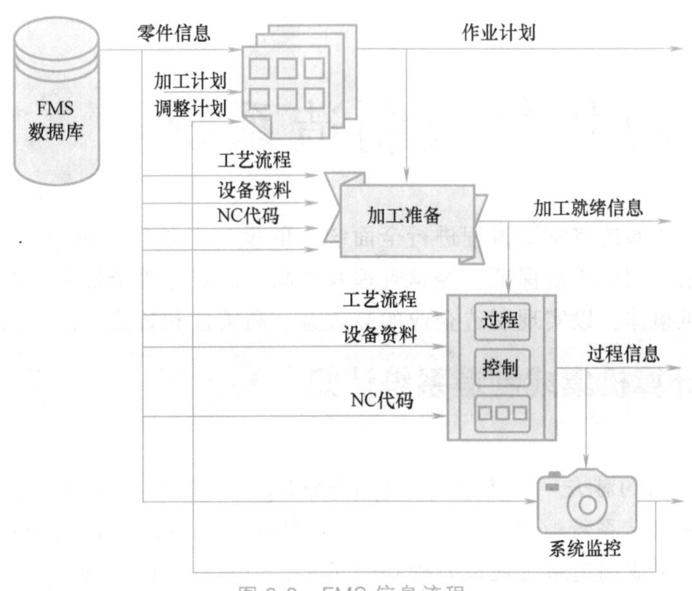

图 8-9　FMS 信息流程

8.1.3　FMS 应用案例

北京机床研究所与日本发那科（FANUC）公司合作建立了我国第一条柔性制造系统 JCS-FMS-Ⅰ，该系统用以生产直流伺服电动机的轴类、法兰盘类、壳体类、刷架体类等 14 种零件，年产量规模设计为 5000 台以上。JCS-FMS-Ⅰ是在 FANUC 系统 F 系列的 B 型基础上结合具体生产要求而开发的，系统采用五台国产数控机床以三个加工单元的形式组成。JCS-FMS-I 回转体类零件柔性制造系统如图 8-10 所示。

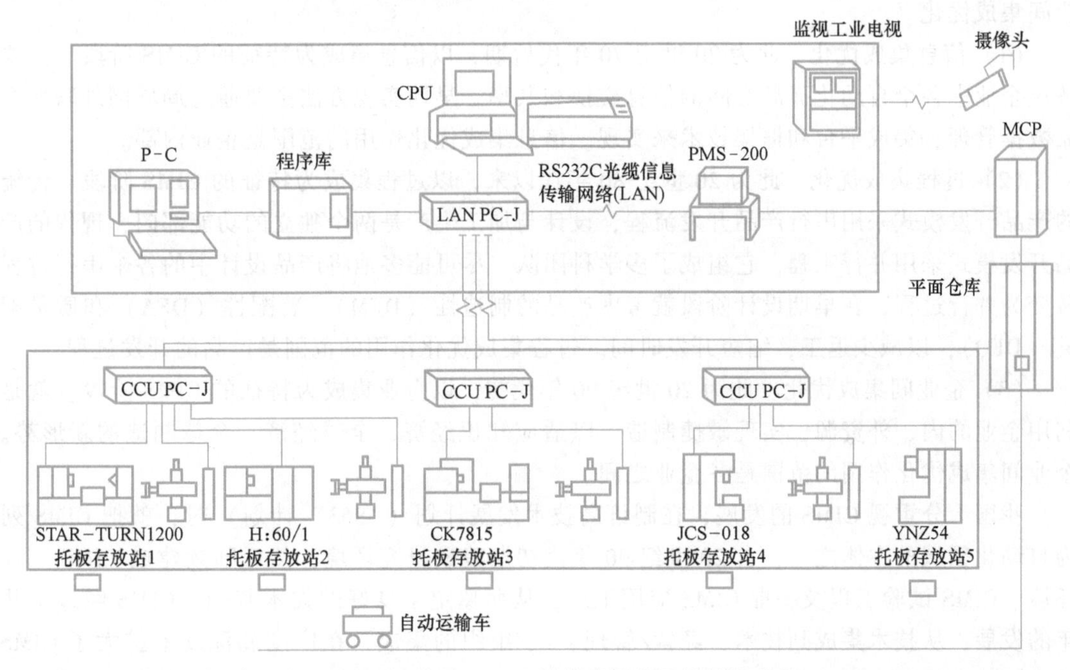

图 8-10　JCS-FMS-Ⅰ回转体类零件柔性制造系统

8.2 计算机集成制造系统

计算机集成制造系统将制造过程进行全面统一的设计，并且针对制造企业的市场分析、产品设计生产规划、制造质量保证、经营管理及产品售后服务等全部生产经营活动通过数据驱动形成一个有机整体，以实现制造企业的高效益、高柔性和智能化。

8.2.1 计算机集成制造系统认知

1. 基本概念

1974年，首先由约瑟夫·哈林顿（Joseph Harrington）博士在《计算机集成制造》一书中提出计算机集成制造系统（Computer Integrated Manufacturing System，CIMS）的概念。直到现在，对计算机集成制造系统还没有确切的定义，但其具有如下特点。

（1）协调性　CIMS包括制造企业的全部经营活动。从市场分析、产品设计生产规划、制造质量保证、经营管理至产品售后服务等使企业内各种活动相互协调地进行。

（2）集成性　CIMS不是各种自动化系统的简单叠加，而是通过计算机网络数据管理技术实现各单元的集成。

（3）先进性　CIMS能有效地实现柔性生产，是信息时代制造业的一种先进的生产经营和管理模式，能提高企业对市场的应变能力，使其在竞争中取胜。

2. CIMS的发展历程

根据CIMS发展的过程，可以将其划分为三个阶段：信息集成优化、过程集成优化和企业间集成优化。

（1）信息集成优化　此为20世纪70年代后期，以信息集成为特征的CIMS阶段。主要解决企业中各个自动化孤岛之间的信息交换和共享。早期实现方法主要通过局域网外联网产品数据管理、集成平台和框架技术来实现。信息集成优化作用的范围是企业内部。

（2）过程集成优化　此为20世纪80年代以来，以过程集成为特征的CIMS阶段。传统的产品开发模式采用串行产品开发流程，设计与加工生产是两个独立的功能部门，现代的产品开发模式采用并行工程，它组成了多学科团队，尽可能多地将产品设计中的各个串行过程转变为并行过程，在早期设计阶段就考虑产品的制造性（DFM）、装配性（DFA）和质量配置（DFQ），以减少返工，缩短开发时间。过程集成优化作用的范围是产品的开发过程。

（3）企业间集成优化　此为20世纪90年代初，以企业集成为特征的CIMS阶段。就是利用企业的内、外资源，实现敏捷制造，以适应知识经济、全球经济、全球制造的新形势。企业间集成优化作用的范围是各企业之间。

我国十分重视CIMS的发展，在制订高技术发展计划（“863”计划）时，就把CIMS列为自动化领域的主体之一，自20世纪90年代初期建成研究环境，然后陆续建成CIMS工程环境、CIMS试验工程及一批CIMS应用工厂，从而奠定了良好的技术基础。CIMS经过十几年的发展，从技术集成到技术、经营/管理、人/组织的集成，在广度和深度上扩大了CIMS的内涵，为我国企业的信息化探索了一条符合我国国情的循序渐进的可操作的道路，同时也明确了我国信息化的发展方向和最终目标。

3. CIMS 的发展趋势

CIMS 的发展趋势如图 8-11 所示。

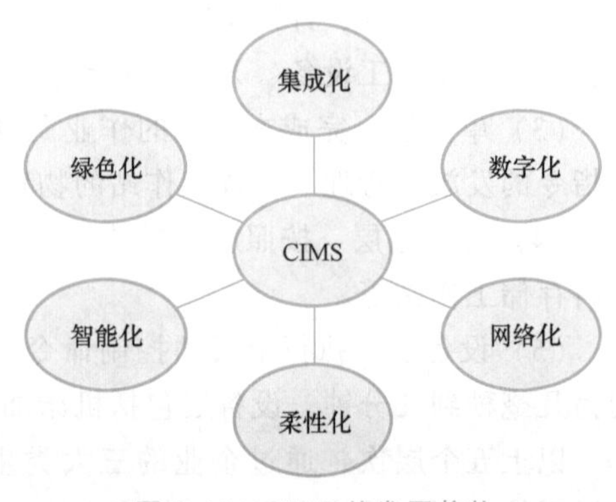

图 8-11 CIMS 的发展趋势

（1）集成化 从当前的企业内部的信息集成发展到过程集成（以并行工程为代表），并正在步入实现企业间集成的阶段（以敏捷制造为代表）。

（2）数字化/虚拟化 从产品的数字化设计开始，发展到产品全生命周期中各类活动、设备及实体的数字化。

（3）网络化 从基于局域网发展到基于 Internet/Intranet/Extranet 的分布网络制造，以支持全球制造策略的实现。

（4）柔性化 正积极研究发展企业间的动态联盟技术、敏捷设计生产技术、柔性可重组机器技术等，以实现敏捷制造。

（5）智能化 智能化是制造系统在柔性化和集成化的基础上进一步发展与延伸，引入各类人工智能技术和智能控制技术，实现具有自律、分布、智能、仿生、敏捷、分形等特点的新一代制造系统。

（6）绿色化 包括绿色制造、环境意识的设计与制造、生态工厂、清洁化生产等。它是全球可持续发展战略在制造业中的体现，是摆在现代制造业面前的一个崭新的课题。

CIMS 是一种理念，它是生产发展到一定阶段的产物，在信息时代中，它适用信息集成来提高生产效率，使之符合不断变化的社会与市场需求。CIMS 的概念和内容不是一成不变的，它随着生产水平、生产方式的发展和人类社会进步、信息技术的提高而在不断发展，CIMS 的研究会不断更新，永远不会停止在一个水平上。

8.2.2 CIMS 的组成及关键技术

1. CIMS 的递阶控制模式

CIMS 的递阶控制模式是 CIMS 中各单元之间的层次关系。美国国家标准与技术局和亚瑟·安德森公司（Arthur Andersen Co.）均将 CIMS 分为五层结构，即工厂层、车间层、单元层、工作站层和设备层，其递阶控制示意图如图 8-12 所示。

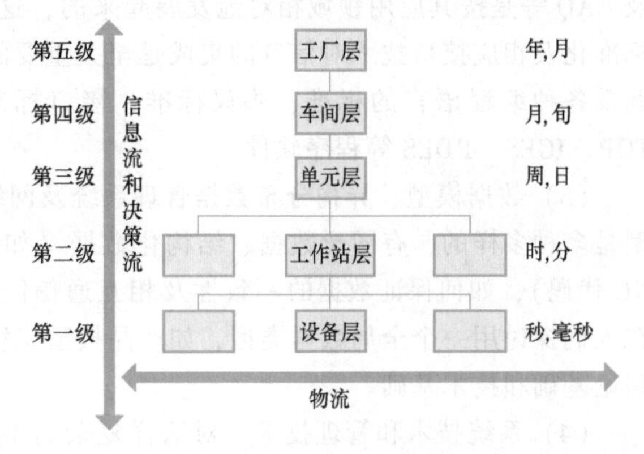

图 8-12 CIMS 的递阶控制示意图

（1）工厂层 它是最高决策和管理层，其决策周期一般是几个月到几年，完成的功能包括市场预测，制订长期生产计划，确定生产资源需求、制订资源规划，制订产品开发及工艺过程规划，厂级经营管理。

（2）车间层 根据生产计划协调车间作业及资源配置，其决策周期为几周到几个月。完成的功能包括接收产品材料清单，接收工艺过程数据，计划车间内各单元的作业管理和资源分配实施，作业订单的制订、发放和管理，安排加工设备、刀具、夹具、机械手，物料运输设备的预防性维修等。

（3）单元层　完成本单元的作业调度，功能包括零件在各工作站的作业顺序、作业调度指令的发放和管理，协调工作站的物料运输、进行机车和操作者的任务分配和调整等。

（4）工作站层　按照所完成的任务可分为加工工作站、检测工作站、刀具管理工作站、物料存储工作站等。

（5）设备层　执行上层的控制命令，完成零件的加工、测量、运输等任务，其响应时间为几毫秒到几分钟。设备层包括机床加工中心、坐标测量机、AGV 等设备的控制器。

以上五个层次，通过企业的三大类生产活动（计划、监督管理和执行）连贯在一起。上层系统与下层系统之间存在信息交换。下层系统从其上层接受命令，并向上层反馈信息，各层只向其下一层发命令，并接收下一层的反馈信息。

2. CIMS 的基本部分

从功能角度看，CIMS 是若干个功能子系统的集成，由于各个企业实施 CIMS 的客观条件和侧重点不同，因此 CIMS 中功能系统的划分也不尽相同。德国标准化学会（DIN）按 CIMS 的功能、信息流和物流将 CIMS 划分为四个基本部分。

（1）生产计划与控制　生产计划是及时、优化地组织供应生产所需的物料和零件，而生产控制则是执行生产计划的过程，包括对生产计划进行监督和调整。

（2）产品设计制造系统　使用 CAD/CAM/CAE 技术，并结合 CAPP 技术，使产品在设计制造过程中达到高度的集成。

（3）集成的质量系统　对产品生命周期的每个阶段进行各种检验、测试和试验，全面分析整个制造系统的质量体系，同时对质量成本做出全面评价。

（4）柔性制造系统　它是由数控加工设备、物流储运装置和计算机控制系统等组成的自动化制造系统，能根据制造任务或生产环境变化迅速进行调整。

3. 实现 CIMS 的关键技术

（1）CIMS 的技术覆盖范围广　CIMS 是自动化技术、信息技术、生产技术、网络技术、传感技术等多学科技术的相互渗透而产生的集成系统。由于 CIMS 的技术覆盖面太广，因此不可能由某一厂家成套供应 CIMS 技术与设备，而必然出现多厂家供应的局面。

（2）CIMS 中不同设备之间的非标准化问题　现有的不同技术，如数据库、CAD、CAM 及 CAQ 等是按其应用领域相对地发展起来的，这就带来不同设备之间的非标准化问题。而标准化及相应接口技术对信息的集成是至关重要的。目前世界各国在解决软、硬件的兼容问题及各种编程语言的标准、协议标准、接口标准等方面进行大量工作，开发了如 MAP/TOP、IGES、PDES 等程序软件。

（3）数据模型、异构分布数据管理系统及网络通信问题　这是因为 CIMS 涉及的数据类型是多种多样的，有图形数据、结构化数据（如关系数据）及非图形、非结构化数据（如 NC 代码），如何保证数据的一致性及相互通信问题，是一个至今没有很好解决的课题。现在人们探讨用一个全局数据类型，如产品模型来统一描述这些数据，这是未来 CIMS 的重要理论基础和技术基础。

（4）系统技术和管理技术　对这样复杂的系统如何描述、设计和控制，以使系统在满意状态下运行，也是一个待研究的问题。CIMS 会引起管理体制的变革，所以生产规划、调度和集成管理方面的研究也是实现 CIMS 的关键技术之一。

8.2.3 CIMS 的应用案例

我国 CIMS 应用工程的目标是在不同行业中，选择具有不同基础条件、采用不同实施方案的企业，建立一批各具示范特色的 CIMS 应用企业，并且在更广泛的范围内推广应用，以取得更显著的效益。典型应用工厂有成都飞机工业公司、沈阳鼓风机厂、济南第一机床厂、上海二纺机股份有限公司、北京第一机床厂、郑州纺织机械厂、东风汽车公司、中国服装研究设计中心、华宝空调器厂、杭州三联电子有限公司、经纬纺织机械厂、江汉石油管理局钻头厂、福建炼油厂等。

成都飞机工业公司通过实施 CIMS，竞争实力加强，以明显的技术优势和较高的管理水平，在竞争中占据有利的位置。并行工程的技术攻关紧密结合了航天工业复杂机械结构件的设计、开发。通过多年的攻关，取得了明显的效益，使产品开发时间缩短 1/3，设计过程中的返工率减少 70%，废品率降低 50%。CAC-CIMS 系统功能示意图如图 8-13 所示。

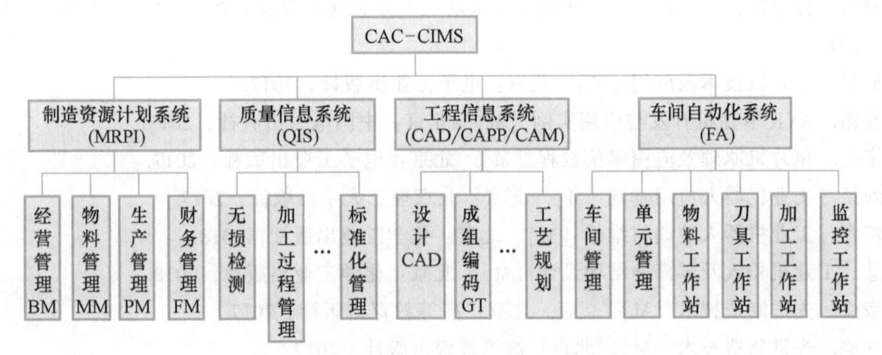

图 8-13 CAC-CIMS 系统功能示意图

习题与思考题

1. 简述柔性制造系统的基本概念。
2. FMS 由哪几部分组成？各组成部分的功能是什么？
3. FMS 的加工系统由哪几部分构成？
4. 简述 FMS 中物流管理系统的构成。
5. 简述 FMS 信息流子系统的层次及功能。
6. 简述 CIMS 的基本组成及功能。

参考文献

[1] 何振俊. 机电一体化系统项目教程 [M]. 北京：电子工业出版社，2014.
[2] 林宋. 光机电一体化技术产品典型实例：工业 [M]. 北京：化学工业出版社，2015.
[3] 林宋. 光机电一体化技术产品典型实例：民用 [M]. 北京：化学工业出版社，2015.
[4] 高安邦. 机电一体化系统设计实例精解 [M]. 北京：机械工业出版社，2008.
[5] 计时鸣. 机电一体化控制技术与系统 [M]. 西安：西安电子科技大学出版社，2012.
[6] 胡福文. 机电产品创新应用开发技术 [M]. 北京：化学工业出版社，2017.
[7] 王德伦. 机械设计 [M]. 北京：机械工业出版社，2015.
[8] 李景春. 机械设计基础 [M]. 北京：北京理工大学出版社，2017.
[9] 成大先. 机械设计手册——单行本：机械传动 [M]. 6版. 北京：化学工业出版社，2017.
[10] 陈隆昌. 控制电机 [M]. 4版. 西安：西安电子科技大学出版社，2015.
[11] 王旭元. 电机及其拖动 [M]. 北京：化学工业出版社，2016.
[12] 袁登科，徐延东，李秀涛，等. 永磁同步电动机变频调速系统及其控制 [M]. 北京：机械工业出版社，2015.
[13] 周润景. 单片机技术及应用 [M]. 北京：电子工业出版社，2017.
[14] 张校铭. AVR单片机开发与应用实例 [M]. 北京：中国电力出版社，2018.
[15] 禹定臣. 单片机原理及应用案例教程 [M]. 北京：电子工业出版社，2017.
[16] 张新星. 工业机器人应用基础 [M]. 北京：北京理工大学出版社，2017.
[17] 韩鸿鸾. 工业机器人装调与维修 [M]. 北京：化学工业出版社，2018.
[18] 李慧. 工业机器人及零部件结构设计 [M]. 北京：化学工业出版社，2018.
[19] 李宗义. 先进制造技术 [M]. 2版. 北京：高等教育出版社，2017.
[20] 陈立德. 先进制造技术 [M]. 北京：高等教育出版社，2017.